全国电力行业岗位胜任力单元制培训教材

继电保护

国网河北省电力有限公司培训中心　组织编写

中国建材工业出版社

图书在版编目（CIP）数据

继电保护/国网河北省电力有限公司培训中心

组织编写．--北京：中国建材工业出版社，2021.3

全国电力行业岗位胜任力单元制培训教材

ISBN 978-7-5160-3112-4

Ⅰ.① 继… Ⅱ.① 国… Ⅲ.① 继电保护－岗位培训－

教材 Ⅳ.① TM77

中国版本图书馆 CIP 数据核字（2020）第 228248 号

继电保护

Jidian Baohu

国网河北省电力有限公司培训中心 组织编写

出版发行：中国建材工业出版社

地 址：北京市海淀区三里河路 1 号

邮 编：100044

经 销：全国各地新华书店

印 刷：北京雁林吉兆印刷有限公司

开 本：787mm×1092mm 1/16

印 张：16.5

字 数：330 千字

版 次：2021 年 3 月第 1 版

印 次：2021 年 3 月第 1 次

定 价：**98.00 元**

本书编委会

主　　任：陈铁雷

委　　员：赵晓波　杨军强　田　青　石玉荣

　　　　　郭小燕　祝晓辉　毕会静

本书编审组

主　　编：杨东方　高艳萍

编写人员：杨东方　曹　苒　高艳萍　常风然

　　　　　李录明　张洪军

主　　审：曹　苒　李录明

前　　言

为适应我国电网快速发展，加快培养高素质人才队伍，强化生产现场青年员工对继电保护原理的理解，提高实操技能和生产现场继电保护及二次回路检修维护的业务水平，特编写《继电保护》一书。同时，此书也是我培训中心岗位胜任力系列教材中的一种。

本书由国网河北省电力有限公司培训中心组织内部教师与现场经验丰富的技术专家共同编写。杨东方同志任主编，负责全书的统稿和各章节内容的初审。曹苒同志任主审，负责全书的审定。

本书共分为6章。第1章介绍线路保护的原理、定值整定、典型220kV线路微机保护装置的使用及调试，由国网河北省电力有限公司培训中心高艳萍编写；第2章介绍变压器保护的原理、定值整定、典型220kV变压器微机保护装置的使用及调试，由国网河北省电力有限公司培训中心杨东方编写；第3章介绍母线保护的原理、定值整定、典型220kV母线微机保护装置的使用及调试，由国网河北省电力有限公司培训中心曹苒编写；第4章介绍微机保护装置异常及故障排查处理，由国网邯郸供电有限公司李录明编写；第5章介绍二次回路检验及标准、二次回路验收、运行中常见缺陷及处理，由国网沧州供电有限公司张洪军编写；第6章继电保护动作分析，介绍继电保护正确动作典型案例分析、继电保护不正确动作分析方法及继电保护不正确动作典型案例分析，由国网河北省电力有限公司调控中心常风然编写。

本书作为面向基层班组继电保护专业人员尤其是继电保护专业青年员工的实训教材，侧重继电保护专业生产现场实操技能及生产实际工作内容，并以220kV电压等级设备为基础，着重介绍河北南网主流继电保护设备，结合调试、运行维护及缺陷处理、事故分析等实际经验编写，其内容与现场作业项目紧密结合，突出实用性和可操作性，既可以用于继电保护实训教学，也可以作为继电保护人员日常工作学习的参考资料。

本书的编写得到了国网河北省电力有限公司及各供电公司的大力支持，在此表示衷心的感谢！在编写本书过程中参考了大量的文献书籍，在此对原作者表示深深的谢意！

本书如能对读者和培训工作有所帮助，我们将感到十分欣慰。由于编者的水平有限，难免存在纰漏之处，敬请各位专家、读者指正。

目　　录

1　220kV 线路保护

1.1　线路保护原理

目前，河北南网 220kV 线路保护配置原则按《线路保护及辅助装置标准化设计规范》（Q/GDW 1161—2014）执行。

以 220kV 双母线为例，主要原则如下：

配置双重化的线路纵联保护，每套纵联保护包含完整的主保护（纵联保护）和后备保护以及重合闸功能。

纵联保护应优先采用光纤通道。同杆双回线路应配置双重化的纵联差动保护。

后备保护必配功能：接地和相间距离保护各 3 段，零序过流保护 2 段。选配功能：零序反时限过流保护、三相不一致保护、过流过负荷功能、过电压及远方跳闸保护等。

常规站配置单套双跳闸线圈分相操作箱或双套单跳闸线圈分相操作箱，智能站配置双套单跳闸线圈分相智能终端。

继电保护双重化包括保护装置的双重化以及与保护配合回路（包括通道）的双重化，双重化配置的保护装置及其回路之间应完全独立，没有直接的电气联系。

组屏：常规站双重化配置的保护装置应分别组在各自的保护屏（柜）内。智能站双重化配置的保护装置宜分别组在各自的保护屏（柜）内，当双重化配置的保护装置组在一面保护屏（柜）内，保护装置退出、消缺或试验时，应做好防护措施。

河北南网 220kV 超高压线路成套保护装置广泛采用南京南瑞继保电气有限公司的 RCS-931 系列保护装置，南京电力自动化设备厂的 PSL 603 系列保护装置，北京四方继保公司的 CSC103 系列装置，许昌继电器厂的 WXH803 系列装置等，这些装置保护配置、原理、调试都有很多相似之处，下面主要介绍 220kV 继电保护及综自实训室 RCS-931 系列和 PSL 603 超高压线路成套保护装置。

1. RCS-931 系列保护配置

该系列保护装置为由微机实现的数字式超高压线路成套快速保护装置，可用作 220kV 及以上电压等级输电线路的主保护及后备保护。

RCS-931 系列保护包括以分相电流差动和零序电流差动为主体的快速主保护，由工频变化量距离元件构成的快速 I 段保护，由三段式相间和接地距离及多个零序方向过流构成的全套后备保护，RCS-931 系列保护有分相出口，配有自动重合闸功能，对单母线或双母线接线的开关实现单相重合、三相重合和综合重合闸。

RCS-931 系列保护根据功能有一个或多个后缀，各后缀的功能含义见表 1-1。

表 1-1　各后缀的功能含义

序号	后缀	功能含义
1	A	两个延时段零序方向过流
2	B	四个延时段零序方向过流
3	D	一个延时段零序方向过流和一个零序反时限方向过流
4	L	过负荷告警、过流跳闸
5	M	光纤通信为 2048kbit/s 数据接口（缺省为 64kbit/s 数据接口）、两个 M 为两个 2048kbit/s 数据接口（如 RCS-931AMM）
6	S	适用于串补线路

2. PSL 603 系列保护配置

PSL 603（A、C、D）型光纤电流差动保护装置以分相电流差动保护和零序电流差动保护作为全线速动主保护，以距离保护和零序方向电流保护作为后备保护。保护有分相出口，可用作 220kV 及以上电压等级的输电线路的主保护和后备保护。保护功能由数字式中央处理器 CPU 模件完成，其中一块 CPU 模件（CPU1）完成电流差动功能，另一块 CPU 模件（CPU2）完成距离保护和零序电流保护功能。与 PSL 600 系列数字式高压线路保护 CPU 模件硬件完全相同，其出口回路完全独立。对于单断路器接线的线路，保护装置中还增加了实现重合闸功能的 CPU（CPU3）模件，可根据需要实现单相重合、三相重合、综合重合闸功能投或退。表 1-2 为 PSL 603（A、C、D）型数字式超高压线路保护的配置和型号表。

表 1-2　**PSL 603（A、C、D）型数字式超高压线路保护的配置和型号表**

型号	主要功能			备注
	纵联保护	距离保护和 零序方向电流保护	自动 重合闸	
PSL 603	分相电流差动 零序电流差动	快速距离保护 三段式相间距离保护 三段式接地距离保护 四段式零序电流保护	有	适用于单断路器 （如双母线）
PSL 603A	分相电流差动 零序电流差动	快速距离保护 三段式相间距离保护 三段式接地距离保护 四段式零序电流保护	无	适用于 $\frac{3}{2}$ 接线
PSL 603C	分相电流差动 零序电流差动	同 PSL 603，并且距离保护在同杆双回线跨线故障时选跳	有	适用于单断路器 同杆双回线
PSL 603D	分相电流差动 零序电流差动	同 PSL 603，并且距离保护在同杆双回线跨线故障时选跳	无	适用于 $\frac{3}{2}$ 接线 同杆双回线

以上各种型号后增加字母 I，如 PSL 603AI，表示 PSL 603A 增加零序反时限功能。

以上各种型号后增加字母 S，如 PSL 603AS，表示 PSL 603A 增加适用于串补线路功能。

以上各种型号后增加字母 W，如 PSL 603W，表示 PSL 603A 具备双通道接口功能。

PSL 603 差动保护的光纤通道可以提供专用光纤、64kPCM 复接和 2M 复接这三种通信接口方式。

PSL 603G（A、C、D）为 PSL 603（A、C、D）的改进型号，同时具备双以太网通信口、双 485 通信口、就地打印口。

1.1.1　光纤电流纵差保护

1.1.1.1　RCS-931 电流差动继电器

1. 电流差动继电器组成

电流差动继电器由三部分组成：变化量相差动继电器、稳态相差动继电器和零序差动继电器。

（1）变化量相差动继电器。

动作方程：

$$\begin{cases} \Delta I_{CD\Phi} > 0.75 \times \Delta I_{R\Phi} \\ \Delta I_{CD\Phi} > I_H \end{cases}$$
$$\Phi = A、B、C$$

式中，$\Delta I_{CD\Phi}$ 为工频变化量差动电流，$\Delta I_{CD\Phi} = |\Delta \dot{I}_{M\Phi} + \Delta \dot{I}_{N\Phi}|$，即为两侧电流变化量矢量和的幅值；$\Delta I_{R\Phi}$ 为工频变化量制动电流；$\Delta I_{R\Phi} = \Delta I_{M\Phi} + \Delta I_{N\Phi}$，即为两侧电流变化量的标量和；$I_H$ 为"差动电流高定值"（整定值）、4 倍实测电容电流和 $4U_N/X_{C1}$ 的大值；实测电容电流由正常运行时未经补偿的差流获得；U_N 为额定电压；X_{C1} 为正序容抗整定值，当用于长线路时，X_{C1} 为线路的实际正序容抗值；当用于短线路时，由于电容电流和 U_N/X_{C1} 都较小，电流差动继电器有较高的灵敏度，此时可通过适当减小 X_{C1} 或抬高"差动电流高定值"来降低灵敏度。

（2）稳态 I 段相差动继电器。

动作方程：

$$\begin{cases} I_{CD\Phi} > 0.75 \times I_{R\Phi} \\ I_{CD\Phi} > I_H \end{cases}$$
$$\Phi = A、B、C$$

式中，$I_{CD\Phi}$ 为差动电流，$I_{CD\Phi} = |\dot{I}_{M\Phi} + \dot{I}_{N\Phi}|$，即为两侧电流矢量和的幅值，$I_{CD\Phi} = |\dot{I}_M + \dot{I}_N|$；$I_{R\Phi}$ 为制动电流，$I_{R\Phi} = |\dot{I}_{M\Phi} - \dot{I}_{N\Phi}|$，即为两侧电流矢量差的幅值；$I_{R\Phi} = |\dot{I}_M - \dot{I}_N|$；$I_H$ 定义同上。

稳态差动动作特性如图 1-1 所示。

（3）稳态 II 段相差动继电器。

动作方程：

$$\begin{cases} I_{CD\Phi} > 0.75 \times I_{R\Phi} \\ I_{CD\Phi} > I_M \end{cases}$$
$$\Phi = A、B、C$$

式中　I_M 为"差动电流低定值"（整定值）、1.5 倍实测电容电流和 $1.5U_N/X_{C1}$ 的大值；$I_{CD\Phi}$、$I_{R\Phi}$、U_N、X_{C1} 定义同上。

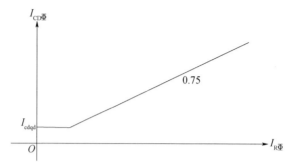

图 1-1 稳态差动动作特性

稳态 Ⅱ 段相差动继电器经 40ms 延时动作。

（4）零序差动继电器。对于经高过渡电阻接地故障，采用零序差动继电器具有较高的灵敏度，由零序差动继电器，通过低比率制动系数的稳态差动元件选相，构成零序差动继电器，经 100ms 延时动作。动作方程：

$$\begin{cases} I_{CD0} > 0.75 \times I_{R0} \\ I_{CD0} > I_{QD0} \\ I_{CDBC\Phi} > 0.15 \times I_{R\Phi} \\ I_{CDBC\Phi} > I_L \end{cases}$$

式中，I_{CD0} 为零序差动电流，$I_{CD0} = |\dot{I}_{M0} + \dot{I}_{N0}|$，即为两侧零序电流相量和的幅值；$I_{R0}$ 为零序制动电流，$I_{R0} = |\dot{I}_{M0} - \dot{I}_{N0}|$，即为两侧零序电流相量差的幅值；$I_{QD0}$ 为零序启动电流定值，I_L 为 I_{QD0}、0.6 倍实测电容电流和 $0.6U_N/X_{C1}$ 的大值；$I_{CDBC\Phi}$ 为经电容电流补偿后的差动电流。

当 TV 断线或容抗整定出错时，自动退出电容电流补偿，零序差动继电器的动作方程为

$$\begin{cases} I_{CD0} > 0.75 \times I_{R0} \\ I_{CD0} > I_{QD0} \\ I_{CD\Phi} > 0.15 \times I_{R\Phi} \\ I_{CD\Phi} > I_M \end{cases}$$

2. 电容电流补偿

对于较长的输电线路，电容电流较大，为提高经大过渡电阻故障时的灵敏度，需进行电容电流补偿。电容电流补偿由下式计算而得

$$I_{C\Phi} = \left(\frac{U_{M\Phi} - U_{M0}}{2X_{C1}} + \frac{U_{M0}}{2X_{C0}} \right) + \left(\frac{U_{M\Phi} - U_{N0}}{2X_{C1}} + \frac{U_{N0}}{2X_{C0}} \right)$$

式中，$U_{M\Phi}$、$U_{N\Phi}$、U_{M0}、U_{N0} 为本侧、对侧的相、零序电压；X_{C1}、X_{C0} 为线路全长的正序和零序容抗。

按上式计算的电容电流对于正常运行和区外故障都能给予较好的补偿。

3. TA 断线

TA 断线瞬间，断线侧的启动元件和差动继电器可能动作，但对侧的启动元件不动作，不会向本侧发差动保护动作信号，从而保证纵联差动不会误动。非断线侧经延时后报"长期有差流"，与 TA 断线做同样处理。

TA 断线时发生故障或系统扰动导致启动元件动作，若控制字"TA 断线闭锁差动"整定为"1"，则闭锁电流差动保护；若控制字"TA 断线闭锁差动"整定为"0"，且该相差流

大于"TA 断线差流定值"（整定值），仍开放电流差动保护。

4．TA 饱和

当发生区外故障时，TA 可能会暂态饱和，装置中由于采用了较高的制动系数和自适应浮动制动门槛，从而保证了在较严重的饱和情况下不会误动。

5．采样同步

两侧装置一侧作为参考端（控制字"主机方式"置"1"侧或纵联码大的一侧），另一侧作为同步端（控制字"主机方式"为"0"侧或纵联码小的一侧）。以同步方式交换两侧信息，参考端采样间隔固定，并在每一采样间隔中固定向对侧发送一帧信息。同步端随时调整采样间隔，如果满足同步条件，就向对侧传输三相电流采样值；否则，启动同步过程，直到满足同步条件为止。

两侧装置采样同步的前提条件为：

（1）通道单向最大传输时延小于或等于 15ms。

（2）通道的收发路由一致，即两个方向的传输延时相等。

6．通道连接方式

装置可采用"专用光纤"或"复用通道"。在纤芯数量及传输距离允许范围内，优先采用"专用光纤"作为传输通道。当功率不满足条件时，可采用"复用通道"。

专用光纤的连接方式如图 1-2 所示。

图 1-2　专用光纤的连接方式

64kbit/s 复用的连接方式如图 1-3 所示。

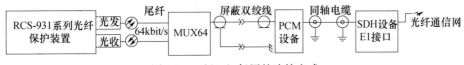

图 1-3　64kbit/s 复用的连接方式

2048kbit/s 复用的连接方式如图 1-4 所示。

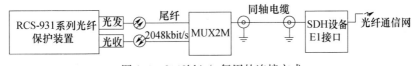

图 1-4　2048kbit/s 复用的连接方式

双通道 2048kbit/s 两个通道都复用的连接方式如图 1-5 所示。

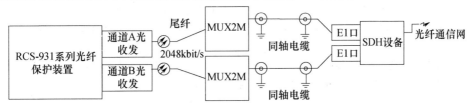

图 1-5　双通道 2048kbit/s 复用的连接方式

双通道差动保护也可以两个通道都采用专用光纤；或一个通道复用，另外一个通道采取专用光纤，这种情况下，通道 A 优先选用专用光纤。

7. 通信时钟

数字差动保护的关键是线路两侧装置之间的数据交换。本系列装置采用同步通信方式（装置型号中带有字母 M 的通信速率为 2048kbit/s，不带有字母 M 的通信速率为 64kbit/s，如 RCS-931A 通信速率为 64kbit/s，RCS-931AM 通信速率为 2048kbit/s）。

差动保护装置发送和接收数据采用各自的时钟，分别为发送时钟和接收时钟。保护装置的接收时钟固定从接收码流中提取，保证接收过程中没有误码和滑码产生。发送时钟可以有两种方式：①采用内部晶振时钟；②采用接收时钟作为发送时钟。采用内部晶振时钟作为发送时钟常称为内时钟（主时钟）方式，采用接收时钟作为发送时钟常称为外时钟（从时钟）方式。两侧装置的运行方式可以有三种：

（1）两侧装置均采用外时钟方式。

（2）两侧装置均采用内时钟方式。

（3）一侧装置采用内时钟，另一侧装置采用外时钟（这种方式会使整定值更复杂，故不推荐采用）。

RCS-931 系列装置通过整定控制字"专用光纤（内部时钟）"来决定通信时钟方式。控制字"专用光纤（内部时钟）"置为"1"，装置自动采用内时钟方式；反之，自动采用外时钟方式。对于通信速率为 64kbit/s 的装置，其"专用光纤（内部时钟）"控制字整定如下：保护装置通过专用纤芯通信时，两侧保护装置的"专用光纤（内部时钟）"控制字都整定成 1。

PCM 复用通信时，两侧保护装置的"专用光纤（内部时钟）"控制字都整定成"0"；对于通信速率为 2048kbit/s 的装置，其"专用光纤（内部时钟）"控制字整定如下：

（1）保护装置通过专用纤芯通信时，两侧保护装置的"专用光纤（内部时钟）"控制字都整定成"1"。

（2）保护装置通过复用通道传输时，两侧保护装置的"专用光纤（内部时钟）"控制字按如下原则整定。

1）当保护信息直接通过同轴电缆接入 SDH 设备的 2048kbit/s 板卡，同时 SDH 设备中 2048kbit/s 通道的"重定时"功能关闭时，两侧保护装置的"专用光纤（内部时钟）"控制字置 1（推荐采用此方式）。

2）当保护信息直接通过同轴电缆接入 SDH 设备的 2048kbit/s 板卡，同时 SDH 设备中 2048kbit/s 通道的"重定时"功能打开时，两侧保护装置的"专用光纤（内部时钟）"控制字置"0"。

3）当保护信息通过通道切换等装置接入 SDH 设备的 2048kbit/s 板卡，两侧保护装置的"专用光纤（内部时钟）"控制字的整定需与其他厂家的设备配合。

注：1. RCS-931 装置各个型号 V3.00 及以上版本将"专用光纤"控制字更名为"内部时钟"，控制字功能与原来一样。

2. 对于双通道差动保护装置，两个通道的时钟分别通过"通道 A 专用光纤（通道 A 内部时钟）""通道 B 专用光纤（通道 B 内部时钟）"来设置。

8. 纵联保护标识码

为提高数字式通道线路保护装置的可靠性，RCS-931 装置各个型号 V3.00 及以上版本增加可整定的本侧及对侧纵联保护标识码（简称纵联码）。

RCS-931X 和 RCS-931XM V3.00 及以上版本增加纵联码功能，定值做如下修改：增加两个定值项——"本侧纵联码""对侧纵联码"；减少了两个保护控制字——"主机方式""通道自环试验"；同时将原来的"专用光纤"改名为"内部时钟"。

RCS-931XMM V3.00 及以上版本增加纵联码功能，定值做如下修改：增加两个定值项——"本侧纵联码""对侧纵联码"；减少了两个保护控制字——"主机方式""通道自环试验"；同时将原来的"通道 A 专用光纤"改名为"通道 A 内部时钟"，将原来的"通道 B 专用光纤"改名为"通道 B 内部时钟"。

本侧纵联码和对侧纵联码需在定值项中整定，范围均为 0～65535，纵联码的整定应保证全网运行的保护设备具有唯一性，即正常运行时，本侧纵联码与对侧纵联码应不同，且与本线的另一套保护的纵联码不同，也应该和其他线路保护装置的纵联码不同（保护校验时可以整定相同，表示自环方式）。

保护装置根据本装置定值中本侧纵联码和对侧纵联码定值决定本装置的主从机方式。同时决定是否为通道自环试验方式。若本侧纵联码和对侧纵联码整定一样，表示为通道自环试验方式；若本侧纵联码大于或等于对侧纵联码，表示本侧为主机，反之为从机。

保护装置将本侧的纵联码定值包含在向对侧发送的数据帧中传送给对侧保护装置，对于双通道保护装置，当通道 A 接收到的纵联码与定值整定的对侧纵联码不一致时，退出通道 A 的差动保护，报"CHA 纵联码错""通道 A 异常"告警。"CHA 纵联码错"延时 100ms 展宽 1s 报警，"通道 A 异常"延时 400ms 展宽 3s 报警；通道 B 与通道 A 类似。对于单通道保护装置，当接收到的纵联码与定值整定的对侧纵联码不一致时，退出差动保护，报"纵联码接收错""通道异常"告警。

在通道状态中增加对侧纵联码的显示，显示本装置接收到的纵联码，若本装置没有接收到正确的对侧数据，对侧纵联码显示"—"符号。

9. 电流差动保护框图（图 1-6）

（1）差动保护投入指屏上"主保护压板"、压板定值"投主保护压板"和定值控制字"投纵联差动保护"同时投入。

（2）"A 相差动元件""B 相差动元件""C 相差动元件"包括变化量差动、稳态量差动Ⅰ段或Ⅱ段、零序差动，只是各自的定值有差异。

（3）三相开关在跳开位置或经保护启动控制的差动继电器动作，则向对侧发差动动作允许信号。

（4）TA 断线瞬间，断线侧的启动元件和差动继电器可能动作，但对侧的启动元件不动作，不会向本侧发差动保护动作信号，从而保证纵联差动不会误动。TA 断线时发生故障或系统扰动导致启动元件动作，若"TA 断线闭锁差动"整定为 1，则闭锁电流差动保护；若"TA 断线闭锁差动"整定为 0，且该相差流大于"TA 断线差流定值"，仍开放电流差动保护。

10. 远跳

RCS-931 系列装置利用数字通道，不仅交换两侧电流数据，同时也交换开关量信息，实现一些辅助功能，其中包括远跳及远传。

由于数字通信采用了 CRC 校验，并且所传开关量又专门采用了字节互补校验及位互补校验，因此具有很高的可靠性。

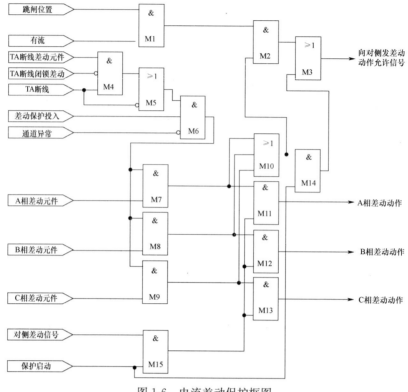

图 1-6　电流差动保护框图

装置开入接点 626 或 719 为远跳开入。保护装置采样得到远跳开入为高电平时，经过专门的互补校验处理，作为开关量，连同电流采样数据及 CRC 校验码等，打包为完整的一帧信息，通过数字通道，传送给对侧保护装置。对侧装置每收到一帧信息，都要进行 CRC 校验，经过 CRC 校验后，单独对开关量进行互补校验。只有通过上述校验后，并且经过连续三次确认后，才认为收到的远跳信号是可靠的。收到经校验确认的远跳信号后，若整定控制字"远跳受本侧控制"整定为 0，则无条件置三跳出口，启动 A、B、C 三相出口跳闸继电器，同时闭锁重合闸；若整定为 1，则需本装置启动才出口。

11. 远传

装置接点 627、628 或 721、723 为远传 1、远传 2 的开入接点。同远跳一样，装置也借助数字通道分别传送远传 1、远传 2。区别只是在于接收侧收到远传信号后，并不作用于本装置的跳闸出口，而只是如实地将对侧装置的开入接点状态反映到对应的开出接点上。远传功能示意图如图 1-7 所示。

12. 双通道差动远跳、远传信息

对于 V3.00 以前版本（不含 V3.00）双通道差动保护 RCS-931XMM，远跳、远传 1、远传 2 信息分别通过通道 A 和通道 B 两个数字通道传送到对侧保护。远跳和远传信息不受差动压板控制，两个通道的开关量信息为"或"的关系，即收远跳＝CHA 收远跳＋CHB 收远跳，收远传 1＝CHA 收远传 1＋CHB 收远传 1，收远传 2＝CHA 收远传 2＋CHB 收远传 2。

对于 V3.00 以后版本（含 V3.00）的 RCS-931XMM，远跳、远传 1、远传 2 信息分别通过通道 A 和通道 B 两个数字通道传送到对侧保护，在接收侧开入量中分别显示为：CHA

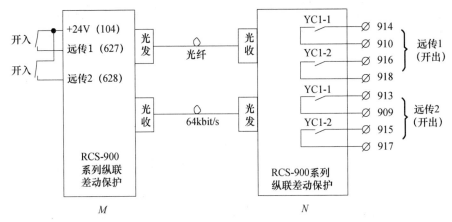

图 1-7　远传功能示意图

收远跳、CHA 收远传 1、CHA 收远传 2、CHB 收远跳、CHB 收远传 1、CHB 收远传 2。两个通道的开关量信息为"或"的关系，但两个通道的远跳和远传信息均受相应通道两侧差动保护压板控制。以"收远跳"为例，有：收远跳＝CHA 收远跳 & 本侧 CHA 差动投入 & 对侧 CHA 差动投入＋CHB 收远跳 & 本侧 CHB 差动投入 & 对侧 CHB 差动投入。收远传 1、收远传 2 类似处理。

1.1.1.2　PSL 603 光纤分相电流差动保护

PSL 603 光纤分相电流差动保护装置以分相电流差动作为纵联保护。

分相电流差动保护可通过 64kbit/s 数字同向接口复接终端、2M 数字口或者专用光缆作为通道，传送三相电流及其他数字信号，使用专用光纤作为通信媒介时采用了 1Mbit/s 的传送速率，极大地提高了保护的性能，并采用内置式光端机，不需外接任何光电转换设备即可独立完成"光↔电"转换过程。

差动继电器动作逻辑简单、可靠、动作速度快，在故障电流超过额定电流时，确保跳闸时间小于 25ms；即使在经大接地电阻故障，故障电流小于额定电流时，也能在 30ms 内正确动作，而零序电流差动大大提高了整个装置的灵敏度，增强了耐过渡电阻能力。

对于高电压长距离输电线路，考虑电容电流的影响（本功能可经控制字投退）。本保护装置计算正常时，$|\dot{I}_M+\dot{I}_N|=I_C$ 作为电容补偿电流。在进行差动继电器计算时，必须满足故障的 $|\dot{I}_M+\dot{I}_N|>4I_C$ 的条件。

另外，分相电流差动保护可以借助光纤通道传输两路远方开关量信号，并各有五组出口节点。

分相电流差动保护主要由差动 CPU 模件及通信接口组成。差动 CPU 模件完成采样数据读取、滤波，数据发送、接收，数据同步，故障判断、跳闸出口逻辑；通信接口完成与光纤的光电物理接口功能，另外专门加装的 PCM 复接接口装置则完成数据码型变换，时钟提取等同向接口功能。

1. 增加的启动元件

差动保护启动元件除了相电流突变量启动元件、零序电流辅助启动元件，还有以下辅助启动元件。

（1）低电压启动元件。用于弱馈负荷侧的辅助启动元件，该元件在对侧启动而本侧不启动的情况下投入，相电压小于 52V 或相间电压小于 90V 时本侧被对侧拉入故障处理。

（2）利用 TWJ 的辅助启动元件。作为手合于故障时，一侧启动另一侧不启动，未合侧保护装置的启动元件。分相电流差动保护启动元件逻辑框图如图 1-8 所示。

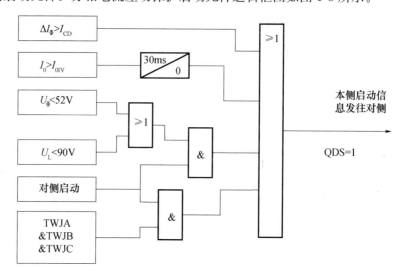

图 1-8　分相电流差动保护启动元件逻辑框图

因为差动保护有上述低电压和 TWJ 启动元件，并且远方跳闸可以整定为经启动元件闭锁，所以在 PSL 603（A、C、D）电流差动保护装置中，启动继电器的开放应采取"三取一"方式。

2. 分相差动原理

动作判据如下：

$$\begin{cases} |\dot{I}_{\mathrm{M}}+\dot{I}_{\mathrm{N}}|>I_{\mathrm{CD}} \\ |\dot{I}_{\mathrm{M}}+\dot{I}_{\mathrm{N}}|>4I_{\mathrm{C}} \\ |\dot{I}_{\mathrm{M}}+\dot{I}_{\mathrm{N}}|\leqslant I_{\mathrm{INT}} \\ |\dot{I}_{\mathrm{M}}+\dot{I}_{\mathrm{N}}|>k_{\mathrm{BL1}}|\dot{I}_{\mathrm{M}}-\dot{I}_{\mathrm{N}}| \end{cases}$$

或

$$\begin{cases} |\dot{I}_{\mathrm{M}}+\dot{I}_{\mathrm{N}}|>I_{\mathrm{CD}} \\ |\dot{I}_{\mathrm{M}}+\dot{I}_{\mathrm{N}}|>4I_{\mathrm{C}} \\ |\dot{I}_{\mathrm{M}}+\dot{I}_{\mathrm{N}}|>I_{\mathrm{INT}} \\ |\dot{I}_{\mathrm{M}}+\dot{I}_{\mathrm{N}}|>k_{\mathrm{BL2}}|\dot{I}_{\mathrm{M}}-\dot{I}_{\mathrm{N}}|-I_{\mathrm{b}} \end{cases}$$

式中，$I_{\mathrm{b}}=I_{\mathrm{INT}}\times(k_{\mathrm{BL2}}-k_{\mathrm{BL1}})/k_{\mathrm{BL1}}$，为常数。

比例差动示意图如图 1-9 所示。

K_{BL1}、K_{BL2} 为差动比例系数，其中 K_{BL1} 保护内部固定为 0.5，K_{BL2} 保护内部固定为 0.7；I_{CD} 为整定值（差动启动电流定值）；I_{INT} 为四倍额定电流（分相差动两线交点）；零序差动对高阻接地故障起辅助保护作用，原理同分相差动，零序差动比例系数保护内部固定为 $K_{\mathrm{0BL}}=0.8$。I_{b} 常数计算值为 $0.4I_{\mathrm{INT}}$。I_{C} 为正常运行时计算得到的电容电流。

3. 数据同步

采用数值同步方法可灵活、快速同步，数据同步只需要 3 个点，而不需要额外数据调整算法和过程，这种同步方法有其独到的优点。

4. 通信可靠性

光纤差动保护中，通信可靠性是影响保护性能至关重要的因素，因此对通信进行了严密细致的监视，每帧数据进行 CRC 校验，错误舍弃，错误帧数大于

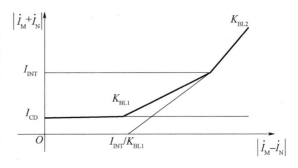

图 1-9 比例差动示意图

一定值时，报通道失效；通信为恒速率，每秒钟收到的帧数为恒定，如果丢失的帧数大于某给定值，报通道中断。以上两种情况发生后，闭锁保护，一旦通信恢复，自动恢复保护。正常时显示误码率，方便通道监视。

5. 跳闸逻辑

差动保护可分相跳闸，区内单相故障时，单独将该相切除，保护发跳闸命令后 250ms 故障相仍有电流，补发三跳令；三跳令发出后 250ms 故障相仍有电流，补发永跳令。

两相以上区内故障时，跳三相。

控制字采用三相跳闸方式时任何故障均跳三相。

零序电流差动具有两段，Ⅰ段延时 60ms 选相跳闸，Ⅱ段延时 150ms 三跳。

两侧差动都动作才确定为本相区内故障。

收到对侧远跳命令，发永跳。

6. CT 断线

PSL 603 光纤分相电流差动保护中采用零序差流来识别 CT 断线，并且可以识别出断线相。由于 PSL 603 采用电流突变量作为启动元件，负荷电流情况下的一侧 CT 断线只引起断线侧保护启动，而不会引起非断线侧启动；又由于 PSL 603 采用两侧差动继电器同时动作时才出口跳闸，因此保护不会误动作。PSL 603 在此情况下可以进行 CT 断线识别，判据如下：

$$\begin{cases} |\dot{I}_0^S| - |\dot{I}_0^O| > I_{MK} \\ |\dot{I}_{CDMAX}| < I_{WI} \end{cases}$$

式中，$\dot{I}_0^S$、$\dot{I}_0^O$ 分别为本侧零序电流和对侧零序电流；$\dot{I}_{CDMAX}$ 为差流最大相的相电流；I_{MK} 为预定的门槛值；I_{WI} 为无电流门槛。由以上判据识别出的断线相即为差流最大相。

本判据简单可靠，对于负荷电流大于 I_{MK} 时的 CT 断线相能准确检出，此时非断线相差动继电器仍可正确动作。

CT 断线后的闭锁方案：

（1）"CT 断线后不闭锁保护"控制字有效，检出 CT 断线后，本相保护不闭锁，零序差动元件也不闭锁。

（2）"CT 断线后闭锁保护"控制字有效，检出 CT 断线后再发生故障断线相差动元件差动启动电流定值抬高至 I_n，同时闭锁零序差动元件，其他相差动元件仍然投入；若断线后

其他相发生区内故障，CT断线相差动元件差动启动电流定值恢复到整定值，此时断线相差动继电器动作，保护三跳。

两种控制字方式下保护动作行为分析：

选择"CT断线不闭锁保护"，CT断线之后差动继电器无任何特殊处理，因此区外扰动发生使两侧保护启动，当CT断线相负荷电流大于差动继电器启动电流定值时，保护会误动，此时差动继电器抗扰动能力差，最终会导致两侧保护三跳。

选择"CT断线闭锁保护"，CT断线之后，差动继电器启动电流定值抬高至I_n，差动继电器在区外故障时，有躲负荷能力，并且区外CT断线相发生故障时，误跳该相后，如果负荷电流小于I_n，保护重合成功，区内故障时，无CT断线侧故障电流大于I_n，保护能全线速动，切除故障。

（3）比较以上方案，方案二具有一定的优越性，但当两侧电源一大一小，且大电源侧发生CT断线时，靠近大电源侧发生故障时，可能导致差动保护拒动。因此建议CT断线后选择哪种方式，应由具体情况而定。

7. CT饱和

PSL 603采用了自适应比率制动的全电流差动继电器，通过制动系数自适应调整使差动保护在提高区外故障时安全性的同时，保证区内故障时动作的可靠性。在电流严重畸变时，由于采用了大于1的制动系数，差动保护在区外故障不误动的前提下给区内故障留有足够的动作范围。

8. 手合故障处理

手动合闸时，差动定值自动抬高至额定电流I_n，以防止正常合闸时线路充电电流造成差动保护误动。

9. 双端测距功能

采用双端电气量完成测距计算，大大提高了测距结果的精度。

测距基本原理：

$$\dot{U}_m = \dot{I}_m Z D_{mf} + \dot{I}_f R_f = \dot{I}_m Z D_{mf} + (\dot{I}_m + \dot{I}_n) R_f$$

$$\dot{I}_f = \dot{I}_m + \dot{I}_n$$

$$D_{mf} = \frac{\dot{I}_m [\dot{U}_m / \dot{I}_f]}{\dot{I}_m [Z \dot{I}_m / \dot{I}_f]}$$

式中，$\dot{U}_m$为本侧母线电压；$\dot{I}_m$为本侧线路电流；$\dot{I}_n$为对侧线路电流；$\dot{I}_f$为故障点流入大地电流；Z单位线路阻抗。

10. 永跳远传功能

本功能是当本侧由于永久性故障或者重合于故障时发永跳出口，这时永跳命令通过光纤传送到对侧，闭锁对侧重合闸，防止对侧开关重合于故障。保护收到光纤通道远传命令后发60ms永跳出口信号。本功能可经控制字投退。

11. 远跳、远传功能

本装置具备远跳功能及两路远传信号通道，可用于实现远跳及远传信号功能。用于远跳的开入连续8ms确认后，作为数字信息和采样数据一起打包，经过编码、CRC校验，再由光电转换后发送至对侧。同样接收到对侧数据后经过CRC校验、解码提取远跳信号，而且只有连续三次收到对侧远跳信号才确认出口跳闸。远跳用于直接跳闸时，可经就地启动闭锁，当保护控制字整定为远跳经本地启动闭锁时，收到对侧远跳信号 500ms 保护没有跳闸，保护发"远跳信号长期不复归"报文。同时，用于远传信号的开入连续 5ms 确认后，再经过远跳信号同样的处理传送至对侧。两路远传信号开出由独立出口开出，各有五副节点，其中第一组为自保持节点。

12. 通信接口说明

线路差动保护采用光纤作为两侧数据交换的通道，本保护装置提供专用光纤通道和复用 PCM 通道两种通道方式给用户选择。当被保护的线路长度小于 100km 时可使用专用光纤通道方式，否则需使用复用 PCM 通道方式，通过控制字可选择。

采用专用光纤通道方式时，装置间数据传输速率为 1Mbit/s。通信时，装置的时钟应采用内时钟方式，即两侧的装置发送时钟工作在"主-主"方式（图 1-10），数据发送采用本机的内部时钟，接收时钟从接收数据码流中提取。

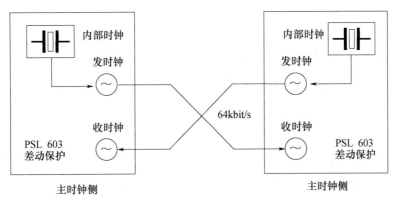

图 1-10　专用光纤通道时钟方式示意图

采用 64kbit/s PCM 复接方式时，装置间数据传输速率为 64kbit/s，通信时，两侧的发送时钟、接收时钟均由 PCM 系统的时钟决定，所以两侧保护装置均须整定为外时钟方式。两侧 PCM 通信设备所复接的 2M 基群口，仅在 PDH 网中应按主-从方式来整定，否则，由于两侧 PCM 设备的 64kbit/s/2M 终端口的时钟存在微小的差异，会使装置在数据接收中出现定时滑码现象。复接 PCM 通信设备时，对通道的误码率要求参照电力规划设计院颁发的《微波电路传输继电保护信息设计技术规定》中的有关条款。图 1-11 为 PCM 复接通道时钟方式示意图。

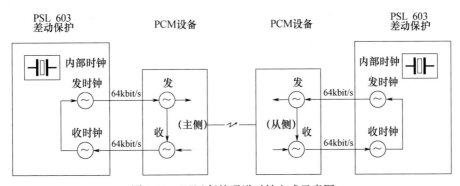

图 1-11　PCM 复接通道时钟方式示意图

当采用专用光纤通道方式时，只需将光纤以"发-收"方式直接连接好。装置内光电转换接口板上的 LX-1 跳线连在"1M"位置，LX-3 跳线连在"1M"位置，LX-2 跳线不连接，L4 跳线在从装置连出的光纤不长于 50km 时连接，长于 50km 时取消，专用光纤通道：控制字 1 第 8 位置 0 整定为专用通道；控制字 1 第 9 位置 0 整定为主时钟方式。图 1-12 为专用光纤通道连接图。

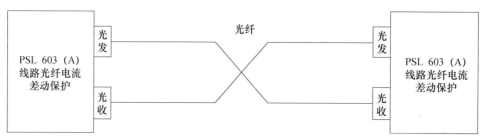

图 1-12　专用光纤通道连接图

当采用复用 PCM 通道方式时，需要在保护装置和复用 PCM 设备之间增加复接接口设备 GXC-64。复接接口和保护装置之间以"发-收"方式直接连接。图 1-13 只是一侧连接图，另一侧完全一样。装置内光电转换接口板上的 LX-1 跳线连在"64k"位置，LX-3 跳线连在"64k"位置，LX-2 跳线连在从位置即 2 和 3 连接设置为从方式。64kbit/sPCM 复用通道时：控制字 1 第 8 位置 1 整定为复用通道；控制字 1 第 9 位置 1 整定为从时钟方式。

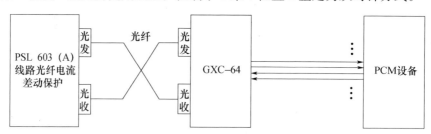

图 1-13　复用 PCM 通道方式一侧连接图

采用复用 2M 接口通道方式时，需要在保护装置和复用 2M 接口间增加复接接口设备 GXC-2M。复接接口和保护装置之间以"发-收"方式直接连接，图 1-14 只是一侧连接图，另一侧完全一样。装置内光电转换接口板上的 LX-1 跳线连在"64k"位置，LX-3 跳线连在"64k"位置，LX-2 跳线连在主位置即 1 和 2 连接设置为主方式。2M 口复用通道时：控制字 1 第 8 位置 1 整定为复用通道；控制字 1 第 9 位置 1 整定为从时钟方式。

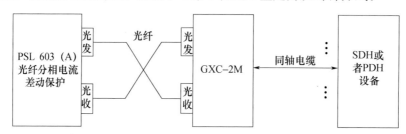

图 1-14　复用 2M 通道方式一侧连接图

图 1-15 分相电流差动保护逻辑框图。

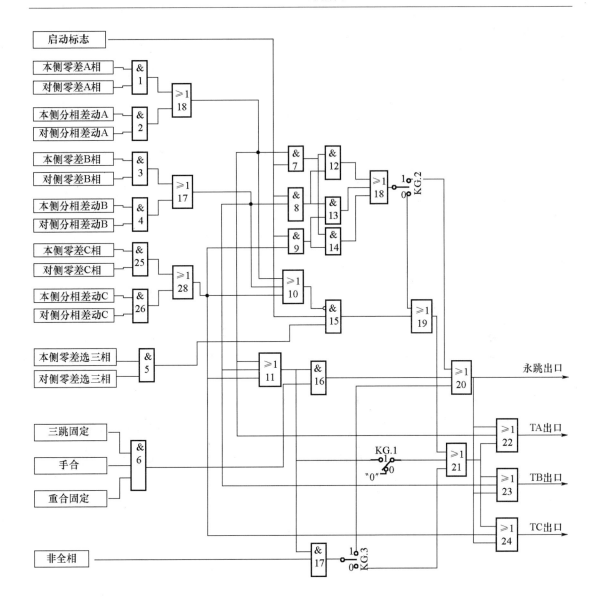

KG.1: 三相出口。

KG.2: 相间故障永跳。

KG.3: 非全相永跳。

图 1-15　分相电流差动保护逻辑框图

1.1.2　距离保护

1.1.2.1　工频变化量距离继电器

电力系统发生短路故障时，其短路电流、电压可分解为故障前负荷状态的电流电压分量和故障分量，反映工频变化量的继电器只考虑故障分量，不受负荷状态的影响。

工频变化量距离继电器测量工作电压的工频变化量的幅值，其动作方程为

$$|\Delta U_{OP}|>U_Z$$

对相间故障：

$$U_{OP\Phi\Phi}=U_{\Phi\Phi}-I_{\Phi\Phi}\times Z_{ZD}$$

$$\Phi\Phi=AB，BC，CA$$

对接地故障：

$$U_{OP\Phi}=U_{\Phi}-（I_{\Phi}+K\times 3I_0）\times Z_{ZD}$$

$$\Phi=A，B，C$$

式中，Z_{ZD} 为整定阻抗，一般取 $0.8\sim 0.85$ 倍线路阻抗；U_Z 为动作门槛，取故障前工作电压的记忆量。

正、反方向故障时，工频变化量距离继电器动作特性如图 1-16、图 1-17 所示。

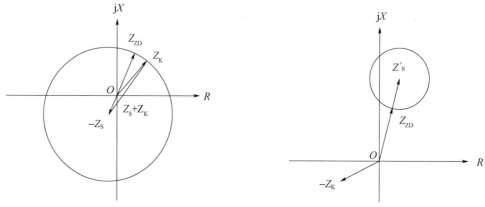

图 1-16　正方向短路动作特性　　　　　　图 1-17　反方向短路动作特性

正方向故障时，测量阻抗 $-Z_K$ 在阻抗复数平面上的动作特性是以矢量 $-Z_S$ 为圆心，以 $|Z_S+Z_{ZD}|$ 为半径的圆，当矢量 Z_K 末端落于圆内时动作，可见这种阻抗继电器有大的允许过渡电阻能力。当过渡电阻受对侧电源助增时，由于 ΔI_N 一般与 ΔI 是同相位，过渡电阻上的压降始终与 ΔI 同相位，过渡电阻始终呈电阻性，与 R 轴平行，因此，不存在由于对侧电流助增所引起的超越问题。

对反方向短路，测量阻抗 $-Z_K$ 在阻抗复数平面上的动作特性是以矢量 Z'_S 为圆心，以 $|Z'_S-Z_{ZD}|$ 为半径的圆，动作圆在第一象限，而因为 $-Z_K$ 总是在第三象限，因此，阻抗元件有明确的方向性。

工频变化量阻抗元件由距离保护压板投退。

1.1.2.2　RCS-931 距离继电器

本装置设有三阶段式相间和接地距离继电器，继电器由正序电压极化，因而有较大的测量故障过渡电阻的能力。当用于短线路时，为了进一步扩大测量过渡电阻的能力，还可将 Ⅰ、Ⅱ 段阻抗特性向第 Ⅰ 象限偏移；接地距离继电器设有零序电抗特性，可防止接地故障时继电器超越。

正序极化电压较高时，由正序电压极化的距离继电器有很好的方向性。当正序电压下降至 $15\%U_n$ 以下时，进入三相低压程序，由正序电压记忆量极化，Ⅰ、Ⅱ 段距离继电器在动作前设置正的门槛，保证母线三相故障时继电器不可能失去方向性；继电器动作后则改为反门槛，保证正方向三相故障继电器动作后一直保持到故障切除。Ⅲ 段距离继电器始终采用反门槛，因而三相短路Ⅲ段稳态特性包含原点，不存在电压死区。

当用于长距离重负荷线路，常规距离继电器整定困难时，可引入负荷限制继电器，负荷限制继电器和距离继电器的交集为动作区，这有效地防止了重负荷时测量阻抗进入距离继电器而引起的误动。

1. 低压距离继电器

当正序电压小于 $15\%U_n$ 时，进入低压距离程序，此时只可能有三相短路和系统振荡两种情况，系统振荡由振荡闭锁回路区分，这里只需考虑三相短路。三相短路时，因为三个相阻抗和三个相间阻抗性能一样，所以仅测量相阻抗。

一般情况下各相阻抗一样，但为了保证母线故障转换至线路构成三相故障时仍能快速切除故障，所以对三相阻抗均进行计算，任一相动作跳闸时选为三相故障。

低压距离继电器比较工作电压和极化电压的相位：

工作电压：

$$U_{OP\Phi}=U_\Phi-I_\Phi\times Z_{ZD}$$

极化电压：

$$U_{P\Phi}=-U_{1\Phi M}$$
$$\Phi=A，B，C$$

式中，$U_{OP\Phi}$ 为工作电压；$U_{P\Phi}$ 为极化电压；Z_{ZD} 为整定阻抗；$U_{1\Phi M}$ 为记忆故障前正序电压。

继电器的比相方程为

$$-90°<\arg\frac{U_{OP\Phi}}{U_{P\Phi}}<90°$$

正方向故障动作特性如图 1-16 所示，测量阻抗 Z_K 在阻抗复数平面上的动作特性是以 Z_{ZD} 至 $-Z_S$ 连线为直径的圆，动作特性包含原点，表明正向出口经或不经过渡电阻故障时都能正确动作，并不表示反方向故障时会误动作；反方向故障时的动作特性必须以反方向故障为前提导出。

反方向故障动作特性如图 1-17 所示，测量阻抗 $-Z_K$ 在阻抗复数平面上的动作特性是以 Z_{ZD} 与 Z'_S 连线为直径的圆，当 $-Z_K$ 在圆内时动作，可见，继电器有明确的方向性，不可能误判方向。

以上的结论是在记忆电压消失以前，即继电器的暂态特性，当记忆电压消失后，测量阻抗 Z_K 在阻抗复数平面上的动作特性如图 1-18 所示；反方向故障时，$-Z_K$ 动作特性如图 3-19 所示。由于动作特性经过原点，因此母线和出口故障时，继电器处于动作边界；为了保证母线故障，特别是经弧光电阻三相故障时不会误动作，因此，对Ⅰ、Ⅱ段距离继电器设置了门槛电压，其幅值取最大弧光压降。同时，当Ⅰ、Ⅱ距离继电器暂态动作后，将继电器的门槛倒置，相当于将特性圆包含原点，以保证继电器动作后能保持到故障切除。为了保证Ⅲ段距离继电器的后备性能，Ⅲ段距离元件的门槛电压总是倒置的，其特性包含原点。图 1-20 为三相短路稳态特性。

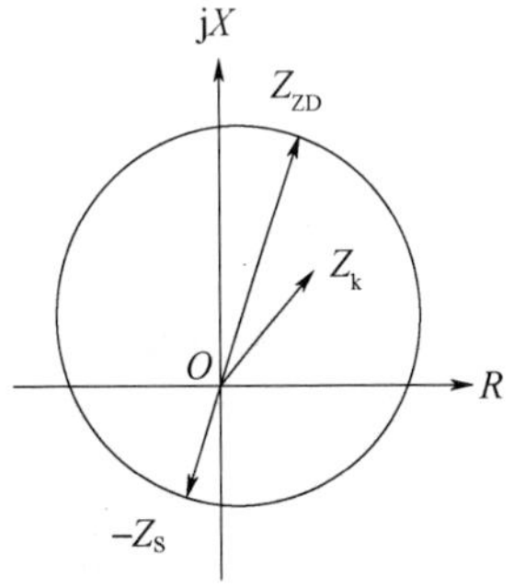

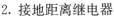

图 1-18 正方向故障动作特性

2. 接地距离继电器

（1）Ⅲ段接地距离继电器。

工作电压：

$$U_{OP\Phi}=U_\Phi-（I_\Phi+K\times3I_0）\times Z_{ZD}$$

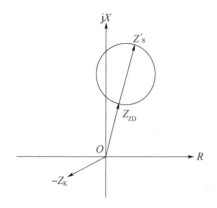

图 1-19　反方向故障动作特性

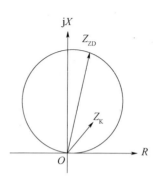

图 1-20　三相短路稳态特性

极化电压：

$$U_{P\Phi} = -U_{1\Phi}$$

$U_{P\Phi}$ 采用当前正序电压，非记忆量，这是因为接地故障时，正序电压主要由非故障相形成，基本保留了故障前的正序电压相位，因此，Ⅲ 段接地距离继电器的特性与低压时的暂态特性完全一致，继电器有很好的方向性。

（2）Ⅰ、Ⅱ 段接地距离继电器。

① 由正序电压极化的方向阻抗继电器。

工作电压：

$$U_{OP\Phi} = U_{\Phi} - (I_{\Phi} + K \times 3I_0) \times Z_{ZD}$$

极化电压：

$$U_{P\Phi} = -U_{1\Phi} \times e^{j\theta_1}$$

Ⅰ、Ⅱ 段极化电压引入移相角 θ_1，其作用是在短线路应用时，将方向阻抗特性向第Ⅰ象限偏移，以扩大允许故障过渡电阻的能力。其正方向故障动作特性如图 1-18 所示。θ_1 取值范围为 0°、15°、30°。

由图 1-21 可见，该继电器可测量很大的故障过渡电阻，但在对侧电源助增下可能超越，因而引入了第二部分零序电抗继电器以防止超越。

② 零序电抗继电器。

工作电压：

$$U_{OP\Phi} = U_{\Phi} - (I_{\Phi} + K \times 3I_0) \times Z_{ZD}$$

极化电压：

$$U_{P\Phi} = -I_0 \times Z_D$$

式中，Z_D 为模拟阻抗。

动作特性如图 1-21 中直线 A。

当 I_0 与 I_{Φ} 同相位时，直线 A 平行于 R 轴，不同相时，直线的倾角恰好等于 I_0 相对于 $I_{\Phi} + K \times 3I_0$ 的相角差。假定 I_0 与过渡电阻上的压降同相位，则直线 A 与过渡电阻上的压降所呈现的阻抗相平行，因此，零序电抗特性对过渡电阻有自适应的特征。

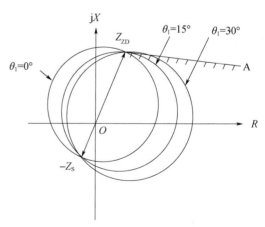

图 1-21　正方向故障时继电器特性

实际的零序电抗特性由于 Z_D 为 78°而要下倾 12°，所以当实际系统中由于二侧零序阻抗角不一致而使 I_0 与过渡电阻上压降有相位差时，继电器仍不会超越。由带偏移角 θ_1 的方向阻抗继电器和零序电抗继电器二部分接合，同时动作时，Ⅰ、Ⅱ 段距离继电器动作，该距离继电器有很好的方向性，能测量很大的故障过渡电阻且不会超越。

3. 相间距离继电器

(1) Ⅲ 段相间距离继电器。

工作电压：

$$U_{OP\Phi\Phi}=U_{\Phi\Phi}-I_{\Phi\Phi}\times Z_{ZD}$$

极化电压：

$$U_{P\Phi\Phi}=-U_{1\Phi\Phi}$$

继电器的极化电压采用正序电压，不带记忆。因相间故障，其正序电压基本保留了故障前电压的相位；故障相的动作特性如图 1-16、图 1-17 所示，继电器有很好的方向性。

三相短路时，由于极化电压无记忆作用，其动作特性为一过原点的圆，如图 1-18 所示。由于正序电压较低时，由低压距离继电器测量，因此，这里既不存在死区也不存在母线故障失去方向性问题。

(2) Ⅰ、Ⅱ 段距离继电器。

① 由正序电压极化的方向阻抗继电器。

工作电压：

$$U_{OP\Phi\Phi}=U_{\Phi\Phi}-I_{\Phi\Phi}\times Z_{ZD}$$

极化电压：

$$U_{P\Phi\Phi}=-U_{1\Phi\Phi}\times e^{j\theta_2}$$

这里，极化电压与接地距离 Ⅰ、Ⅱ 段一样，较 Ⅲ 段增加了一个偏移角 θ_2，其作用也同样是为了在短线路使用时增加允许过渡电阻的能力。θ_2 的整定可按 0°、15°、30°三挡选择。

② 电抗继电器。

工作电压：

$$U_{OP\Phi\Phi}=U_{\Phi\Phi}-I_{\Phi\Phi}\times Z_{ZD}$$

极化电压：

$$U_{P\Phi\Phi}=-I_{\Phi\Phi}\times Z_D$$

式中，Z_D 为模拟阻抗。

当 Z_D 阻抗角为 90°时，该继电器为与 R 轴平行的电抗继电器特性，实际的 Z_D 阻抗角为 78°，因此，该电抗特性下倾 12°，使送电端的保护受对侧助增而过渡电阻呈容性时不致超越。

以上方向阻抗与电抗继电器二部分结合，增强了在短线上使用时允许过渡电阻的能力。

4. 负荷限制继电器

为保证距离继电器躲开负荷测量阻抗，本装置设置了接地、相间负荷限制继电器，其特性如图 1-22 所示，继电器两边的斜率与正序灵敏角 ϕ 一致，R_{ZD} 为负荷限制电阻定值，直线 A 和直线 B 之间为动作区。当用于短

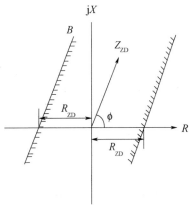

图 1-22　负荷限制继电器特性

线路不需要负荷限制继电器时，用户可将控制字"投负荷限制距离"置为 0。

5．振荡闭锁

装置的振荡闭锁分为四个部分，任意一个动作开放保护。

（1）启动开放元件。启动元件开放瞬间，若按躲过最大负荷整定的正序过流元件不动作或动作时间尚不到 10ms，则将振荡闭锁开放 160ms。

该元件在正常运行突然发生故障时立即开放 160ms，当系统振荡时，正序过流元件动作，其后再有故障时，该元件已被闭锁，另外当区外故障或操作后 160ms 再有故障时也被闭锁。

（2）不对称故障开放元件。不对称故障时，振荡闭锁回路还可由对称分量元件开放，该元件的动作判据为

$$|I_0|+|I_2|>m\times|I_1|$$

本装置中 m 的取值是根据最不利的系统条件下，振荡有区外故障时，振荡闭锁不开放为条件验算，并留有相当裕度。

（3）对称故障开放元件。在启动元件开放 160ms 以后或系统振荡过程中，如果发生三相故障，则上述二项开放措施均不能开放振荡闭锁，本装置中另设置了专门的振荡判别元件，即测量振荡中心电压：

$$U_{OS}=U\cos\phi$$

式中，U 为正序电压；ϕ 是正序电压和电流之间的夹角。

① $-0.03U_N<U_{OS}<0.08U_N$，延时 150ms 开放。

② $-0.1U_N<U_{OS}<0.25U_N$，延时 500ms 开放。

（4）非全相运行时的振荡闭锁判据。非全相振荡时，距离继电器可能动作，但选相区为跳开相。非全相再单相故障时，距离继电器动作的同时选相区进入故障相，因此，可以以选相区不在跳开相作为开放条件。

另外，非全相运行时，测量非故障二相电流之差的工频变化量，当该电流突然增大达一定幅值时开放非全相运行振荡闭锁。因而非全相运行发生相间故障时能快速开放。

6．距离保护框图（图 1-23）

（1）若用户选择"投负荷限制距离"，则Ⅰ、Ⅱ、Ⅲ段的接地和相间距离元件需经负荷限制继电器闭锁。

（2）保护启动时，如果按躲过最大负荷电流整定的振荡闭锁过流元件尚未动作或动作不到 10ms，则开放振荡闭锁 160ms，另外不对称故障开放元件、对称故障开放元件和非全相运行振闭开放元件任一元件开放则开放振荡闭锁；用户可选择"投振荡闭锁"去闭锁Ⅰ、Ⅱ段距离保护，否则距离保护Ⅰ、Ⅱ段不经振荡闭锁而直接开放。

（3）合闸于故障线路时三相跳闸可有两种方式：一是受振闭控制的Ⅱ段距离继电器在合闸过程中三相跳闸；二是在三相合闸时，还可选择"投三重加速Ⅱ段距离""投三重加速Ⅲ段距离"，以及由不经振荡闭锁的Ⅱ段或Ⅲ段距离继电器加速跳闸。手合时总是加速Ⅲ段距离。

7．PSL603G 距离保护

距离保护设有 Z_{bc}、Z_{ca}、Z_{ab} 三个相间距离保护和 Z_a、Z_b、Z_c 三个接地距离保护。除三段距离外，还设有辅助阻抗元件，共有 24 个阻抗继电器。在全相运行时，24 个继电器同时投入；非全相运行时，则只投入健全相的阻抗继电器，例如 A 相断开时只投入 Z_{bc} 和 Z_b、Z_c 回路的各段保护。

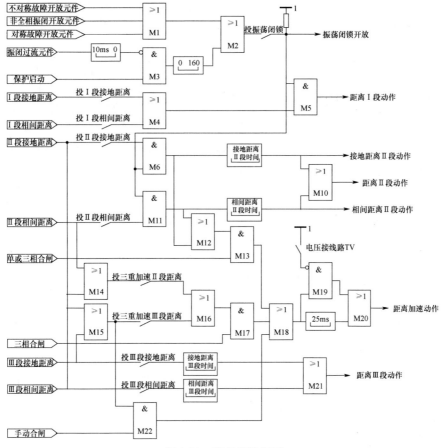

图 1-23 距离保护框图

(1) 接地距离。接地距离由偏移阻抗元件 $Z_{PY\Phi}$、零序电抗元件 $X_{0\Phi}$ 和正序方向元件 $F_{1\Phi}$ 组成（Φ=a，b，c）。

阻抗元件采用经傅氏积分的微分方程算法。接地阻抗算法为

$$U_\Phi = L_\Phi d\ (I_\Phi + K_x \times 3I_0)\ /dt + R_\Phi\ (I_\Phi + K_r \times 3I_0)\ (\Phi=a，b，c)$$

式中，$K_x = (X_0 - X_1)\ /3X_1$，$K_r = (R_0 - R_1)\ /3R_1$

接地距离偏移阻抗元件Ⅰ、Ⅱ段动作特性如图 1-24 的粗实线所示，并与正序方向元件 F_1 和零序电抗继电器 X_0 共同组成接地距离Ⅰ、Ⅱ段动作区。偏移阻抗Ⅲ段动作特性如图 1-25 的黑实

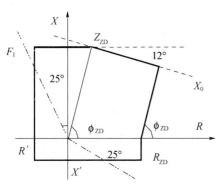

图 1-24 阻抗Ⅰ、Ⅱ段动作特性

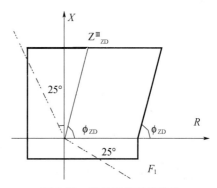

图 1-25 阻抗Ⅲ段动作特性

线所示，并与正序方向元件 F_1 共同组成接地距离Ⅲ段动作区。其中，阻抗定值 Z_{ZD} 按段分别整定，而电阻分量定值 R_{ZD} 和灵敏角 ϕ_{ZD} 三段公用一个定值。偏移门槛根据 R_{ZD} 和 Z_{ZD} 自动调整。

R 分量的偏移门槛取 $R' = \min (0.5R_{ZD}, 0.5Z_{ZD})$，即取 $0.5R_{ZD}$、$0.5Z_{ZD}$ 的较小值。

X 分量的偏移门槛取 $X' = \min (0.5\Omega, 0.5Z_{ZD})$，即取 0.5Ω、$0.5Z_{ZD}$ 的较小值。

为了使各段的电阻分量便于配合，本特性电阻侧的边界线的倾角与线路阻抗角 ϕ 相同，这样，在保护各段范围内，具有相同的耐故障电阻能力。

由于 Z_{PY} 不能判别故障方向。因此还设有正序方向元件 F_1。该元件采用正序电压和回路电流进行比相。以 A 相正序方向元件 F_{1a} 为例，令 $U_1 = 1/3 (U_a + aU_b + a_2U_c)$，正序方向元件 F_{1a} 的动作判据为

$$-25° \leqslant \arg \frac{U_1}{I_A + K3I_0} \leqslant 115°$$

动作特性如图 1-24 和图 1-25 中的 F_1 虚线所示，虚线以上是正方向动作区。

正序方向元件的特点是引入了健全相的电压，因此在线路出口处发生不对称故障时能保证正确的方向性，但发生三相出口故障时，正序电压为零，不能正确反映故障方向。为此当三相电压都低时采用记忆电压进行比相，并将方向固定。电压恢复后重新用正序电压进行比相。

在两相短路经过渡电阻接地、双端电源线路单相经过渡电阻接地时，接地阻抗继电器会产生超越。由于零序电抗元件能够防止这种超越，因此接地阻抗还设有零序电抗器 X_0。X_0 的动作方程为（以 A 相零序电抗器 X_{0a} 为例）

$$-90° \leqslant \arg \frac{U_\Phi - Z_{ZD} (I_\Phi + K_3I_0)}{I_0 e^{j\delta}} \leqslant 90°$$

X_0 的动作特性如图 1-24 的虚线 X_0 所示。虚线以下为零序电抗继电器的动作区。

(2) 相间距离。相间距离由偏移阻抗元件 $Z_{PY\Phi\Phi}$ 和正序方向元件 $F_{1\Phi\Phi}$ 组成（$\Phi\Phi$ = bc, ca, ab）。

相间阻抗算法为

$$U = L_{\Phi\Phi} dI_{\Phi\Phi}/dt + RI_{\Phi\Phi}, \quad \Phi\Phi = bc, ca, ab$$

相间偏移阻抗Ⅰ、Ⅱ段动作特性如图 1-24 的粗实线所示，并与正序方向元件 F_1 共同组成相间距离Ⅰ、Ⅱ段动作区。偏移阻抗Ⅲ段动作特性如图 1-25 的粗实线所示，并与正序方向元件 F_1 共同组成相间距离Ⅲ段动作区。相间阻抗偏移特性和接地阻抗偏移特性相似。其中，阻抗定值 Z_{ZD} 按段分别整定，灵敏角 ϕ_{ZD} 三段公用一个定值。相间偏移阻抗Ⅰ、Ⅱ的电阻分量为 R_{ZD} 的一半，相间偏移阻抗Ⅲ段的电阻分量为 R_{ZD}。偏移门槛根据 R_{ZD} 和 Z_{ZD} 自动调整。

R 分量的偏移门槛取，$R' = \min (0.5R_{ZD}^{I, II, III}, 0.5Z_{ZD})$，即取 $0.5R_{ZD}^{I, II, III}$、$0.5Z_{ZD}$ 的较小值。

X 分量的偏移门槛取，$X' = \min (0.5\Omega, 0.5Z_{ZD})$，即取 0.5Ω、$0.5Z_{ZD}$ 的较小值。

相间距离所用正序方向元件 F_1 原理和接地距离所用正序方向元件原理相同。相间距离所用正序方向元件采用正序电压和相间电流进行比相。

本装置设置了六个阻抗回路（Z_{bc}、Z_{ca}、Z_{ab}、Z_a、Z_b、Z_c）的阻抗辅助元件，阻抗辅助元件具有全阻抗性质的四边形特性，其定值与阻抗Ⅲ段相同，其动作特性如图 1-26 所示。

阻抗辅助元件不作为故障范围的判别，应用于静稳破坏检测、故障选相等元件中。

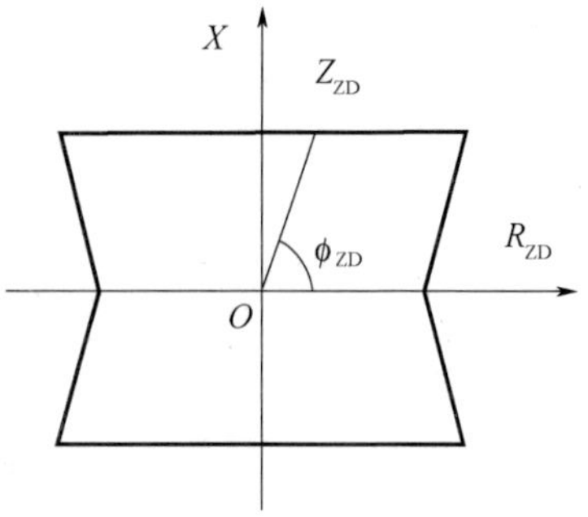

（3）振荡闭锁的开放元件。电流差动保护不受系统振荡影响。

在相电流突变量启动 150ms 内，距离保护短时开放。在突变量启动 150ms 后或者零序电流辅助启动、静稳破坏启动后，保护程序进入振荡闭锁。在振荡闭锁期间，距离Ⅰ、Ⅱ段要在振荡闭锁开放元件动作后才投入。

图 1-26　阻抗辅助元件动作特性

振荡闭锁的开放元件要满足以下几点要求：

系统不振荡时开放；

系统纯振荡时不开放；

系统振荡又发生区内故障时能够可靠、快速开放；

系统振荡又发生区外故障时，在距离保护会误动期间不开放。

对于不可能出现系统振荡的线路，可由控制字退出振荡闭锁的功能，以提高保护的动作速度。本装置的振荡闭锁开放元件采用了阻抗不对称法、序分量法和振荡轨迹半径检测法的三种方法，任何一种动作时就开放距离Ⅰ、Ⅱ保护。前两种方法只能开放不对称故障，在线路非全相运行时退出；最后一种方法则在全相和非全相运行时都投入。

阻抗不对称法的原理和判据说明如下。

选相元件选中 A 相，并且 BC 相间的测量阻抗在辅助阻抗范围外时开放 A 相的阻抗Ⅰ、Ⅱ段。对于 B 相接地距离保护和 C 相接地距离保护以次类推。

在系统振荡时，若两侧电势的功角在 180°附近时，相间阻抗的辅助段会动作，该元件不会开放接地距离保护；若两侧电势的功角在 0°附近时，该元件开放接地距离保护，但此时接地距离保护不会误动作。该方法的特点是高阻接地时，保护也能开放，缺点是只能开放单相接地故障。

① 序分量法。当 $I_0 + I_2 > mI_1$ 时开放距离保护。该方法是根据不对称故障时产生的零序和负序分量来开放保护。m 为可靠系数，以确保区外故障时保护不会误动。

② 振荡轨迹半径检测法。系统纯振荡或振荡时发生经过渡电阻的故障，测量阻抗的变化轨迹为圆。金属性故障时，轨迹圆蜕变为点。阻抗变化率 dz/dt 与轨迹圆的半径有内在的关系。本方法是通过阻抗轨迹的测量来躲过会引起保护误动的振荡以及区外故障，具体方法为在满足以下条件时，开放 BC 相间距离：

$$\left| \frac{dZ_{bc}}{dt} \right| < 0.5 Z_\Sigma$$

$$Z_{bc} > 2 \left| \frac{dZ_{bc}}{dt} \right|$$

$$Z_{bc} < Z_{zd} - 4 \left| \frac{dZ_{bc}}{dt} \right|$$

式中，Z_{zd} 为距离保护的整定值；Z_Σ 为一个不大于系统总阻抗的门槛，在装置内根据保护定值自动确定。对 CA、AB 相间距离和 A、B、C 接地距离依此类推。

条件①使距离保护在系统纯振荡时不误动；条件②使距离保护在振荡中发生反向故障时不误动；条件③使距离保护在振荡中发生区外故障时不误动。可以证明系统振荡周期小于 3s 时，保护不会误动。为了进一步增加安全性，装置在检测到振荡周期很慢时自动闭锁该元件。

在发生出口故障时，条件②将拒动。为此还设置了一个突变量方向元件，在条件①和③满足但条件②不满足时，若突变量方向元件动作，开放距离保护100ms。

8. 距离保护逻辑

PSL 600距离保护逻辑方框图如图1-27所示。

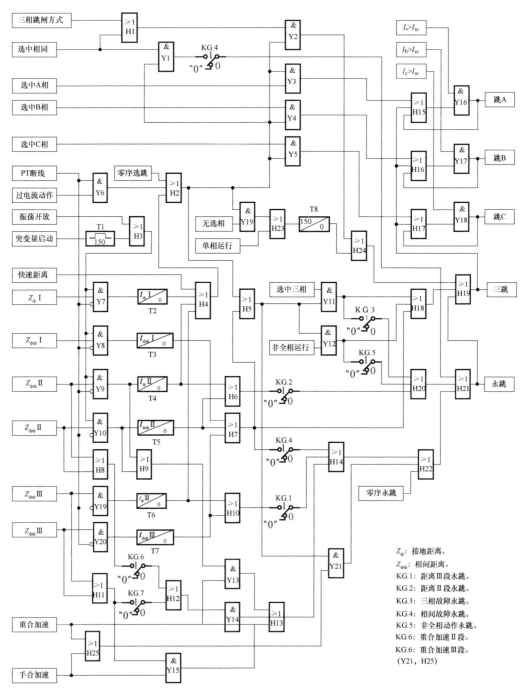

图1-27　PSL 600距离保护逻辑框图

距离保护动作逻辑说明如下。

（1）接地距离Ⅰ段保护区内短路故障时，Z_Φ^I动作后经 T2 延时（一般整定为零）由或门 H4、H2 至选相元件控制的回路跳闸；跳闸脉冲由跳闸相过流元件自保持，直到跳闸相电流元件返回才收回跳闸脉冲。相间故障 $Z_{\Phi\Phi}^I$ 动作后经 T3 延时（一般整为零）由或门 H7、H18、H19 进行三相跳闸，当 KG1.8＝1 时（相间故障永跳），保护直接经由或门 H14、H22、H21 永跳。Ⅰ段、Ⅱ段距离保护分别经与门 Y7、Y8、Y9、Y10 由振荡闭锁元件控制，振荡闭锁元件可经由控制字选择退出。

（2）当选相元件拒动时，H2 的输出经 Y19、H23、选相拒动时间延时元件 T8（150ms）、H24、H19 进行三相跳闸；因故单相运行时，同样经 T8 延时实现三相跳闸。

（3）Ⅱ段保护区内短路故障时，接地故障和相间故障的动作情况与Ⅰ段保护区内故障时相同。除动作时限不同外，增加了由 KG1.7（距离Ⅱ段永跳）控制的永跳回路 H20、H21。Ⅲ段保护区内短路故障时，动作情况与Ⅱ段保护区内故障时相同，但距离Ⅲ段不受振荡闭锁控制。

（4）非全相运行过程中，健全相发生短路故障时，振荡闭锁元件开放，保护区内发生接地或相间短路故障时，H4 或 H7 动作，于是 H5 的输出经 Y12、H18、H19 进行三相跳闸；若 KG1.10＝1（非全相永跳），则经或门 H20、H21 进行永跳。

（5）手合或重合于故障线路，H25 的输出经 Y21、H22、H21 进行永跳。

1.1.3　零序电流方向保护

大接地系统中，线路发生接地故障时出现零序分量，利用这一特征构成零序电流方向保护。电压以母线电压高于大地电压为正，电流以母线流向线路为正，正向故障时，零序电流超前零序电压约 1050，该角度取决于线路背后变压器的零序阻抗。

1.1.3.1　RCS-931A 零序电流方向继电器

RCS-931A 零序正方向元件 F_{0+} 由零序功率 P_0 决定，P_0 由 $3U_0$ 和 $3I_0 \times Z_D$ 的乘积获得（$3U_0$、$3I_0$ 为自产零序电压电流，Z_D 是幅值为 1 相角为 78° 的相量），$P_0 < -1VA$（$I_N = 5A$）或 $P_0 < -0.2VA$（$I_N = 1A$）时 F_{0+} 动作。零序保护的正方向元件由零序方向比较过流元件和 F_{0+} 的与门输出。

RCS-931A 零序电流方向保护框图如图 1-28 所示。

（1）RCS-931A 系列设置了两个带延时段的零序方向过流保护，不设置速跳的Ⅰ段零序过流。Ⅱ段零序受零序正方向元件控制，Ⅲ段零序则由用户选择经或不经方向元件控制。

（2）当用户置"零Ⅲ跳闸后加速"为 1，则跳闸前零序Ⅲ段的动作时间为"零序过流Ⅲ段时间"，则跳闸后零序Ⅲ段的动作时间缩短 500ms。

（3）TV 断线时，本装置自动投入零序过流和相过流元件，两个元件经同一延时段出口。

（4）单相重合时零序加速时间延时为 60ms，手合和三重时加速时间延时为 100ms，其过流定值用零序过流加速段定值。

1.1.3.2　PSL 603 零序电流保护装置

本装置零序保护设有四段、加速段，均可由控制字选择是否带方向元件，还设有控制字投退的一段 PT 断线时投入的零序保护（该段不受压板控制）。设有零序Ⅰ段、零序Ⅱ段和零序总投压板。零序总投压板退出时，零序保护各段都退出。零序Ⅲ及加速段若需单独退出，可将该段的电流定值及时间定值整定到最大值。

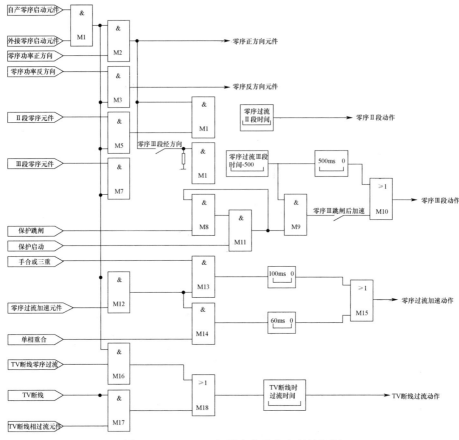

图 1-28　RCS-931A 零序电流方向保护框图

零序Ⅳ段电流定值也作为零序电流启动定值，若需退出零序Ⅳ段，可将时间定值整定为100s，要将零序Ⅳ段电流整定的和其他保护模件的零序电流启动定值相同，以便各保护模件有相同的零序电流启动灵敏度。

零序Ⅰ段、零序Ⅱ段可由控制字设定为不灵敏段或者灵敏段。在非全相运行和重合闸时，设定为不灵敏段的Ⅰ段或Ⅱ段自动投入，设定为灵敏段的Ⅰ段或Ⅱ段自动退出。在全相运行时只投入灵敏段的Ⅰ段或Ⅱ段。

零序Ⅲ段在非全相运行时自动退出、零序Ⅳ段在非全相运行时不退出。

1.1.3.3　PSL 603 零序电流方向继电器

零序电压 $3U_0$ 由保护自动求和完成，即 $3U_0 = U_a + U_b + U_c$。零序电压的门槛按浮动计算，再固定增加 0.5V，所以零序电压的门槛最小值为 0.5V。零序方向元件动作范围：

$$175° \leqslant \arg \frac{\dot{3U_0}}{\dot{3I_0}} \leqslant 325°$$

其灵敏角在 $-110°$，动作区共 $150°$。

零序各段是否带方向可以以控制字选择投退。

线路 PT 时，在非全相运行和合闸加速期间，自产 $3U_0$ 已不单纯是故障形成，零序功率方向元件退出，按规程规定零序电流保护自动不带方向。

当 PT 断线后，零序电流保护的方向元件将不能正常工作，零序保护是否还带方向由"PT 断线零序方向投退"控制字选择。如果选择 PT 断线时零序方向投入，PT 断线时所有带方向的零序电流段均不能动作，这样可以保证 PT 断线期间反向故障，带方向的零序电流保护不会误动。

零序保护在重合加速脉冲和手合加速脉冲期间投入独立的加速段，零序电流加速段定值及延时可整定。

零序 II、III、IV 段动作是永跳还是选跳可分别由控制字选择。

PSL 600 零序电流保护逻辑框图如图 1-29 所示。

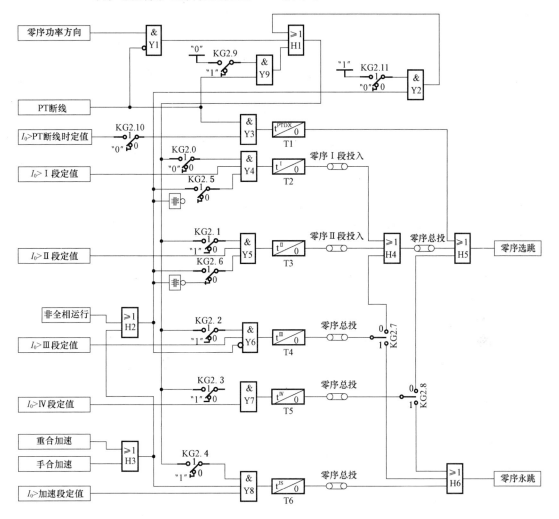

KG2.0：零序电流 I 段带方向
KG2.1：零序电流 II 段带方向
KG2.2：零序电流 III 段带方向
KG2.3：零序电流 IV 段带方向
KG2.4：零序电流加速段带方向
KG2.5：零序电流 I 段为不灵敏段
KG2.6：零序电流 II 段为不灵敏段
KG2.7：零序电流 III 段永跳
KG2.8：零序电流 IV 段永跳
KG2.9：PT 断线时零序功率方向投入
KG2.10：PT 断线时零序PT断线段投入
KG2.11：线路PT

图 1-29　PSL 603 零序电流保护逻辑框图

零序电流保护逻辑框图说明如下。

（1）零序方向过流Ⅱ段、Ⅲ段、Ⅳ段可分别通过控制字选择为零序选跳或零序永跳。

（2）PT断线时，零序功率方向经由与门Y1被闭锁，若KG2.9＝1（PT断线时零序功率方向投入），则与门Y9输出为0，或门H1无输出，从而零序电流各段被闭锁；当KG2.9＝0时，与门Y9输出为1，或门H1有输出，零序电流各段开放，但不带方向。

（3）非全相运行过程中，零序方向电流Ⅰ段（KG2.5＝0，为灵敏段）、Ⅱ段（KG2.6＝0，为灵敏段）、Ⅲ段被闭锁，零序方向电流Ⅰ段（KG2.5＝1，为不灵敏段）、Ⅱ段（KG2.6＝1，为不灵敏段）保持开放，保留零序方向电流Ⅳ，动作时限要求躲过非全相运行周期与加速保护动作时间之和。全相运行过程中，零序方向电流Ⅰ段（KG2.5＝0，为灵敏段）、Ⅱ段（KG2.6＝0，为灵敏段）投入，零序方向电流Ⅰ段（KG2.5＝1，为不灵敏段）、Ⅱ段（KG2.6＝1，为不灵敏段）自动退出。

（4）当采用母线PT（KG2.12＝0）时，非全相运行或合闸加速期间，零序功率方向元件是正确的，与门Y7、Y8可以开放；当采用线路PT（KG2.12＝1）时，在非全相运行或合闸加速期间，零序功率方向元件可能处于制动状态，为保证与门Y7、Y8的开放，由与门Y2的输出经H1提供了Y7、Y8的动作条件。

（5）手动合闸或自动重合时，零序加速段由与门Y8实现。

1.1.4　选相元件

1.1.4.1　931选相元件

选相元件分变化量选相元件和稳态量选相元件，所有反映变化量的保护（如变化量方向、工频变化量阻抗）用变化量选相元件，所有反映稳态量的保护（如阶段式距离保护）用稳态量选相元件。

本装置采用相电流差变化量选相元件和 I_0 与 I_{2A} 比相的选相元件进行选相。

1. 相电流差变化量选相元件

选相元件测量两相电流之差的工频变化量 ΔI_{AB}、ΔI_{BC}、ΔI_{CA} 的幅值。故障类型见表1-3。

表 1-3　故障类型

故障类型	选相元件			
	ΔI_{AB}	ΔI_{BC}	ΔI_{CA}	选相
AO	＋	－	＋	选 A 跳
BO	＋	＋	－	选 B 跳
CO	－	＋	＋	选 C 跳
ABO，BCO，CAO，AB，BC，CA，ABC	＋	＋	＋	选三跳

注：表中＋表示动作，－表示不动作。

相电流差变化量继电器的测量判据是

$$\Delta I_{\Phi\Phi} > 1.25 \times \Delta I_T + m \times \Delta I_{\Phi\Phi MAX} + 0.2 \times I_N$$

式中，$\Delta I_{\Phi\Phi}$ 是相间电流变化量的半波积分值；ΔI_T 为浮动门槛，随着变化量的变化而自动调整，取1.25倍可保证门槛始终略高于不平衡输出；$0.2 \times I_N$ 为固定门槛。

这里的 $\Delta I_{\Phi\Phi MAX}$ 是取三个相间电流变化量的最大值，取其一部分作为制动量，有效地防止了单相故障时非故障相的误动，其制动系数 m 的取值考虑了系统正负序阻抗不等，而非故障相间可能产生的最大不平衡分量，同时还保证了二相经过渡电阻故障的最不利条件下不漏选相。$\Delta I_{\Phi\Phi MAX}$ 带记忆，可保证当本侧开关经选相跳开后，对侧后跳闸过程中本侧非故障相选相元件不误动。

2. I_0 与 I_{2A} 比相的选相元件

选相程序首先根据 I_0 与 I_{2A} 之间的相位关系，确定三个选相区域之一，如图 1-30 所示。

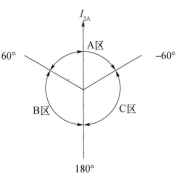

图 1-30　选相区域

当 $-60° < \arg \dfrac{I_0}{I_{2A}} < 60°$ 时选 A 区，$60° < \arg \dfrac{I_0}{I_{2A}} < 180°$ 时选 B 区，$180° < \arg \dfrac{I_0}{I_{2A}} < 300°$ 时选 C 区。

单相接地时，故障相的 I_0 与 I_2 同相位；A 相接地时，I_0 与 I_{2A} 同相；B 相接地时，I_0 与 I_{2A} 相差在 $120°$；C 相接地时，I_0 与 I_{2A} 相差 $240°$。

二相接地时，I_0 与 I_2 同相位，BC 相间接地故障时，I_0 与 I_{2A} 同相；CA 相间接地故障时，I_0 与 I_{2A} 相差 $120°$；AB 相间接地故障时，I_0 与 I_{2A} 相差 $240°$。

1.1.4.2　603 选相元件

选相元件是区分故障相别，以满足距离保护和零序保护分相跳闸的要求。分相电流差动元件的动作相即为故障相，不需要另设选相元件。在后备距离保护中为了在特殊系统（如弱电源）和转换性等复杂故障下能够正确选相并有足够的灵敏度，采用电压电流复合突变量和复合序分量两种选相原理相结合的方法。在故障刚开始时采用快速和高灵敏度的突变量选相方法，以后采用稳态的序分量选相方法，保证在转换性故障时能够正确选相。

两种选相元件的原理如下。

1. 电压电流复合突变量选相元件

令

$$\Delta_{\Phi\Phi} = |\Delta \dot{U}_{\Phi\Phi} - \Delta \dot{I}_{\Phi\Phi} \times Z|, \quad \Phi\Phi = \text{ab, bc, ca}$$

式中，$\Delta \dot{U}_{\Phi\Phi}$、$\Delta \dot{I}_{\Phi\Phi}$ 为相间回路电压、电流的突变量；Z 为阻抗系数，其值根据距离保护阻抗元件的整定值自动调整。

设 $\Delta_{\max}$、$\Delta_{\min}$ 分别为 Δ_{ab}、Δ_{bc}、Δ_{ca} 中的最大值和最小值。

选相方法如下：

当 $\Delta_{\min} < 0.25 \Delta_{\max}$ 时判定为单相故障，否则为多相故障。

单相故障时，若 $\Delta_{bc} = \Delta_{\min}$，判定为 A 相故障；若 $\Delta_{ca} = \Delta_{\min}$，判定为 B 相故障；若 $\Delta_{ab} = \Delta_{\min}$，判定为 C 相故障。

多相故障时，若同时满足 $\Delta_{ab} \geq \Delta U_{ab}$、$\Delta_{bc} \geq \Delta U_{bc}$ 和 $\Delta_{ca} \geq \Delta U_{ca}$，判定为区内相间故障；否则为转换性故障（一正一反），采用相电流方向元件选择正向的故障相别。

判据 $\Delta_{\Phi\Phi} \geq \Delta U_{\Phi\Phi}$（$\Phi\Phi = $ ab，bc，ca）实际上是三个幅值比较方式的突变量方向继电器。与传统的相电流差突变量选相原理相比，本方法由于引进了电压突变量以及方向判别，解决了弱电源系统和间隔时间很短的转换性故障的选相问题。对于一般性故障，选相的灵敏度与相电流差突变量选相原理相当。

2. 电压电流序分量选相元件

令 $\theta = \arg\left[\dfrac{\dot{U}_0 - (1+3\dot{k}_z) \times \dot{I}_0 \times Z}{\dot{U}_2 - \dot{I}_2 \times Z}\right]$，即 θ 为补偿点零序电压和负序电压的相角差。其

中 Z 为阻抗系数，与突变量选相元件类似；K_z 为零序补偿系数。

将 θ 的取值分成三个区，每个区内包含有两种故障。当 $-30° < \theta \leqslant 90°$ 时为 A 区，为 A 相接地或 BC 两相接地；当 $90° < \theta \leqslant 210°$ 时为 B 区，为 B 相接地或 CA 两相接地；当 $210° < \theta \leqslant 330°$ 时为 C 区，为 C 相接地或 AB 两相接地。本选相元件就是根据这个特性进行故障相的判别。

为了进一步区分单相接地和两相接地，依次做如下判别（以 A 区为例）：

$|Z_{bc}| > Z_{zd}^{III}$ 时，判定为 A 相接地；否则 $I_0 < 0.5I_1$ 或 $I_2 < 0.5I_1$ 时，判定为 BCG；否则 B、C 相方向元件都动作时，判定为 BCG；否则 B 相方向元件动作时，判定为 BG，C 相方向元件动作时判定为 CG。

对于 A 相故障，Z_{bc} 为负荷阻抗，不会进入保护范围内，因此条件（1）满足时肯定为 A 相接地；对于转换性故障（正向 BG、反向 CG），由于 B 相和 C 相电流的流向相反，测量到的是一个虚假的 I_0、I_1 和 I_2，可以证明转换性故障时条件（2）不成立，因此通过条件（3）、（4）进行转换性故障的判别。

对于三相转换性故障（如 AG 正向、BCG 反向），上面的方法仍不能正确选相，因此三相电压低于 15V 时，通过三个相电流方向元件选择正方向的故障相。

这种选相元件除了在复杂故障时能够正确选相，另外对于弱电源侧的故障选相有足够的灵敏度。

1.1.5　非全相运行

1.1.5.1　931 非全相运行

非全相运行流程包括非全相状态和合闸于故障保护，跳闸固定动作或跳闸位置继电器 TWJ 动作且无流，经 50ms 延时置非全相状态。

1. 单相跳开形成的非全相状态

单相跳闸固定动作或 TWJ 动作而对应的有流元件不动作判为跳开相；

测量两个健全相和健全相间的工频变化量阻抗；

对健全相求正序电压作为距离保护的极化电压；

测量健全相间电流的工频变化量，作为非全相运行振荡闭锁开放元件；

跳开相有电流或 TWJ 返回，开放合闸于故障保护 200ms。

2. 三相跳开形成的非全相状态

三相跳闸固定动作或三相 TWJ 均动作且三相无电流时，置非全相状态，有电流或三相 TWJ 返回后开放合闸于故障保护 200ms。

3. 非全相运行状态下，相关保护的投退

非全相运行状态下，将纵联零序退出，退出与断开相相关的相、相间变化量方向、变化量距离继电器，RCS-901A 将零序过流保护 II 段退出，III 段不经方向元件控制，RCS-901B 将零序过流保护 I、II、III 段退出，IV 段不经方向元件控制，RCS-901D 将零序过流保护 II 段退出，零序反时限过流不经方向元件控制。

4. 合闸于故障线路保护

单相重合闸时，零序过流加速经 60ms 跳闸，距离Ⅱ段受振荡闭锁控制经 25ms 延时三相跳闸。

三相重合闸或手合时，零序电流大于加速定值时经 100ms 延时三相跳闸。

三相重合闸时，经整定控制字选择加速不经振荡闭锁的距离Ⅱ、Ⅲ段，否则总是加速经振荡闭锁的距离Ⅱ段。

手合时总是加速距离Ⅲ段。

5. 单相运行时切除运行相

当线路因任何原因切除两相时，由单相运行三跳元件经零序压板控制切除三相，其判据为：有两相 TWJ 动作且对应相无流（$<0.06I_n$），而零序电流大于 $0.15I_n$，则延时 150ms 发单相运行三跳命令。

1.1.5.2 603 非全相运行

1. 单相跳开形成的非全相运行

单相 TWJ 持续动作 50ms 或者单相跳闸反馈开入量动作，并且对应的相无流元件动作则对应相判为跳开相。

两个健全相电流差动保护及后备距离保护投入，健全相间的后备距离保护投入。

对健全相求正序电压作为距离方向元件的极化电压。

测量健全相间电流的突变量，作为非全相运行振荡闭锁开放元件。

断开相又有负荷电流，则开放断开相的合闸加速保护 3s。

2. 三相断开状态

三相 TWJ 均持续动作 50ms 或者三相相跳闸反馈开入量均动作，并且三相无电流时，置三相断开状态。

三相断开时，闭锁式通道时开放三跳位置停信，允许式通道当收到允许信号时回发允许信号即三跳回授。

有电流或三相 TWJ 返回后开放合闸于故障保护 3s，恢复全相运行。

1.1.6 合闸于故障线路保护

重合与手合加速脉冲固定为 3s。

在重合加速脉冲期间，距离保护可以瞬时加速不经振荡闭锁的带偏移特性的阻抗Ⅱ段或Ⅲ段，偏移特性的电阻分量为距离保护电阻定值的一半，可以根据需要由控制字分别投退。距离Ⅱ段受振荡闭锁控制自动投入经 20ms 延时加速三相跳闸的回路。零序加速段按整定的电流定值和时间定值动作。

在手合加速脉冲期间，距离保护瞬时加速带偏移特性的阻抗Ⅲ段，偏移特性的电阻分量为距离保护电阻定值的一半。零序加速段按整定的电流定值和时间定值动作。

在重合、手合后，距离保护Ⅰ段、Ⅱ段和Ⅲ段仍能按各段的时间定值动作。

1.1.7 跳合闸

RCS-931A 跳闸逻辑框图如图 1-31 所示。

RCS-931A 跳闸逻辑：

(1) 分相差动继电器动作，则该相的选相元件动作。

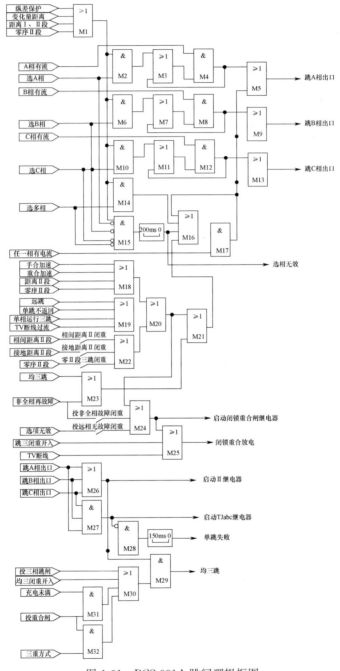

图 1-31 RCS-931A 跳闸逻辑框图

（2）工频变化量距离、纵联差动、距离 I 段、距离 II 段、零序 II 段动作时经选相跳闸；若选相失败而动作元件不返回，则经 200ms 延时发选相无效三跳命令。

（3）零序III段、相间距离III段、接地距离III段、合闸于故障线路、非全相运行再故障、TV 断线过流、选相无效延时 200ms、单跳失败延时 150ms、单相运行延时 200ms 直接跳三相。

（4）发单跳令后若该相持续有流（$>0.06I_n$），经 150ms 延时发单跳失败三跳命令。

（5）选相达二相及以上时跳三相。

（6）采用三相跳闸方式、有均三闭重输入、重合闸投入时充电未完成或处于三重方式时，任何故障三相跳闸。

（7）严重故障时，如零序Ⅲ段跳闸、Ⅲ段距离跳闸、手合或合闸于故障线路跳闸、单跳不返回三跳、单相运行三跳、TV断线时跳闸等闭锁重合闸。

（8）Ⅱ段零序、Ⅱ段相间距离、Ⅱ段接地距离等，经用户选择三跳方式时，闭锁重合闸。

（9）经用户选择，选相无效三跳、非全相运行再故障三跳、二相以上故障闭锁重合闸。

（10）"远跳受本侧控制"，启动后收到远跳信号，三相跳闸并闭锁重合闸；"远跳不受本侧控制"，收到远跳信号后直接启动，三相跳闸并闭锁重合闸。

1.2 定 值 整 定

1.2.1 RCS-931 定值及整定说明

装置定值包括装置参数、保护定值、压板定值和 IP 地址。

1.2.1.1 装置参数及整定说明

1. RCS-931 装置参数（表 1-4）

表 1-4 RCS-931 装置参数

序号	定值名称	定值范围	整定值
1	定值区号	0~29	
2	通信地址	0~254	
3	串口 1 波特率	4800，9600，19200，38400	
4	串口 2 波特率	4800，9600，19200，38400	
5	打印波特率	4800，9600，19200，38400	
6	调试波特率	4800，9600	
7	系统频率	50Hz、60Hz	
8	电压一次额定值	127~655kV	
9	电压二次额定值	57.73V	
10	电流一次额定值	100~65535A	
11	电流二次额定值	1或5A	
12	厂站名称		
13	网络打印	0，1	
14	自动打印	0，1	
15	规约类型	0，1	
16	分脉冲对时	0，1	
17	可远方修改定值	0，1	

2. 保护定值

（1）定值区号：保护定值有 30 套可供切换，装置参数不分区，只有一套定值。

（2）通信地址：指后台通信管理机与本装置通信的地址。

（3）串口 1 波特率、串口 2 波特率、打印波特率、调试波特率：只可在所列波特率数值中选其一数值整定。

（4）系统频率：为一次系统频率，请整定为 50Hz。

（5）电压一次额定值：为一次系统中电压互感器原边的额定相电压值。

（6）电压二次额定值：为一次系统中电压互感器副边的额定相电压值。

（7）电流一次额定值：为一次系统中电流互感器原边的额定相电流值。

（8）电流二次额定值：为一次系统中电流互感器副边的额定相电流值。

（9）厂站名称：可整定汉字区位码（12 位）或 ASCII 码（后 6 位），装置将自动识别，此定值仅用于报文打印。

（10）自动打印：保护动作后需要自动打印动作报告时置为"1"，否则置为"0"。

（11）网络打印：需要使用共享打印机时置为"1"，否则置为"0"。使用共享打印机指的是多套保护装置共用一台打印机打印输出，这时打印口应设置为 RS-485 方式，经专用的打印控制器接入打印机；而使用本地打印机时，应设置为 RS-232 方式，直接接至打印机的串口。

（12）规约类型：当采用 IEC60870-5-103 规约时置为"0"，采用 LFP 规约时置为"1"。

（13）分脉冲对时：采用分脉冲对时置为"1"，秒脉冲对时置为"0"。

（14）可远方修改定值：允许后台修改装置的定值时置为"1"，否则置为"0"。

保护的所有定值均按二次值整定，定值范围中 I_n 为 1 或 5，分别对应于二次额定电流为 1A 或 5A。

1.2.1.2　保护定值及整定说明

RCS-931A 保护定值见表 1-5。

表 1-5　RCS-931A 保护定值

序号	定值名称	单位	定值范围	整定值
1	电流变化量启动值	A	$0.1 \sim 0.5 \times I_n$	
2	零序启动电流	A	$0.1 \sim 0.5 \times I_n$	
3	工频变化量阻抗	Ω	$0.5 \sim 37.5/I_n$	
4	TA 变比系数		$0.25 \sim 1.00$	
5	差动电流高定值	A	$0.1 \sim 2 \times I_n$	
6	差动电流低定值	A	$0.1 \sim 2 \times I_n$	
7	TA 断线差流定值	A	$0.1 \sim 2 \times I_n$	
8	零序补偿系数		$0 \sim 2$	
9	振荡闭锁过流	A	$0.2 \sim 2.2 \times I_n$	
10	接地距离 I 段定值	Ω	$0.05 \sim 125/I_n$	
11	接地距离 II 段定值	Ω	$0.05 \sim 125/I_n$	
12	接地距离 II 段时间	s	$0.01 \sim 10$	
13	接地距离 III 段定值	Ω	$0.05 \sim 125/I_n$	

续表

序号	定值名称	单位	定值范围	整定值
14	接地距离Ⅲ段时间	s	$0.01\sim10$	
15	相间距离Ⅰ段定值	Ω	$0.05\sim125/I_n$	
16	相间距离Ⅱ段定值	Ω	$0.05\sim125/I_n$	
17	相间距离Ⅱ段时间	s	$0.01\sim10$	
18	相间距离Ⅲ段定值	Ω	$0.05\sim125/I_n$	
19	相间距离Ⅲ段时间	s	$0.01\sim10$	
20	负荷限制电阻定值	Ω	$0.05\sim125/I_n$	
21	正序灵敏角	°	$45\sim89$	
22	零序灵敏角	°	$45\sim89$	
23	接地距离偏移角	°	0，15，30	
24	相间距离偏移角	°	0，15，30	
25	零序过流Ⅱ段定值	A	$0.1\sim20\times I_n$	
26	零序过流Ⅱ段时间	s	$0.01\sim10$	
27	零序过流Ⅲ段定值	A	$0.1\sim20\times I_n$	
28	零序过流Ⅲ段时间	s	$0.1\sim10$	
29	零序过流加速段	A	$0.1\sim20\times I_n$	
30	TV 断线相过流定值	A	$0.1\sim20\times I_n$	
31	TV 断线时零序过流	A	$0.1\sim20\times I_n$	
32	TV 断线时过流时间	s	$0.1\sim10$	
33	单相重合闸时间	s	$0.01\sim10$	
34	三相重合闸时间	s	$0.01\sim10$	
35	同期合闸角	°	$0\sim90$	
36	线路正序电抗	Ω	$0.01\sim655.35$	
37	线路正序电阻	Ω	$0.01\sim655.35$	
38	线路正序容抗	Ω	$40\sim6000$	
39	线路零序电抗	Ω	$0.01\sim655.35$	
40	线路零序电阻	Ω	$0.01\sim655.35$	
41	线路零序容抗	Ω	$40\sim6000$	
42	线路总长度	km	$0\sim655.35$	
43	线路编号		$0\sim65535$	

运行方式控制字 SW (n) 见表 1-6。

表 1-6　运行方式控制字 SW (n)（整定"1"表示投入，"0"表示退出）

序号	定值名称	单位	定值范围	整定值
1	工频变化量阻抗		0，1	
2	投纵联差动保护		0，1	
3	TA 断线闭锁差动		0，1	

续表

序号	定值名称	单位	定值范围	整定值
4	主机方式		0，1	
5	专用光纤		0，1	
6	通道自环试验		0，1	
7	远跳受本侧控制		0，1	
8	电压接线路 TV		0，1	
9	投振荡闭锁元件		0，1	
10	投Ⅰ段接地距离		0，1	
11	投Ⅱ段接地距离		0，1	
12	投Ⅲ段接地距离		0，1	
13	投Ⅰ段相间距离		0，1	
14	投Ⅱ段相间距离		0，1	
15	投Ⅲ段相间距离		0，1	
16	投负荷限制距离		0，1	
17	三重加速Ⅱ段距离		0，1	
18	三重加速Ⅲ段距离		0，1	
19	零序Ⅲ段经方向		0，1	
20	零Ⅲ跳闸后加速		0，1	
21	投三相跳闸方式		0，1	
22	投重合闸		0，1	
23	投检同期方式		0，1	
24	投检无压方式		0，1	
25	投重合闸不检		0，1	
26	不对应启动重合		0，1	
27	相间距离Ⅱ闭重		0，1	
28	接地距离Ⅱ闭重		0，1	
29	零Ⅱ段三跳闭重		0，1	
30	投选相无效重合		0，1	
31	非全相故障闭重		0，1	
32	投多相故障闭重		0，1	
33	投三相故障闭重		0，1	
34	内重合把手有效		0，1	
35	投单重方式		0，1	
36	投三重方式		0，1	
37	投综重方式		0，1	

保护定值整定说明

（1）电流变化量启动值：按躲过正常负荷电流波动最大值整定，一般整定为 $0.2I_n$。对于负荷变化剧烈的线路（如电气化铁路、轧钢、炼铝等），可以适当提高定值以免装置频繁启动，定值范围为 $0.1I_{n}\sim0.5I_{n}$。

（2）零序启动电流：按躲过最大零序不平衡电流整定，定值范围为 $0.1I_{n}\sim0.5I_{n}$。

（3）工频变化量阻抗：按全线路阻抗的 $0.8\sim0.85$ 整定。工频变化量阻抗保护受距离压板控制。

（4）TA 变比系数：将电流一次额定值大的一侧整定为 1，小的一侧整定为本侧电流一次额定值与对侧电流一次额定值的比值。与两侧的电流二次额定值无关。例如，本侧一次电流互感器变比为 1250/5，对侧变比为 2500/1，则本侧 TA 变比系数整定为 0.5，对侧整定为 1.00。

（5）差动电流高定值：按不小于 4 倍的电容电流整定；一般而言，应按不小于 0.2 倍额定电流整定，根据区内故障短路电流校验其灵敏度。线路两侧应按一次电流相同整定。

（6）差动电流低定值：按不小于 1.5 倍的电容电流整定；一般按不小于 0.1 倍额定电流整定，根据最小运行方式下区内故障短路电流校验其灵敏度。线路两侧应按一次电流相同整定。

（7）TA 断线差流定值：当 TA 不闭锁差动保护时，差动保护的动作值。

（8）本侧纵联码、对侧纵联码：将本侧纵联码在 $0\sim65535$ 之间任意整定，注意一条线路两侧保护装置的本侧纵联码不要相同，对侧纵联码整定为对侧保护装置的纵联码。自环试验时将本侧纵联码和对侧纵联码整定为一致。建议一个电网内任意两套保护的纵联码不要重复。

（9）零序补偿系数 $K=\dfrac{Z_{0L}-Z_{1L}}{3Z_{1L}}$，其中 Z_{0L} 和 Z_{1L} 分别为线路的零序和正序阻抗；建议采用实测值，如果无实测值，则将计算值减去 0.05 作为整定值。

（10）振荡闭锁过流：按躲过线路最大负荷电流整定。

（11）接地距离Ⅰ段定值：按全线路阻抗的 $0.8\sim0.85$ 倍整定，对于有互感的线路，应适当减小。

（12）相间距离Ⅰ段定值：按全线路阻抗的 $0.8\sim0.9$ 倍整定。

（13）距离Ⅱ、Ⅲ段的阻抗和时间定值按段间配合的需要整定，对本线末端故障有灵敏度。

（14）负荷限制电阻定值：按重负荷时的最小测量电阻整定。

（15）正序灵敏角、零序灵敏角：分别按线路的正序、零序阻抗角整定。

（16）接地距离偏移角：为扩大测量过渡电阻能力，接地距离Ⅰ、Ⅱ段的特性圆可向第一象限偏移，建议线路长度大于或等于 40km 时取 $0°$，大于或等于 10km 时取 $15°$，小于 10km 时取 $30°$。

（17）相间距离偏移角：为扩大测量过渡电阻能力，相间距离Ⅰ、Ⅱ段的特性圆可向第一象限偏移，建议线路长度大于或等于 10km 时取 $0°$，大于或等于 2km 时取 $15°$，小于 2km 时取 $30°$。

（18）零序过流Ⅱ段定值：应保证线路末端接地故障有足够的灵敏度。

（19）零序过流Ⅲ段定值：应保证经最大过渡电阻故障时有足够的灵敏度。

（20）零序过流加速段：应保证线路末端接地故障有足够的灵敏度。

（21）TV 断线相过流定值、TV 断线时零序过流：仅在 TV 断线时自动投入。

（22）同期合闸角：检同期合闸方式时母线电压对线路电压的允许角度差。

(23) 线路正序电抗、线路正序电阻、线路零序电抗、线路零序电阻：线路全长的参数，用于测距计算。

(24) 线路正序容抗、线路零序容抗：当线路的电容电流小于 0.1 倍额定电流时，电容电流补偿没有实际意义，可按下列定值整定线路正序容抗和零序容抗（二次值）。

$$X_{C1}=580\Omega\ (I_N=1A) \quad \text{或} \quad X_{C1}=116\Omega\ (I_N=5A)$$
$$X_{C0}=840\Omega\ (I_N=1A) \qquad\qquad X_{C0}=168\Omega\ (I_N=5A)$$

当线路的电容电流较大，即超高压长线路时，正序、零序容抗按线路全长的实际参数整定（二次值）。当整定的容抗比实际线路容抗大，满足实测的电容电流大于 U_N/X_{C1} 时，装置报"容抗整定出错"。整定时还需注意零序容抗大于正序容抗。

以上给出的是两侧 TA 变比相同时的整定值。当两侧 TA 变比不一致时，两侧保护按一次容抗值相同原则整定，其中 TA 变比系数整定为"1"侧按以上给出值整定，另一侧可根据 TA 变比系数推算出需整定值。

① 线路总长度：按实际线路长度整定，单位为千米，用于测距计算。

② 线路编号：可整定范围为 0～65535，按实际线路编号整定。

③ 对于阻抗定值，即使某一元件不投，仍应按整定原则和配合关系整定，如Ⅲ段阻抗大于Ⅱ段阻抗，Ⅱ段阻抗大于Ⅰ段阻抗，Ⅱ段阻抗对本线末端故障有灵敏度；对于各零序电流定值，均应大于零序启动电流定值，且Ⅱ段零序电流定值大于Ⅲ段零序电流定值；对于启动元件（电流变化量启动和零序电流启动），线路两侧宜按一次电流定值相同折算至二次整定。

RCS-931 运行方式控制字整定说明

(1) 工频变化量阻抗：对于短线路如整定阻抗小于 $1/I_n$ 欧姆时，可将该控制字置"0"，即将工频变化量阻抗保护退出。

(2) 投纵联差动保护：运行时将这个控制字置"1"，要将纵联保护退出，可通过退出屏上的主保护压板实现。

(3) TA 断线闭锁差动：当 TA 发生断线时，若需闭锁差动保护，则将该控制字置为"1"，否则置为"0"。

(4) 主机方式：指装置运行在主机还是从机方式，两侧保护装置必须一侧为主机方式，另一侧为从机方式。

(5) 专用光纤：当通道采用专用光纤时，该控制字置"1"，当与 PCM 设备复接时，该控制字置"0"。

(6) 通道自环试验：当通道自环试验时，该控制字置"1"，正常运行时该控制字置"0"。

(7) 远跳受本侧控制：当收到对侧的远跳信号时，若需本侧启动才开放跳闸出口，则需将该控制字置"1"，否则该控制字置"0"。不使用远跳功能时，建议将该控制字置"1"。

(8) 弱电源侧：是弱电源侧时该控制字置"1"。但需注意，一条线路两侧保护"弱电源侧"控制字不能同时为"1"。

(9) 电压接线路 TV：当保护测量用的三相电压取自线路侧时（如 3/2 开关情况），该控制字置"1"，取自母线时置"0"。

(10) 投振荡闭锁元件：当所保护的线路不会发生振荡时，该控制字置"0"，否则置"1"。

（11）投Ⅰ段接地距离、投Ⅱ段接地距离、投Ⅲ段接地距离、投Ⅰ段相间距离、投Ⅱ段相间距离、投Ⅲ段相间距离：分别为三段接地距离和三段相间距离保护的投入控制字，置"1"时相应的距离保护投入，置"0"时退出。

（12）投负荷限制距离：当用于长距离重负荷线路时，测量负荷阻抗可能会进入Ⅰ、Ⅱ、Ⅲ段距离继电器时，该控制字置"1"。

（13）三重加速Ⅱ段距离、三重加速Ⅲ段距离：当三相重合闸不可能出现系统振荡时投入，则三重时分别加速不受振荡闭锁控制的Ⅱ段或Ⅲ段距离保护。若上述控制字均不投（置"0"）则加速受振荡闭锁控制的Ⅱ段距离。

（14）投Ⅰ段零序过流、投Ⅱ段零序过流、投Ⅲ段零序过流、投Ⅳ段零序过流：分别为四段零序过流保护的投入控制字，置"1"时相应的零序保护投入，置"0"时退出。

（15）零序Ⅲ段经方向、零序Ⅳ段经方向、反时限经方向：为零序过流Ⅲ、Ⅳ段保护经零序功率方向闭锁投入控制字，置"1"时需经方向闭锁。

（16）零Ⅲ跳闸后加速、零Ⅳ跳闸后加速：为保护跳闸后是否要把零序过流Ⅲ段保护时间缩短500ms，置"1"要缩短500ms，置"0"不缩短。

（17）反时限固定延时：为零序反时限过流保护是否经100ms延时投入的控制字，置"1"时零序反时限过流保护经100ms延时投入。

（18）投三相跳闸方式：为三相跳闸方式投入控制字，置"1"时任何故障三跳，但不闭锁重合闸。

（19）投重合闸：为本装置重合闸投入控制字，当重合闸长期不投（如3/2开关情况）时置"0"，一般应置"1"，参见重合闸逻辑部分。

（20）投检同期方式、投检无压方式、投重合闸不检：为重合闸方式控制字，重合闸不投时，这些控制字无效；投"检无压方式"时可同时"投检同期方式"。

（21）不对应启动重合：为位置不对应启动重合闸投入控制字，重合闸不投时，该控制字无效。

（22）相间距离Ⅱ闭重、接地距离Ⅱ闭重：分别为相间距离Ⅱ段、接地距离Ⅱ段保护动作三跳并闭锁重合闸投入控制字。

（23）零Ⅱ段三跳闭重、零Ⅲ段三跳闭重：为选择零序方向过流Ⅱ段动作时直接三跳并闭锁重合闸的控制字，置"0"时，零序方向过流Ⅱ段动作经选相跳闸。

（24）投选相无效闭重：为选相无效三跳时是否闭锁重合闸的控制字，置"1"时选相无效三跳时闭锁重合闸。

（25）非全相故障闭重：为非全相运行再故障保护动作时是否闭锁重合闸的控制字。

（26）投多相故障闭重、投三相故障闭重：分别为多相故障和三相故障闭锁重合闸投入控制字。

（27）当重合闸方式在运行中不会改变时，用整定控制字比由重合闸切换把手经光耦输入更为可靠，另外用整定控制字可实现远方重合闸方式的改变。"内重合把手有效""投单重方式""投三重方式""投综重方式"这4个控制字可完成上述功能；当"内重合把手有效"置"1"时，整定控制字确定重合闸方式，而不管外部重合闸切换把手处于什么位置。"内重合把手有效"置"1"，而"投单重方式""投三重方式""投综重方式"均置"0"时等同于"投重合闸"置"0"，即本装置重合闸退出。当"内重合把手有效"时置"0"，则重合闸方式由切换把手确定，后面的三个控制字均无效。

1.2.1.3 压板定值

装置设有软压板功能，压板可通过定值投退（远方或就地）。定值名称及范围见表1-7。

表1-7　定值名称及范围

序号	定值名称	定值范围	整定值
1	投主保护压板	0，1	
2	投距离保护压板	0，1	
3	投零序保护压板	0，1	
4	投闭重三跳压板	0，1	

（1）"投主保护压板""投距离保护压板"和"投零序保护压板"这三个控制字和屏上硬压板为"与"的关系，当需要利用软压板功能时，必须投上硬压板，当不需软压板功能时，必须将这三个控制字整定为"1"。

（2）"投闭重三跳压板"和屏上硬压板为"或"的关系，"投闭重三跳压板"置"1"时，任何故障三跳并闭锁重合闸，一般应置"0"。不管"投闭重三跳压板"置"1"还是"0"，外部闭重的三输入总是有效。

1.2.1.4 IP地址

该定值用于以太网接口，当无以太网接口时，该定值可不整定。

注：当无压板投入时（综合软硬压板），所有保护将退出。

1.2.2 PSL 603定值及整定说明

1. PSL 603差动保护定值（表1-8）

表1-8　PSL 603差动保护定值

序号	定值名称	定值范围	单位	整定值
1	控制字1	0000～FFFF	无	
2	控制字2	0000～FFFF	无	
3	突变量启动定值	0.02～5	A	
4	零序电流启动定值	0.05～200	A	
5	分相差动电流定值	0.0～40	A	
6	零序差动电流定值	0.0～40	A	
7	CT变比补偿系数	0.025～40	无	
8	每百千米正序电阻	0.0～200	Ω	
9	每百千米正序电抗	0.0～200	Ω	
10	零序补偿系数实部	−4～+4	无	
11	零序补偿系数虚部	−4～+4	无	

2. 差动保护控制字 1 位定义（表 1-9）

表 1-9 差动保护控制字 1 位定义

位号	置"1"时的含义	置"0"时的含义	整定值
15	电流电压自检投入	电流电压自检退出	
14	CT 额定电流为 1A	CT 额定电流为 5A	
13	不允许分相跳闸	允许分相跳闸	
12	非全相再故障永跳	非全相再故障三跳	
11	三相故障永跳投入	三相故障永跳退出	
10	相间故障永跳投入	相间故障永跳退出	
9	采用从时钟方式	采用主时钟方式	
8	采用 PCM 复用通道	采用专用光纤通道	
7	备用	备用	0
6	远跳不经本地启动	远跳经本地启动	
5	CT 断线闭锁保护	CT 断线不闭锁保护	
4	CT 饱和检测投入	CT 饱和检测退出	
3	远传永跳功能投入	远传永跳功能退出	
2	电容补偿功能投入	电容补偿功能退出	
1、0	备用	备用	00

3. 差动保护控制字 2 位定义（表 1-10）

表 1-10 差动保护控制字 2 位定义

位号	置"1"时的含义	置"0"时的含义	整定值
15	线路电压互感器	母线电压互感器	
14-0	备用	备用	0

4. PSL 603 距离保护和零序保护整定值清单（表 1-11）

表 1-11 PSL 603 距离保护和零序保护整定值清单

序号	定值名称	代号	范围	单位	整定值
1	控制字 1	KG1	0000～FFFF	无	
2	控制字 2	KG2	0000～FFFF	无	
3	控制字 3	KG3	0000～FFFF	无	
4	突变量启动定值	IQD	0.05～200.0	A	
5	线路正序阻抗角	ΦZD	45.0～90.0	°	
6	距离保护电阻定值	RL	0～200.0	Ω	
7	零序电阻补偿系数	KR	−4.00～4.00	无	
8	零序电抗补偿系数	KX	−4.00～4.00	无	
9	相间距离Ⅰ段阻抗	ZX1	0～200.0	Ω	
10	相间距离Ⅱ段阻抗	ZX2	0～200.0	Ω	
11	相间距离Ⅲ段阻抗	ZX3	0～200.0	Ω	

序号	定值名称	代号	范围	单位	整定值
12	相间距离Ⅰ段时间	TX1	0～0.1	s	
13	相间距离Ⅱ段时间	TX2	0.1～100.0	s	
14	相间距离Ⅲ段时间	TX3	0.1～100.0	s	
15	接地距离Ⅰ段阻抗	ZD1	0～200.0	Ω	
16	接地距离Ⅱ段阻抗	ZD2	0～200.0	Ω	
17	接地距离Ⅲ段阻抗	ZD3	0～200.0	Ω	
18	接地距离Ⅰ段时间	TD1	0～0.1	s	
19	接地距离Ⅱ段时间	TD2	0.1～100.0	s	
20	接地距离Ⅲ段时间	TD3	0.1～100.0	s	
21	零序Ⅰ段电流	I01	0.05～200.0	A	
22	零序Ⅱ段电流	I02	0.05～200.0	A	
23	零序Ⅲ段电流	I03	0.05～200.0	A	
24	零序Ⅳ段电流	I04	0.05～200.0	A	
25	零序加速段电流	I0JS	0.05～200.0	A	
26	PT断线零序段电流	I0DX	0.05～200.0	A	
27	零序Ⅰ段时间	T01	0～100.0	s	
28	零序Ⅱ段时间	T02	0～100.0	s	
29	零序Ⅲ段时间	T03	0.1～100.0	s	
30	零序Ⅳ段时间	T04	0.5～100.0	s	
31	零序加速段时间	T0JS	0.06～100.0	s	
32	PT断线零序段时间	T0DX	0～100.0	s	
33	PT断线相过流定值	IDX	0.05～200.0	A	
34	PT断线相过流时间	TDX	0～100.0	s	
35	测距比例系数	DBL	0.1～500.0	km/Ω	

5. PSL 603 距离保护控制字定义（表1-12）

表1-12　PSL 603 距离保护控制字定义

位号	置"1"时的含义	置"0"时的含义		整定值
15	电流电压自检投入	电流电压自检退出		
14	CT额定电流为1A	CT额定电流为5A		
13	备用	备用	0	
12	备用	备用	0	
11	备用	备用	0	
10	非全相再故障永跳	非全相再故障三跳		
9	三相故障永跳投入	三相故障永跳退出		
8	相间故障永跳投入	相间故障永跳退出		

续表

位号	置"1"时的含义	置"0"时的含义		整定值
7	距离Ⅱ段永跳投入	距离Ⅱ段永跳退出		
6	距离Ⅲ段永跳投入	距离Ⅲ段永跳退出		
5	距离Ⅲ段偏移投入	距离Ⅲ段偏移退出		
4	重合加速Ⅲ段投入	重合加速Ⅲ段退出		
3	重合加速Ⅱ段投入	重合加速Ⅱ段退出		
2	振荡闭锁功能投入	振荡闭锁功能退出		
1	距离Ⅱ、Ⅲ段投入	距离Ⅱ、Ⅲ段退出		
0	距离Ⅰ段投入	距离Ⅰ段退出		

6. PSL 603 零序保护控制字定义（表-13）

表 1-13　PSL 603 零序保护控制字定义

位	置"1"时的含义	置"0"时的含义		整定值
15	备用	备用	0	
14	有 U0 突变才开放 I0	无 U0 突变可开放 I0		
13	零序Ⅱ段永跳投入	零序Ⅱ段永跳退出		
12	线路电压互感器	母线电压互感器		
11	PT 断线相过流投入	PT 断线相过流退出		
10	PT 断线零序段投入	PT 断线零序段退出		
9	PT 断线零序方向投	PT 断线零序方向退		
8	零序Ⅳ段永跳投入	零序Ⅳ段永跳退出		
7	零序Ⅲ段永跳投入	零序Ⅲ段永跳退出		
6	零序Ⅱ段为不灵敏段	零序Ⅱ段为灵敏段		
5	零序Ⅰ段为不灵敏段	零序Ⅰ段为灵敏段		
4	零序加速段方向投	零序加速段方向退		
3	零序Ⅳ段方向投入	零序Ⅳ段方向退出		
2	零序Ⅲ段方向投入	零序Ⅲ段方向退出		
1	零序Ⅱ段方向投入	零序Ⅱ段方向退出		
0	零序Ⅰ段方向投入	零序Ⅰ段方向退出		

7. PSL 603 距离零序保护控制字 3 定义（表 1-14）

表 1-14　PSL 603 距离零序保护控制字 3 定义

位	置"1"时的含义	置"0"时的含义		整定值
15	快速距离Ⅰ段投入	快速距离Ⅰ段退出		
14-12	备用	备用	000	
11-4	备用	备用	0000	00
3-2	备用	备用	00	
1	零Ⅳ非全相加速	零Ⅳ非全相不加速		
0	零Ⅳ增加无方向段	零Ⅳ不加无方向段		

8. PSL 603 重合闸定值清单（表1-15）

表1-15　重合闸定值清单

序号	名称	代号	范围	单位	整定值
1	综重控制字	KG	0～FFFF		
2	突变量启动定值	IQD	0.05～200	A	
3	零序电流启动定值	I04	0.05～200	A	
4	重合闸无压定值	UWY	10～100	V	
5	重合闸同期角度	ΦTQ	10～180	°	
6	单重长延时	T1L	0.1～10	s	
7	单重短延时	T1S	0.1～10	s	
8	三重长延时	T3L	0.1～10	s	
9	三重短延时	T3S	0.1～10	s	

9. 重合闸控制字整定说明（表1-16）

表1-16　重合闸控制字整定说明

位号	置"1"时的含义	置"0"时的含义	整定值	
15	电压电流自检投入	电压电流自检退出		
14	CT额定电流为1A	CT额定电流为5A		
13	合后继可用	合后继不可用		
12	备用	备用	0	
11～8	备用	备用	0000	0
7～5	备用	备用	000	
4	单重检三相有压	单重不检三相有压		
3	重合充电时间12s	重合充电时间20s		
2	重合闸检同期	重合闸不检同期		
1	重合闸检无压	重合闸不检无压		
0	开关偷跳重合	开关偷跳不重合		

10. 保护定值整定说明

所有定值的有效数字位数最高为四位，小数点后最多三位有效数字，如1.234、1234等。各种定值的调整级差：阻抗为0.01Ω，电流为0.01A，电压为0.01V，时间为0.001s。

11. PSL 603差动保护定值整定说明

（1）突变量启动定值：保证线路末端故障时有足够的灵敏度。本定值应与其他CPU中的突变量启动定值整定相同，使各CPU具有相同的启动灵敏度。推荐定值：CT为1A时取0.2A，CT为5A时取1A。

（2）零序电流启动定值：按躲过最大零序不平衡电流整定，参照零序Ⅳ段电流定值。

（3）分相差动电流定值：I_{CD}为差动动作门槛，按照躲过正常线路不平衡电流整定，此项定值不得小于0.2倍额定电流。

（4）零序差动电流定值：I_{0CD}为差动动作门槛，按照线路经高阻接地时零序差动继电器可以动作灵敏度整定。

（5）CT 变比补偿系数：考虑到线路两侧 CT 变比可能不同，因此须加入 CT 变比补偿，两侧分别独立整定，整定值 CT 变比补偿系数＝对侧 CT 一次值/本侧 CT 一次值，例如：本侧 CT 变比为 1200：1，对侧 CT 变比为 750：5，则 CT 变比补偿系数＝ 750/1200 ＝0.625，与 CT 的二次值无关。

（6）每百千米正序电阻、每百千米正序电抗：按照线路参数计算 100km 的线路二次正序电阻值和电抗值，用于双端测距。

（7）零序补偿系数实部 K_R、零序补偿系数虚部 K_X 为

$$\dot{K}_Z = \frac{Z_0 - Z_1}{3Z_1} \quad [K_R = \mathrm{Re}\ (\dot{K}_Z),\ K_X = \mathrm{Im}\ (\dot{K}_Z)]$$

式中，Z_1 为线路正序阻抗；Z_0 为线路零序阻抗。

（8）控制字 1 的第 15 位，电流电压自检投退：保护投运时应投入（置"1"）。

（9）控制字 1 的第 14 位，CT 额定电流为 1A 或 5A：CT 额定电流根据一次 CT 实际的二次额定电流选取，应和装置的 CT 参数一致。置"1"为 1A，置"0"时为 5A。

（10）控制字 1 的第 13 位，允许分相跳闸：当单相故障也要求三相跳闸时置"1"，否则置"0"。

（11）控制字 1 的第 12 位，非全相再故障永跳或三跳：非全相运行时，健全相再故障保护跳闸，如果要求闭锁重合闸则选永跳，否则选三跳。永跳表示发三跳并且闭锁重合闸。置"1"时永跳，置"0"时三跳。

（12）控制字 1 的第 10、11 位，相间故障永跳投退、三相故障永跳投退：表示多相故障时是否闭锁重合闸。在条件三重方式，即单相故障三跳三重，多相故障三跳不重时必须选择投入。当控制位退出时，多相故障只三跳不永跳。置"1"时为永跳投入，置"0"时为永跳退出即三跳。

（13）控制字 1 的第 9 位，采用主/从时钟方式：这位控制字选择用于指定发送数据的时钟源来自本装置内部还是对侧装置：1 为从时钟方式，时钟来自对侧装置；0 为主时钟方式，时钟来自本侧装置。当采用专用光纤通道时，要求两侧整定为主时钟；当采用 PCM 复用通道时，则装置内部认为是从时钟，要求两侧整定为从时钟。

（14）控制字 1 第 8 位，复用通道或专用通道：当采用 PCM 复用通道时置"1"，当采用专用光纤通道时置"0"。

（15）控制字 1 第 6 位，远跳是否经本地启动：表示远方传来的跳闸命令是否经过本侧差动启动元件才能开放，如果不经本地启动（置"1"），只要收到对侧的远方跳闸命令，本侧差动保护就驱动跳闸接点完成跳闸；如果经本地启动（置"0"），收到对侧的远方跳闸命令，并且本侧差动保护的启动元件动作，才会驱动跳闸接点完成跳闸。

（16）控制字 1 第 3 位：远传永跳功能：当本侧合闸于永久故障时，是否把永跳命令远传到对侧，以便闭锁对侧的重合闸，防止对侧再次重合于永久故障。此功能在两侧控制位均置"1"时才有效，任意一侧此控制字位置"0"远传永跳功能都会无效。

（17）控制字 2 的第 15 位，线路电压互感器或母线电压互感器：当保护所用电压取自线路电压互感器时置 1，当保护所用电压取自母线电压互感器时置"0"。

12. PSL 603 距离和零序保护定值整定说明

（1）突变量电流启动定值：保证线路末端故障时有足够的灵敏度。本定值应与其他 CPU 中的突变量启动定值整定相同，使各 CPU 具有相同的启动灵敏度。

（2）线路正序阻抗角：线路正序阻抗角按实际线路正序阻抗角整定，相间距离和接地距离共用。

（3）距离保护电阻定值：该定值决定距离保护四边形特性的右边界，应按可靠躲过本线路可能出现的最大负荷整定，并具有 1.5 倍以上的富余度，即

$$R_{zd} \leqslant \frac{最大负荷的阻抗值}{1.5}$$

如果最大负荷电流按额定电流考虑，R_{zd} 整定如下：

当 $I_n = 5A$ 时，$R_{zd} = 0.9 \times U_n / (I_n \times 1.5) \approx 7.0$ （Ω）。

当 $I_n = 1A$ 时，$R_{zd} = 0.9 \times U_n / (I_n \times 1.5) \approx 35.0$ （Ω）。

建议：实际定值大于以上定值时，按以上推荐定值取；实际定值不大于以上定值时，按实际计算值取。接地距离Ⅰ、Ⅱ、Ⅲ段和相间距离Ⅲ段四边形特性的电阻分量等于该定值，相间距离Ⅰ、Ⅱ段四边形特性的电阻分量等于该定值的一半。

① 零序电阻补偿系数 K_R、零序电抗补偿系数 K_X 分别为

$$K_R = \frac{R_0 - R_1}{3R_1}$$

$$K_X = \frac{X_0 - X_1}{3X_1}$$

式中，R_1 和 X_1 为线路正序电阻和电抗；R_0 和 X_0 为线路零序电阻和电抗。

② 距离保护各段阻抗定值、距离保护各段时间定值：距离保护阻抗定值指该段保护范围的阻抗值（电抗值由保护自动转换）。各定值必须满足下列条件，否则定值合理性自检通不过。距离保护Ⅰ段阻抗小于或等于距离保护Ⅱ段阻抗小于或等于距离保护Ⅲ段阻抗。如果距离保护或过流保护某段不投入运行，可将其整定为相邻段定值，而该段的时间定值整定为 100s。

③ 零序各段电流定值和时间定值：零序电流各段分别判断，没有大小次序的要求。零序加速段的电流和时间定值可以独立整定。PT 断线零序段电流是 PT 断线时根据控制字投退的零序保护。

④ PT 断线相过流定值和时间定值：PT 断线时相过流保护投入时置"1"，PT 断线相过流定值和时间定值同时也要整定，PT 断线时相过流保护退出时置"0"，PT 断线相过流定值和时间定值可以设为整定范围内的较大值。PT 断线相过流保护只由该控制位投退，与压板无关。PT 断线时当相电流达到该定值时保护会自动启动，该保护无方向性。为了和下一级线路配合，可以通过时间来调整。

⑤ 测距比例系数：该定值用于将距离保护测量的电抗值转换成故障点距保护安装处的千米数。本定值的物理意义为二次电抗每欧姆代表的线路千米数，计算公式为

$$DBL = \frac{L}{X_1} \times \frac{K_{PT}}{K_{CT}}$$

式中，L 为线路总长度；X_1 为线路正序总电抗值（一次值，单位为 Ω）；K_{PT} 为 PT 变比；K_{CT} 为 CT 变比。

本定值乘以距离保护测量的电抗值即得距离故障点的千米数。例如：某线路全长 30km，11.4Ω，$K_{CT} = \frac{1200}{5}$，$K_{PT} = \frac{220}{0.1}$，则 $DBL = 24.12$。

（4）控制字 1 的第 15 位，电流电压自检投退：保护投运时应投入（置"1"）。

（5）控制字 1 的第 14 位，CT 额定电流为 1A 或 5A：CT 额定电流根据一次 CT 实际的

二次额定电流选取，应和装置的 CT 参数一致。置"1"为 1A，置"0"时为 5A。

（6）控制字 1 的第 10 位，非全相再故障永跳或三跳：非全相运行时，健全相再故障保护跳闸，如果要求闭锁重合闸则选永跳，否则选三跳。永跳表示发三跳并且闭锁重合闸。置"1"时永跳，置"0"时三跳。

（7）控制字 1 的第 8、9 位，相间故障永跳投退、三相故障永跳投退：表示多相故障时是否闭锁重合闸。在条件三重方式，即单相故障三跳三重，多相故障三跳不重时必须选择投入。当该控制位退出时，相应故障只三跳不永跳。置"1"时为永跳投入，置"0"时为永跳退出即三跳。

（8）控制字 1 的第 7 位，距离 II 段永跳投退：当该控制位投入（置"1"）时，相间距离 II 段和接地距离 II 段动作三跳并且闭锁重合闸；当该控制位退出（置"0"）时，相间距离 II 段动作时三跳，接地距离 II 段动作时选相跳闸。

（9）控制字 1 的第 6 位，距离 III 段永跳投退：当该控制位投入（置"1"）时，相间距离 III 段和接地距离 III 段动作三跳并且闭锁重合闸；当该控制位（置"0"）退出时，相间距离 III 段动作时三跳，接地距离 III 段动作时选相跳闸。

（10）控制字 1 的第 5 位，距离 III 段偏移投退：当该控制位投入（置"1"）时，相间距离 III 段和接地距离 III 段的正方向元件自动退出，按照阻抗的多边形偏移特性动作，时间按相应 III 段时间定值动作，该功能给反方向线路或者母线做后备（不常用）。当该控制位退出（置"0"）时，相间距离 III 段和接地距离 III 段为正常的距离 III 段保护。

（11）控制字 1 的第 3、4 位，重合加速 II 段投退、重合加速 III 段投退：重合后，瞬时加速带偏移特性的 II 段或者带偏移特性的 III 段，当有可能重合于系统振荡时可以不投该瞬时加速功能，距离保护内部固有经过振荡闭锁的带方向的 II 段加速功能。置"1"为投入，置"0"为退出。

（12）控制字 1 的第 2 位，振荡闭锁功能投退：当装置保护的线路不会发生振荡时，振荡闭锁功能退出（置"0"），否则置"1"。

（13）控制字 1 的第 1 位，距离 II、III 段投退：距离 II 和 III 段投入时置"1"，退出置"0"。保护同时还受压板控制，压板退出距离也退出。

（14）控制字 1 的第 0 位，距离 I 段投退：距离 I 段投入时置"1"，退出置"0"。保护同时还受压板控制，压板退出保护也距离退出。

（15）控制字 2 的第 14 位，有 $3U_0$ 突变才开放 I_0：为了防止一次 CT 断线时零序保护误动，可选择当有 $3U_0$ 突变时才开放零序电流保护（置"1"），$3U_0$ 的突变门槛为 2V，如此选择的缺点是高阻接地时有可能 $3U_0$ 的突变达不到 2V 而导致零序电流保护拒动。当置"0"时，即使无 $3U_0$ 的突变，零序电流保护也可动作。

（16）控制字 2 的第 13 位，零序II段永跳投退：当该控制位投入（置"1"）时，零序II段动作时保护三跳并且闭锁重合闸；当该控制位退出（置"0"）时，零序II段动作时保护选相跳闸。

（17）控制字 2 的第 12 位，线路电压互感器或母线电压互感器：当距离、零序保护所用电压取自线路电压互感器时置"1"，当距离、零序保护所用电压取自母线电压互感器时置"0"。

（18）控制字 2 的第 11 位，PT 断线相过流投退：PT 断线时相过流保护投入时置"1"，PT 断线相过流定值和时间定值同时也要整定，PT 断线时相过流保护退出时置"0"，PT 断线相过流定值和时间定值可以设为整定范围内的较大值。PT 断线相过流保护只由该控制位投退，与压板无关。PT 断线时当相电流达到该定值时保护会自动启动，该保护无方向性。

（19）控制字 2 的第 10 位，PT 断线零序段投退：该控制位决定 PT 断线时可独立整定的零序电流段的投退，当 PT 断线零序段时投入置"1"，PT 断线零序段电流定值和时间定值同时也要整定，PT 断线零序段保护退出时置"0"，PT 断线零序段电流定值和时间定值可以设为整定范围内的较大值。PT 断线零序段保护只由该控制位投退，与压板无关。PT 断线时当零序电流达到该定值时保护会自动启动。该保护无方向性。

（20）控制字 2 的第 9 位，PT 断线零序方向投退：因为 $3U_0$ 为装置自产（外接 $3U_0$ 时，极性易接错），当 PT 断线时，$3U_0$ 不完全由故障引起，所以此时零序功率方向元件不能保证正确。PT 断线时，如果允许带方向的零序电流保护在发生反向故障且达到零序电流定值时可以动作，则选择 PT 断线零序功率方向退出（置"0"），如果此种情况不允许带方向的零序电流保护动作即要保证选择性，则选择 PT 断线零序功率方向投入（置"1"）。

（21）控制字 2 的第 8 位，零序Ⅳ段永跳投退：当该控制位投入（置"1"）时，零序Ⅳ段动作时保护三跳并且闭锁重合闸；当该控制位退出（置"0"）时，零序Ⅳ段动作时保护选相跳闸。

（22）控制字 2 的第 7 位，零序Ⅲ段永跳投退：当该控制位投入（置"1"）时，零序Ⅲ段动作时保护三跳并且闭锁重合闸；当该控制位退出（置"0"）时，零序Ⅲ段动作时保护选相跳闸。

（23）控制字 2 的第 6 位，零序Ⅱ段为不灵敏段或灵敏段：当该控制位投入（置"1"）时，零序Ⅱ段为不灵敏段，只在非全相运行和合闸加速期间投入；当该控制位退出（置"0"）时，零序Ⅱ段为灵敏段，只在全相运行和合闸加速脉冲（持续 3s）返回后投入。

（24）控制字 2 的第 5 位，零序Ⅰ段为不灵敏段或灵敏段：当该控制位投入（置"1"）时，零序Ⅰ段为不灵敏段，只在非全相运行和合闸加速期间投入；当该控制位退出（置"0"）时，零序Ⅰ段为灵敏段，只在全相运行和合闸加速脉冲（持续 3s）返回后投入。

（25）控制字 2 的第 0～4 位，零序Ⅰ、Ⅱ、Ⅲ、Ⅳ和加速段方向投入/退出：当对应控制位投入（置"1"）时，对应零序保护带方向投入；当控制位退出（置"0"）时，对应零序保护不带方向退出。

（26）控制字 3 的第 15 位，快速距离Ⅰ段投退：当控制位投入（置"1"）时，快速距离Ⅰ段投入；当控制位退出（置"0"）时，快速距离Ⅰ段退出。当用于短线例如距离一段阻抗定值小于 $1/I_n$ 时，可把快速距离Ⅰ段退出（置"0"）。

（27）控制字 3 的第 1 位，零Ⅳ非全相加速或不加速：零序Ⅳ段在非全相运行时，如果动作时间自动调整为零序Ⅳ段时间定值减去 0.5s，则选择零序Ⅳ段非全相加速（置"1"）。不加速则零序Ⅳ段在非全相运行时，动作时间仍然为零序Ⅳ段时间定值。

（28）控制字 3 的第 0 位，零Ⅳ增加无方向段：零序Ⅳ段保留，再增加零序Ⅳ段的辅助段，其不带方向，该段零序电流定值为零序Ⅳ段电流定值，时间按零序Ⅳ段时间定值加上 1.0s 动作，增加此段的目的是防止零序电压达不到零序方向元件的电压门槛，而导致的零序Ⅳ段拒动。零序方向元件的电压门槛为浮动的，最小为 0.5V。

13. PSL 603 重合闸定值整定说明

（1）突变量启动定值：保证线路末端故障时有足够的灵敏度。本定值应与其他 CPU 中的突变量启动定值整定相同，使各 CPU 具有相同的启动灵敏度。建议定值：取额定电流的 0.2 倍（CT 为 1A 时取 0.2A，CT 为 5A 时取 1A）。

（2）零序电流启动定值：按躲过最大零序不平衡电流整定，参照零序Ⅳ段电流定值。本定值应与其他 CPU 中的零序电流启动定值整定相同，使各 CPU 具有相同的启动灵敏度。

（3）重合闸无压定值：用于三相或综重方式的负荷侧，在线路故障两侧三跳后，经线路无电压元件确认电源侧开关已三跳，才允许重合闸。一般取线路额定电压的 20%～30%。

（4）重合闸同期角度：用于三相或综重方式的电源侧，在受电侧三相重合闸成功时，电源侧进行同期电压鉴定。为保证电源侧开关可靠重合成功，一般取 30°～40°。

（5）单重长延时：常用于本线路高频保护（或纵联保护）退出，重合闸仍使用。此值一般按线路对侧全线有灵敏度的零序保护段的延时再附加一个时间级差来整定，也可和短延时相同。"重合闸时间控制"压板退出时选长延时。

（6）单重短延时：常用于本线路高频保护（或纵联保护）投入。此值一般取系统稳定的最佳重合时间（0.6～0.8s）。"重合闸时间控制"压板投入时选短延时。

（7）三重长延时：用于三相或综重方式，"重合闸时间控制"压板退出时选长延时。

（8）三重短延时：用于三相或综重方式，"重合闸时间控制"压板投入时选短延时。在采用单重方式时，三重长延时和三重短延时均取 10s 左右。

（9）控制字第 15 位，电压电流自检：重合闸除了检查母线电压，还会根据重合方式和同期方式检查线路抽取电压，并在电压断线时发信号。运行时建议投入。

（10）控制字第 13 位，合后继可用或不可用：在现场调试时，若先给保护装置电源，不给操作回路电源，分相位置接点 TWJA、TWJB、TWJC 无输入，相当于保护判出开关处于合闸位置（实际上开关处于分闸状态），重合闸开始充电，经过 12s 或 20s（由控制字整定）后充电满；若此时再给操作回路电源，则有位置接点 TWJA、TWJB、TWJC 输入，当开关偷跳重合时（由控制字整定），开关位置会启动重合闸，当满足同期条件时经整定重合延时后会重合出口，造成一次非预期的开关合闸。为了解决这种可能出现的非预期合闸，重合闸定值的控制字中增加了关于合闸后继电器是否可用的整定：当操作箱可以提供合后接点给重合闸时，可整定为"合后继可用"，此时位置启动重合闸若要动作，除需满足常规条件外，还需合后继动作，在此种逻辑下上述情况即不会出现非预期的合闸（因合后继条件不满足）；当操作箱提供不了合后继接点时，需整定为"合后继不可用"。

（11）、控制字第 4 位，单重检三相有压：当整定为"单重检三相有压"时，单重启动重合后，检查线路三相电压，若三相电压均大于 $0.75U_n$，则经单重延时后重合出口。当整定为"单重不检三相有压"时，单重启动重合闸不检无压、不检同期。

压板定值需要整定的项目：启动元件的三取一或三取二（跳线选择），保护投退的压板方式（软压板或硬压板）及其投退（分相差动保护投入、零序差动保护投入、差动总投入、相间距离投入、接地距离投入、零序Ⅰ段投入、零序Ⅱ段投入、零序总投、重合闸时间控制），重合闸方式，一个半接线时的 1 开关停用连接片和 2 开关停用连接片，保护的整定值，定值区（0～31），线路的名称（可以为汉字）。装置中保护定值用汉字显示。

1.3　使用说明

1.3.1　RCS-931 装置使用说明

1.3.1.1　指示灯说明

"运行"灯为绿色，装置正常运行时点亮；

"TV 断线"灯为黄色，当发生电压回路断线时点亮；

"充电"灯为黄色，当重合充电完成时点亮；

"通道异常"灯为黄色，当通道故障时点亮；

"跳 A""跳 B""跳 C""重合闸"灯为红色，当保护动作出口点亮，在"信号复归"后熄灭。

1.3.1.2 液晶显示说明

1. 保护运行时液晶显示说明

装置上电后，正常运行时液晶屏幕将显示主画面，格式如图 1-32 所示。

2. 保护动作时液晶显示说明

本装置能存储 64 次动作报告、24 次故障录波报告，当保护动作时，液晶屏幕自动显示最新一次保护动作报告，当一次动作报告中有多个动作元件时，所有动作元件及测距结果将滚屏显示，格式如图 1-33 所示。

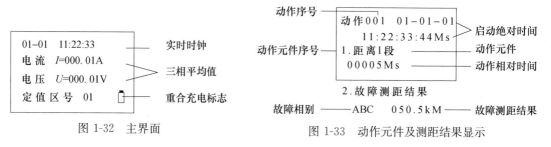

图 1-32 主界面

图 1-33 动作元件及测距结果显示

3. 装置自检报告

本装置能存储 64 次装置自检报告，保护装置运行中，硬件自检出错或系统运行异常将立即显示自检报告，当一次自检报告中有多个出错信息时，所有自检信息将滚屏显示，格式如图 1-34 所示。

图 1-34 自检信息

按装置或屏上复归按钮可切换显示跳闸报告、自检报告和装置正常运行状态。除了以上几种自动切换显示方式，保护系统还提供了若干命令菜单，供继电保护工程师调试保护和修改定值用。

1.3.1.3 命令菜单使用说明

在主画面状态下，按"▲"键可进入主菜单，通过"▲""▼""确认"和"取消"键选择子菜单。命令菜单采用如图 1-35 所示的树形目录结构。

1. 保护状态

本菜单的设置主要用来显示保护装置电流电压实时采样值和开入量状态，它全面地反映了该保护运行的环境，只要这些量的显示值与实际运行情况一致，则保护能正常运行，本菜单的设置为现场人员的调试与维护提供了极大的方便。对于开入状态，"1"表示投入或收到

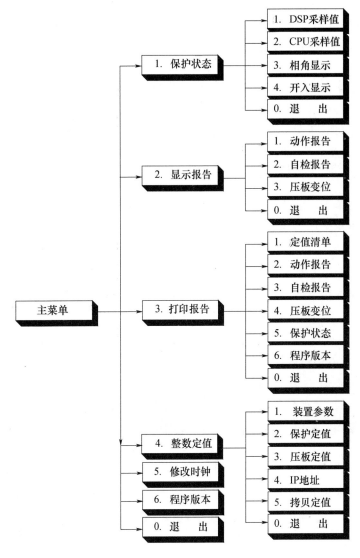

图 1-35 命令菜单

接点动作信号，"0"表示未投入或没收到接点动作信号。

2. 显示报告

本菜单显示保护动作报告、自检报告及压板变位报告。由于本保护自带掉电保持，不管断电与否，它能记忆上述报告各 128 次。显示格式同前文"液晶显示说明"，首先显示的是最新一次报告，按"▲"键显示前一个报告，按"▼"键显示后一个报告，按"取消"键退出至上一级菜单。

3. 打印报告

本菜单选择打印定值清单、动作报告、自检报告、压板变位、保护状态、程序版本。打印动作报告时需选择动作报告序号，动作报告中包括动作元件、动作时间、动作初始状态、开关变位、动作波形、对应保护定值等，其中动作报告记忆最新 64 次，故障录波只记忆最新 24 次。

4. 整定定值

按"▲""▼"键用来滚动选择要修改的定值，按"◀""▶"键将光标移到要修改的那一位，按"＋"和"－"键修改数据，按"取消"键不修改返回，按"确认"键完成定值整定后返回。

整定定值菜单中的"拷贝定值"子菜单，是将"当前区号"内的"保护定值"复制到"拷贝区号"内，"拷贝区号"可通过按"＋"和"－"键修改。

注：若整定出错，液晶会显示错误信息，需重新整定。另外，"系统频率""电流二次额定值"整定后，保护定值必须重新整定，否则装置认为该区定值无效。整定定值的口令为：键盘的"＋"、"◀""▲""－"，输入口令时，每按一次键盘，液晶显示由"."变为"＊"，当显示四个"＊"时，方可按确认。

5. 修改时钟

显示当前的日期和时间。按键"▲""▼""◀""▶"用来选择，"＋"和"－"用来修改。按"取消"键为不修改返回，按"确认"键为修改后返回。

6. 程序版本

液晶显示程序版本、校验码以及程序生成时间。

另外，要想修改定值区号，应按键盘的"区号"键，液晶显示"当前区号"和"修改区号"，按"＋"或"－"键来修改区号，按"取消"键为不修改返回，按"确认"键完成区号修改后返回。

1.3.1.4 装置的运行说明

1. 装置正常运行状态

装置正常运行时，"运行"灯应亮，所有告警指示灯（黄灯，"充电"灯除外）应不亮。

按下"信号复归"按钮，复归所有跳闸、重合闸指示灯，并使液晶显示处于正常显示主画面。

2. 装置常见异常及处理

RCS-931 线路保护装置的常见异常及处理见表 1-17。

表 1-17 RCS-931 线路保护装置的常见异常及处理

序号	自检出错信息	含义	处理建议
1	存储器出错	RAM 芯片损坏，闭锁保护	通知厂家处理
2	程序出错	FLASH 内容被破坏，闭锁保护	通知厂家处理
3	定值出错	定值区内容被破坏，闭锁保护	通知厂家处理
4	采样数据异常	模拟输入通道出错，闭锁保护	通知厂家处理
5	跳合出口异常	出口三极管损坏，闭锁保护	通知厂家处理
6	直流电源异常	直流电源不正常，闭锁保护	通知厂家处理
7	DSP 定值出错	DSP 定值自检出错，闭锁保护	通知厂家处理
8	该区定值无效	装置参数中二次额定电流更改后，保护定值未重新整定	将保护定值重新整定
9	光耦电源异常	24V 或 220V 光耦正电源失去，闭锁保护	检查开入板的隔离电源是否接好
10	零序长期启动	零序启动超过 10s，发告警信号，不闭锁保护	检查电流二次回路接线
11	突变量长启动	突变量启动超过 10s，发告警信号，不闭锁保护	检查电流二次回路接线
12	TV 断线	电压回路断线，发告警信号，闭锁部分保护	检查电压二次回路接线

续表

序号	自检出错信息	含义	处理建议
13	线路 TV 断线	线路电压回路断线，发告警信号	检查线路电压二次回路接线
14	TA 断线	电流回路断线，发告警信号，不闭锁保护	检查电流二次回路接线
15	TWJ 异常	TWJ＝1 且该相有电流，或三相长期不一致，发告警信号，不闭锁保护	检查开关辅助接点
16	控制回路断线	TWJ 和 HWJ 都为 0，重合闸放电	检查开关辅助接点
17	角差整定异常	母线电压 UA 与线路电压 U_X 的实际接线与固定角度差定值不符	检查线路电压二次回路接线

1.3.2　PSL 603 装置使用说明

（1）PSL 603 键盘示意图如图 1-36 所示。

在主画面状态下，按"↵"键进入主菜单，通过"↵""Q""∧""∨"键选择子菜单。密码为"99"。

（2）PSL 603 线路保护装置菜单结构见表 1-18。

（3）PSL 603 线路保护装置的常见异常及处理见表 1-19。

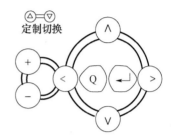

图 1-36　PSL 603 键盘示意图

表 1-18　PSL 603 线路保护装置菜单结构

一级菜单	二级菜单	三级菜单
主菜单	定值	显示和打印
		复制定值区
		整定定值
		删除定值
	事件	总报告
		分报告
		定值修改记录
	采样信息	显示有效值
		打印采样值
	设置	通信设置
		MMI 设置
		其他功能
		时间设置
		液晶调节
	测试功能	开出传动
		开入测试
		交流测试
		其他测试
	其他	版本信息
		初始化
		语言选择
		出厂设置

表 1-19　PSL 603 线路保护装置的常见异常及处理

序号	事件名称	装置反应	处理措施	备注
1	差动保护初始化			
2	RAM 错误	告警、呼唤、闭锁保护	停机检修	
3	EPROM 错误	告警、呼唤、闭锁保护	停机检修	
4	闪存错误	呼唤	停机检修	
5	EEPROM 错误	告警、呼唤、闭锁保护	停机检修	
6	开入异常	告警、呼唤、闭锁保护	停机检修	
7	开出异常	告警、呼唤、闭锁保护	停机检修	
8	AD 错误	告警、呼唤、闭锁保护	停机检修	
9	零漂越限	告警、呼唤、闭锁保护	停机检修	
10	内部电源偏低	呼唤	停机检修	
11	定值区无效	告警、呼唤、闭锁保护	切换到有效定值区	无有效定值区则输入正确定值
12	定值校验错误	告警、呼唤、闭锁保护	重新输入正确定值	
13	TV 断线	TV 断线灯亮、呼唤	检修 TV 回路	
14	TV 三相失电压	TV 断线灯亮、呼唤	检修 TV 回路	
15	TV 反序	呼唤	检修 TV 回路	
16	TA 断线	呼唤	检修 TA 回路	
17	TA 不平衡	呼唤	检修 TA 回路	
18	TA 反序	呼唤	检修 TA 回路	
19	负载不对称	呼唤		

1.4　调　　试

1.4.1　安全措施

1. 人身触电

（1）防止误入带电间隔：熟悉工作地点、带电部位，设立运行标志、地线、安全围栏。

（2）试验仪器电源的使用：必须装有漏电保安器，工具包绝缘、至少两人进行，一人操作、一人监护，禁止从运行设备上取电源。

（3）保护调试及整组试验：工作人员之间应相互配合，通电、摇绝缘、传动开关负责人之间做好联系。

2. 防"三误"事故的安全技术措施

（1）执行安全措施票（安全控制卡）。

（2）不允许在未停运的保护装置上进行试验和其他测试工作。

（3）不允许用卡继电器触点、短路触电等人为手段作为保护装置整组试验。

（4）现场工作使用的图纸的正确性、唯一性及修改二次回路的流程及相应的传动检查方案。

（5）记录开工前状态（压板、保险、把手）做措施（电流、电压、故障录波、通信接口）验电验地、清扫紧固、核对端子排接线、整定定值、测量压板电位、电压切换试验、盘上盘下电阻试验、摇绝缘、测正负之间电阻、恢复措施。

（6）防止误启动失灵保护：检查失灵启动压板须断开并拆开失灵启动回路的线头，注意线头带电，防止两根线头误碰，用绝缘套头对拆头实施绝缘包扎，并检查 220kV 母差及失灵保护屏本间隔的失灵启动压板的位置（应在断开位置）。

（7）纵差保护单侧试验：本机负载，通道环回——防止对侧误动。

1.4.2　装置调试

1.4.2.1　RCS 931 线路保护检验

1. 保护屏及二次回路清扫检查

2. 绝缘检查

装置的绝缘检查与外回路一同完成，绝缘检查记录见表 1-20。

表 1-20　绝缘检查记录

序号	内容	结果（MΩ）
1	交流电压回路对地的绝缘	
2	交流电流回路对地的绝缘	
3	直流跳、合闸回路触点之间及对地的绝缘	
4	保护直流电源回路对地的绝缘	
5	信号电源回路对地的绝缘	
6	强电开关输入回路对地的绝缘	
7	录波接点对地的绝缘	

3. 逆变电源检查

（1）逆变电源输出检查：测量装置开关量输入用弱电电压。逆变电源输出检查记录见表 1-21。

表 1-21　逆变电源输出检查记录

标准电压（V）	允许范围（V）	实测值
+24	22～26	

（2）逆变电源自启动检查：合上装置逆变电源插件上的电源开关，试验直流电源由零缓慢上升至 80% 额定电压值，此时逆变电源插件面板上的电源指示灯应亮。固定试验直流电源为 80% 额定电压值，拉合直流开关，逆变电源应可靠启动。

4. 通电检查

（1）装置上电后应运行正常。通电检查记录见表 1-22。

表 1-22　通电检查记录

序号	检验项目	检验状态	检查结果
1	保护装置通电自检	运行灯亮，液晶显示屏完好	
2	检验键盘	进入主菜单，其他键操作良好	
3	打印机与保护联机	按"打印"按钮，打印机正常工作	

（2）校对时钟。按"↑"键进入主菜单，再按"↓"键使光标移到第5项"修改时钟"子菜单，然后按"确认"键进入，用"↑""↓""←""→"键改变整定位，用"＋"或"－"键改变数值。将装置时钟校对至当前时钟，而后按"确认"键返回主菜单，选择"退出"项按"确认"键返回至装置主界面。

（3）程序版本检查。按"↑"键进入主菜单，再按"↓"键使光标移到第6项"程序版本"子菜单，然后按"确认"键进入察看并记录。保护程序版本检查记录见表1-23。

表1-23　保护程序版本检查记录

名称	版本号	CRC 码	形成时间	定值固化区

5. 定值整定

（1）正确输入和修改整定值，并复制到其他定值区。在直流电源失电后，不丢失或改变原定值，装置整定定值与定值通知单核对正确。

① 定值修改方法。按"↑"键进入主菜单，选第4项"整定定值"，然后按"确认"键进入定值整定子菜单，用"↑"或"↓"键逐项选择"装置参数""保护定值""压板定值""IP地址"，然后按"确认"键进入下一级整定菜单，分别整定各项定值；用"↑""↓""←""→"键将光标移到想修改的字符上，再按"＋"或"－"键进行整定。当一项的所有定值整定完毕后即可按"确认"键，提示输入密码，正确输入后进行写入，随后返回至整定子菜单，再选择其他项直至整定完所有定值。连续选择"退出"项并按"确认"键返回至装置主界面。

② 定值区切换方法。按面板上的"区号"键，液晶窗口显示修改菜单，再按"＋""－"键将"修改区号"改至所要整定值区号，按"确定"键提示输入密码，正确输入后，装置将重新启动，启动完毕后液晶窗口最下一行所显示定值区号应为要整定运行区号。

③ 定值区复制方法。按"↑"键进入主菜单，选第4项"整定定值"，然后按"确认"键进入定值整定子菜单，用"↓"键选择至"拷贝定值"，然后按"确认"键进入"拷贝定值"子菜单，再按"＋"或"－"键修改定值区号。再按"确定"键返回上级菜单，则复制区成功。

（2）注意事项。

① 运行中切换定值区必须先将保护退出运行，防止保护引导过程中造成误动作。

② 定值清单中不用的保护段电流项应按阶梯原则整定（小于等于上一段定值，若无上段则应整定至要求规定范围的最大值，否则将造成上段保护不能出口跳闸）、不用的保护段时间项应整定至要求规定范围的最大值、不用的保护段阻抗项也应按阶梯原则整定（大于等于上一段定值，若无上段则应整定至要求规定范围的最小值，否则将造成误动作）、不用的控制字一律整定为退出（通常整定为零）。

③ 各项定值数值必须在厂家定值清单所要求规定范围内，否则保护将不能正常工作造成误、拒动。

④ 变更"电流二次额定值"（1A/5A）整定值后，必须将各 CPU 定值重新固化，否则定值将增大或减小 5 倍，并有"定值出错"警告。

⑤ 当定值整定出错时，液晶屏幕上显示"该区定值无效"出错告警，需重新核对整定值；保护装置"运行"灯均将熄灭，保护被闭锁。

⑥ 定值整定、修改、切换定值区后，应注意使装置恢复运行状态即"运行"灯点亮。若"运行"灯不亮应查找原因（可能是定值整定出错）。

6. 开关量输入检查

按"↑"键进入主菜单，再按"↓"键使光标移到第 1 项"保护状态"子菜单，然后按"确认"键进入，再按"↓"键使光标移至"开入显示"项，按"确认"键进入下级菜单察看各开入量的变位情况（按"取消键可返回上级菜单"）。

（1）"零序保护投入""主保护投入""距离保护投入""投检修状态"开入量通过投入、退出保护屏上相应压板的方法进行检查。

（2）"打印""信号复归"可通过分别按保护屏上的 1YA、1FA 按钮进行检查。

（3）"重合方式 1""重合方式 2"可通过切换屏上 1QK 重合闸方式把手进行检查。

（4）"TWJA""TWJB""TWJC""压力闭锁重合"实际带开关检查。

其余弱电开关量输入应在保护屏端子排上用＋24V 短接对应开关量输入端子的方法进行检查（对于导通的开入量，采用断开的方法进行检查）。

注意事项：因本装置包含强、弱电两种开入，试验时需特别注意防止强、弱电混电，损坏装置插件（一般不使用强电开入 OPT2 插件）。

RCS-931 线路保护装置开关量输入检查记录见表 1-24。

表 1-24　RCS-931 线路保护装置开关量输入检查记录

名称	检查结果	名称	检查结果	名称	检查结果
差动保护		合闸压力降低		A 相跳闸位置	
距离保护		发远跳		B 相跳闸位置	
零序保护		发远传 1		C 相跳闸位置	
重合闸方式 1		发远传 2		打印开入	
重合闸方式 2		收远跳		投检修状态	
闭重三跳		收远跳 1		信号复归	
单跳启动重合		收远跳 2			
三跳启动重合		对时开入			

7. 模数变换系统检查

（1）零漂检查。保护装置的电流、电压回路无输入。按"↑"键进入主菜单，再按"↓"键使光标移到第 1 项"保护状态"子菜单，然后按"确认"键进入，再按"↓"键使光标移"DSP 采样值""CPU 采样值"项，按"确认"键进入二级菜单察看各模拟量零漂。

要求零漂值均在 $0.01I_n$（或 $0.01U_n$）以内，检验零漂时，要求在一段时间（几分钟）内零漂值稳定在规定范围内。

零漂检查记录见表 1-25。

表 1-25 零漂检查记录

名称	I_a	I_b	I_c	I_o	U_a	U_b	U_c	U_x

（2）模拟量输入幅值和相位精度的检查。按与现场相符的图纸将试验接线与保护屏端子排连接，输入要求值；按"↑"键进入主菜单，再按"↓"键使光标移到第 1 项"保护状态"子菜单，然后按"确认"键进入，再按"↓"键使光标移"DSP 采样值""CPU 采样值""相角显示"项，按"确认"键进入下级菜单察看各值。

要求保护装置的显示值与外部表计测量值应不大于 5%。

注意事项如下：

① 当不停电检验保护装置时，应先由端子排外侧可靠将电流回路短封。

② 试验前，先进入采样值显示菜单，然后加电压和电流。在试验过程中，保护装置可能会启动及退出运行，"运行"灯可能熄灭，但不影响采样数据的检验。常按"↑"键可进入菜单。

③ 在试验过程中，如果交流量的测量值误差超过要求范围时，应首先检查试验接线、试验方法等是否正确完好，试验电源有无波形畸变，不可急于调整或更换保护装置中的元器件。

④ 试验前注意检查电压切换继电器动作状态，尤其对于带自保持的电压切换插件。防止交流电压回路短路、接地。

⑤ RCS 系列保护 1n207（1D4）为零序线圈极性端，注意核实现场实际接线，电流中性线应由 1n208（1D8）引出，虽然不会造成保护误动、拒动，但装置录波将会错误，影响故障分析。模拟量输入的幅值精度检查和相位精度检查记录见表 1-26 和表 1-27。

表 1-26 模拟量输入的幅值精度检查记录

项目	U_a	U_b	U_c	U_x	I_a	I_b	I_c	I_o
$70V/5I_n$								
$60V/I_n$								
$30V/0.5I_n$								
$1V/0.1I_n$								

表 1-27 模拟量输入的相位精度检查记录

项目	0°	45°	90°
U_a-I_a			
U_b-I_b			
U_c-I_c			
U_a-U_b			
U_b-U_c			
U_c-U_a			
U_x-U_a			

续表

项目	$0°$	$45°$	$90°$
I_a-I_{ar}			
I_b-I_{br}			
I_c-I_{cr}			

8. 定值及功能检验

(1) 纵联电流差动保护检验。保护装置处于与实际运行相符的状态（主保护压板投入，将本屏"重合方式把手"切换至整定通知单要求方式，断路器模拟为合闸状态，将本装置的光端机（在 CPU 插件上）接收"RX"和发送"TX"用尾纤短接，将保护定值控制字中"专用光纤""通道自环试验"临时投入（或本侧纵联码与对侧纵联码整定成一致）构成自环方式。保护功能投入包括软压板、硬压板，其控制字都投入。以下同，不再说明。

① 差动电流高定值（差动保护 I 段）检验方法：由测试仪加故障电流 $I>1.05×0.5×$（差动电流高值或 $4×57.7/$线路正序容抗）两者大值，模拟各种单相、多相区内故障；观察保护动作情况并记录差动保护 I 段的动作时间；动作时间为 $10～25ms$。

② 差动电流低定值（差动保护 II 段）检验方法：由测试仪加故障电流 $I>1.05×0.5×$（差动电流低值或 $1.5×57.7/$线路正序容抗）两者大值，模拟各种单相、多相区内故障；观察保护动作情况并记录差动保护 II 段的动作时间；动作时间为 $40～60ms$。

③ 加故障电流 $I<0.95×0.5×$ 差动电流低值或 $1.5×57.7/$线路正序容抗）两者大值，装置应可靠不动作。

RCS-931 线路保护装置纵联电流差动保护检验记录见表 1-28。

表 1-28 RCS-931 线路保护装置纵联电流差动保护检验记录

项目	整定值	1.05 倍整定值（动作时间）	0.95 倍整定值（动作行为）
差动电流高值（单相接地）			
差动电流高值（相间故障）			
差动电流低值（单相接地）			
差动电流低值（相间故障）			

(2) 距离保护检验。同前述纵联差动保护检验方法，进行距离保护检验时只需投入"距离保护"压板，由测试仪输出故障态的时间应大于距离保护延时段整定时间。

① 工频变化量阻抗检验。

a. 利用博电测试仪的工频变化量阻抗测试界面，选电流恒定计算模式，设置短路电流（一般取 $I=I_n$），整定阻抗取定值，ϕ 取灵敏角，K 取零序补偿系数，通过公式计算出短路电压，模拟正方向相间及接地故障校验定值。$M=1.1$ 时保护可靠动作；$M=0.9$ 时保护可靠不动作。

b. 加故障电流 $I=4I_n$，故障电压 $U=0V$，模拟反方向故障，工频变化量阻抗元件应不动作。

c. 当工频变化量阻抗定值较小时，短路电压计算可能出现负值，此时提高短路电流设置即可。

② 距离保护定值检验。

a. 测试仪加故障电流 $I=I_n$，故障阻抗 $Z=0.95 \times Z_{zd}$ 及 $Z=1.05 \times Z_{zd}$（Z_{zd} 为距离某延时段阻抗定值），ϕ 取灵敏角，K 取零序补偿系数，模拟正方向相间及接地故障。

b. 加故障电流 $I=4I_n$，故障电压 $U=0V$，模拟反方向故障，距离保护应不动作。

距离保护检验记录见表 1-29。

表 1-29　距离保护检验记录

项目	整定值	0.95 倍整定值 （动作时间）	1.05 倍整定值 （动作行为）	反向 动否
接地距离 I 段				
接地距离 II 段				
接地距离 III 段				
相间距离 I 段				
相间距离 II 段				
相间距离 III 段				
TV 断线时距离保护				

（3）零序保护检验。同前述纵联差动保护检验方法，进行零序保护检验时只需投入"零序保护投入"压板，由测试仪输出故障态的时间应大于整定时间。

测试仪加故障电流 $I=1.05 \times I_{0zd}$ 及 $I=0.95 \times I_{0zd}$（I_{0zd} 为零序过流某段定值），故障电压 $U=30V$，模拟单相正方向接地故障。

加故障电流 $I=2I_{01zd}$，故障电压 $U=10V$，模拟反方向故障，零序保护应不动作。

TV 断线时过流保护应在 TV 断线后加故障量。

零序保护检验记录见表 1-30。

表 1-30　零序保护检验记录

项目	整定值	1.05 倍整定值 （动作时间）	0.95 倍整定值 （动作行为）	反向 动否
零序 I 段				
零序 II 段				
零序 III 段				
零序 IV 段				
零序加速段				
TV 断线时零序过流				
TV 断线时相过流				

（4）重合闸检验。重合闸满足充电条件，重合闸充满电。

① 开关偷跳起重合闸。

② 保护跳闸重合闸。

③ 单重、综重、三重检查。

④ 重合闸后加速。

⑤ 手合后加速。

（5）装置拉合试验。装置加入额定电流、电压，拉合装置直流电源，观察装置是否有异常现象。

9. 输出接点检查

断开保护装置的出口跳合闸压板、启动失灵压板、闭锁重合闸等压板，投入主保护、距离保护、零序保护压板，"跳闸位置"开关量不给。模拟故障，检查触点动作情况。

注意事项如下：

① 与其他保护联系的开出量回路，用万用表直流高电压挡测量压板下口电压，测量时看好万用表挡位。

② 上述试验时，应同时监视信号指示灯、液晶屏幕显示情况以及检查触点动作情况。

③ 检查触点动作情况应在保护屏端子排上进行。

RCS-931 线路保护装置输出接点检查记录见表 1-31。

表 1-31　RCS-931 线路保护装置输出接点检查记录

项目	检查指示灯	压板	监控	录波信号	信息子站
A 相瞬时故障单重方式	跳 A、重合				
B 相瞬时故障单重方式	跳 B、重合				
C 相瞬时故障单重方式	跳 C、重合				
AB 相间故障单重方式	跳 A、跳 B、跳 C				
电压回路断线告警	TV 断线				
模拟装置失电告警	—				

10. 光通道检查

（1）本侧光通道检查内容详见第 5 章。

（2）光纤通道联调。将保护使用的光纤通道可靠连接，通道调试好后装置上"通道异常灯"应不亮，没有"通道异常"告警，TDGJ 接点不动作。光通道检查记录见表 1-32。

表 1-32　光通道检查记录

通道检查情况	站内通道自环	线路通道	结果
保护装置	保护定值"通道自环试验"置"1"； "通道异常"灯灭	保护定值"通道自环试验"置"0"； "通道异常"灯灭	
光电转换装置	"正常"灯亮	"正常"灯亮	

将两侧保护装置的"TA 变比系数"定值整定为 1，在对侧按要求值加入三相电流，本侧按"↑"键进入主菜单，再用"↓"键使光标移到第 1 项"保护状态"子菜单，然后按"确认"键进入，再用"↓"键使光标移动到"DSP 采样值"项，按"确认"键进入下级菜单，察看对侧的三相电流 I_{ar}、I_{br}、I_{cr} 及差动电流 I_{cda}、I_{cdb}、I_{cdc}（本项检验两侧均需进行）。光通道联调检查记录见表 1-33。

远方跳闸功能检查：本侧开关在合闸位置，当定值项"远跳受本侧控制"控制字整定为 0 时，对侧短接"远跳"开入，本侧保护及开关应能直接三相跳闸；当定值项"远跳受本侧控制"控制字整定为 1 时，对侧短接"远跳"开入的同时，本侧使保护装置启动，本侧保护及开关应能直接三相跳闸（该种方法需要两端配合）。

表 1-33 光通道联调检查记录

试验项目		试验情况		
		A 相	B 相	C 相
在本侧 A、B、C 三相分别加入 1A、2A、3A 电流	本侧			
	对侧			
在对侧 A、B、C 三相分别加入 1A、2A、3A 电流	本侧			
	对侧			

注：对侧数值应为：本侧×对侧 TA 变比系数。

11. 带实际断路器传动检验

（1）检验方法。

① 装置整定定值与定值单相符，装置恢复到运行状态，所有功能压板按定值单要求投入，投入本保护出口压板，联跳压板及失灵启动压板不投；将断路器合闸，两组控制电源投入。由测试仪加故障电流 $I=（2\sim5）I_n$，故障电压 $U=0.5V$，ϕ_{U-I} 取灵敏角，模拟 A、B 单相正方向瞬时故障、C 相正方向永久故障、反向故障。观察装置面板信号灯，液晶窗口显示；断路器跳闸、重合情况；监控机上保护、断路器信号指示；录波器开关量启动情况；相应相别启动失灵压板两端电位。

② 采用一组控制电源，模拟 AB 相间正方向瞬时故障。

③ 采用另一组控制电源，模拟 ABC 三相正方向瞬时故障。

④ 对于 3/2 接线增加"沟通三跳"回路的检验。

（2）注意事项如下。

① 联跳压板、失灵启动压板严禁投入。与其他保护联系的开出量，用万用表直流高电压挡测量压板下口电压，测量时看好万用表挡位。

② 要求对侧投入主保护压板，否则主保护功能被闭锁。

带实际断路器传动检验记录见表 1-34，3/2 接线增加的带实际断路器传动检验见表 1-35。

表 1-34 带实际断路器传动检验记录

故障类别	断路器	信号指示及接点输出	结果
A 相瞬时	跳 A，合 A	跳 A、重合、监控、信息子站	
B 相瞬时	跳 B，合 B	跳 B、重合、监控、信息子站	
C 相永久	跳 C，合 C，三跳	跳 A、跳 B、跳 C、重合、监控、信息子站	
反向	不动	监控、信息子站	
AB 瞬时（仅有控制Ⅰ）	三跳	跳 A、跳 B、跳 C、监控、信息子站	
三相故障（仅有控制Ⅱ）	三跳	跳 A、跳 B、跳 C、监控、信息子站	

表 1-35 3/2 接线增加的带实际断路器传动检验

故障类别	保护状态	断路器	信号指示及接点输出	结果
A 相瞬时	线路保护屏仅投"沟边开关三跳出口"，边断路器保护屏仅投"沟通三跳"压板，重合闸投"综重"	三跳，重合	跳 A、跳 B、跳 C、重合	

续表

故障类别	保护状态	断路器	信号指示及接点输出	结果
A 相瞬时	线路保护屏仅投"沟中开关三跳出口"，中断路器保护屏仅投"沟通三跳"压板，重合闸投"综重"	三跳，重合	跳 A、跳 B、跳 C、重合	
A 相瞬时	线路保护屏仅投"沟边开关三跳出口"，边断路器保护屏"沟通三跳"压板退出，重合闸投"三重"	三跳，重合	跳 A、跳 B、跳 C、重合	
A 相瞬时	线路保护屏仅投"沟中开关三跳出口"，中断路器保护屏"沟通三跳"压板退出，重合闸投"三重"	三跳，重合	跳 A、跳 B、跳 C、重合	

1.4.2.2　PSL 603G 线路保护检验

1. 保护屏及二次回路清扫检查

2. 绝缘检查

3. 逆变电源检查

4. 通电检查

（1）通电。

（2）校对时钟。

按"↵"键进入主菜单，选择"设置-时间设置"菜单，用"＜"键或"＞"键选择年、月、日、时、分、秒编辑框并用"＋"键或"－"键设置新的值。修改完毕，按"↵"键确认设置或按"Q"键放弃修改。按"Q"键逐级退回主菜单。

（3）程序版本检查。

按"↵"键进入主菜单，选择"其他-版本信息"菜单，按"↵"键或"Q"键，系统将询问"打印装置的版本和 CRC 码信息?"，选择"是"，系统将打印保护装置各个功能模块的版本和 CRC 码信息，按"Q"键取消，不打印退出。按"Q"键逐级返回主菜单。

5. 定值整定

正确输入和修改整定值，并复制到其他定值区，在直流电源失电后，不丢失或改变原定值，装置整定定值与定值通知单核对正确。

（1）定值整定方法。按"↵"键进入主菜单中，选择"定值-整定定值"菜单，用"＋"键或"－"键选择保护模件。

需要改变定值区时，将光标移动到定值区编辑框上，用"＋"键或"－"键选择定值区的区号，用"＜"键或"＞"键移动数字的输入位。若为默认定值区，此步可省略。

选择整定的定值区后，光标移到"开始整定"命令上，按"↵"键进入定值输入界面。

在定值输入界面中修改各项整定值：用"∧"键或"∨"键上下移动光标选择需要修改的定值项，用"＜"键或"＞"键左右移动光标改变数字的输入位，用"＋"键或"－"键改变光标所在位数值。若光标在小数点上，按"＋"键或"－"键移动小数点位置。

当修改控制字时，界面底部提示"↵进行按位整定控制字"字样，表明按"↵"键会进入按位整定控制字界面，逐位整定并有文字说明；也可以使用十六进制直接整定。

定值修改完毕，"↵"键将要执行定值固化，此时会出现提示密码输入，输入密码"99"按"↵"键执行固化。

定值固化完毕后出现一个消息，提示定值固化成功，否则提示定值固化失败。

按任意键即返回，用"Q"键逐级退回主菜单。

（2）定值复制方法。在主菜单中操作按键进入"定值-复制定值区"界面，用"＋"键或"－"键选择保护模件，选择保护类型中有"所有保护"选项，全部保护的指定定值区的定值将都被复制。

移动光标到"从定值区"即源定值区编辑框上，并用"＋"键或"－"键选择区号，源定值区的定值必须有效，若只有一个有效定值区，则按"＋"键和"－"键不起作用。

将光标移动"复制到定值区"即目标定值区编辑框上，输入选择目标定值区的区号。

将光标移动到"开始复制"上，按"↵"键选择此命令。

装置会显示密码输入提示，在密码窗口中输入密码"99"。

按"↵"键确认复制定值，如复制成功，装置显示复制成功消息；如复制失败，会提示定值复制失败。

按"Q"键逐级退回主菜单。

（3）切换运行定值区。在任何时候按定值切换"∧"键或"∨"键，进入定值切换界面。

按"∧"键、"∨"键或"＋"键、"－"键，选择切换的目标定值区区号。

按"↵"键，确认要执行切换操作，并提示将要切换到的定值区的区号。

输入密码"99"按"↵"键执行定值区切换。

切换完毕后，装置显示一个消息窗口，提示定值切换已经成功。

按任意键即返回切换之前的状态。

6. 开关量输入检查

主菜单中操作按键进入"测试功能－＞开入测试"界面。按"↵"键进入开入量操作界面，用"＋"键或"－"键选择保护模件。按"↵"键进入开入量实时显示界面。

压板开入量，可通过投入、退出保护屏上相应压板的方法进行检查。信号复归、重合闸方式用操作复归按钮、切换把手做开入量检查，其他开入量用＋24V 正电公共端接通对应开关输入端子的方法进行检查。

各开入显示●＝投入，○＝退出。

PSL 603 线路保护装置开关量输入检查记录见表 1-36。

表 1-36　PSL 603 线路保护装置开关量输入检查记录

开入量名称	差动保护	距离零序保护	重合闸	结果
开关 A 相跳位继	●	●	●	
开关 B 相跳位继	●	●	●	
开关 C 相跳位继	●	●	●	
重合闸方式			●	
闭锁重合闸			●	
压力低闭锁重合闸			●	
重合闸时间控制			●	
KK 合后			●	
相间距离压板		●		
接地距离压板		●		

续表

开入量名称	差动保护	距离零序保护	重合闸	结果
零序Ⅰ段压板		●		
零序Ⅱ段压板		●		
零序总投入		●		
差动总投入	●			
投分相差动	●			
投零序差动	●			
远跳开入	●			
远传开入 A	●			
远传开入 B	●			
GPS 对时	●	●	●	

7. 模数变换系统检查

(1) 零漂检查。装置无任何交流量输入时，操作按键进入"测试功能-交流测试"菜单。分别选择差动保护（距离零序保护、重合闸），启动 CPU，打开交流量实时显示界面，观察各交流量的零漂。

检查零漂要求在一段时间（几分钟）内零漂值稳定在规定范围内。

① 交流电流零漂在选择差动保护、距离零序保护、重合闸的交流量实时显示界面内，任一相交流电流零漂均不超过 $0.1I_n$，选择启动 CPU 的交流量实时显示界面内，任一相交流电流零漂均不超过 $0.25I_n$。

② 任一相交流电压零漂均不超过 $0.01U_n$。

(2) 模拟量输入幅值和相位精度检查。主菜单中操作按键进入"测试功能-交流测试"菜单。在端子排接入交流电压和交流电流，查看差动保护（距离零序保护、重合闸）、启动 CPU 界面，记录数据。

在选择差动保护（距离零序保护、重合闸）的交流量实时显示界面内显示值与外加量的幅值误差不超过 1%，相位误差不超过 1°，同时检查交流量相位关系的正确性。

在选择启动 CPU 的交流量实时显示界面内，显示值与外加量的幅值误差不超过 1%，相位误差不超过 2°，同时检查交流量相位关系的正确性。

8. 定值及功能检验

(1) 纵联电流差动保护检验。投入差动总投入压板，将本屏"重合方式把手"切换至整定通知单要求方式，断路器模拟为合闸。装置 CUP1 插件背面的接收"RX"和发送"TX"用尾纤短接，通道自环后检查通道，应显示正常。

① 分相差动检验方法。投入分相差动投入压板，由测试仪加故障电流 $I > 1.05$ 倍整定值的一半，模拟单相或多相区内故障，观察保护动作情况并记录差动保护的动作时间，动作时间为 10～25ms；由测试仪加故障电流 $I < 0.95$ 倍整定值的一半，模拟单相或多相区内故障，装置应可靠不动作。

② 零序差动检验方法。投入零序差动投入压板，由测试仪加故障电流 $I > 1.05$ 倍整定值的一半，模拟单相接地区内故障，观察保护动作情况并记录差动保护的动作时间；由测试仪加故障电流 $I < 0.95$ 倍整定值一半，模拟单相接地内故障，装置应可靠不动作，分别打印

检验报告各一份存档。

PSL 603 线路保护装置纵联电流差动保护检验记录见表 1-37。

表 1-37　PSL 603 线路保护装置纵联电流差动保护检验记录

项目	整定值	1.05 倍整定值（动作时间）	0.95 倍整定值（动作行为）
分相差动（单相）			
分相差动（相间）			
零序差动（单相）			

（2）距离保护检验。分别投入"接地距离投入""相间距离投入"压板，检验方法与 RCS-931BM 线路保护装置检验项目类似，只是短路阻抗角设置为线路正序阻抗角，测试仪中参数 RE/RL 设置为零序电阻补偿系数 KR，XE/XL 设置为零序电抗补偿系数 KX。

（3）零序保护检验。投入"零序总投入"压板，分别投入"零序Ⅰ段压板""零序Ⅱ段压板"，检验方法同 RCS-931BM 线路保护装置检验项目。

（4）重合闸检验。

（5）装置拉合试验。

9. 输出接点检查

断开保护装置的出口跳合闸压板、启动失灵压板、闭锁重合闸等压板，投入主保护、距离保护、零序保护压板，"跳闸位置"开关量不给。由"测试功能-开出传动"菜单进行开出传动试验，检查输出接点。

注意事项：经启动继电器闭锁的开出要做传动，必须先传动启动开出。

PSL 603 线路保护装置输出接点检查记录见表 1-38。

表 1-38　PSL 603 线路保护输出接点检查记录

开出命令	指示灯	压板	监控	录波信号	信息子站
跳 A	保护动作				
跳 B	保护动作				
跳 C	保护动作				
三跳	保护动作				
永跳	保护动作				
重合允许	重合允许				
重合	重合动作				
远传 A					
远传 B					
TA 断线					
TV 断线	TV 断线				
呼唤					
告警	告警				
装置失电告警					

10. 光通道检查

11. 带实际断路器传动检验

2　220kV变压器保护

2.1　变压器保护原理

2.1.1　变压器保护概述及保护配置

电力变压器是电力系统重要的电气设备，它的安全稳定运行有着举足轻重的作用。变压器主要的故障类型及保护种类分述如下。

2.1.1.1　变压器的主要故障

（1）绕组及引出线（包括绝缘套管）的相间故障。

（2）绕组内一相匝间短路（简称匝间短路）故障。

（3）绕组及引出线和绝缘套管的接地故障。

2.1.1.2　变压器的不正常工作状态

（1）由于外部故障引起的过流。

（2）由于并列运行变压器被断开、电动机自启动、自动投入负荷、系统振荡、高峰负荷等引起的过流及过负荷。

（3）由于变压器油箱漏油和绝缘材料、油分解造成的油面降低。

2.1.1.3　变压器保护的种类

1. 对变压器保护的要求

（1）变压器发生故障时应将它与所有的电源断开。

（2）在母线或其他与变压器相连的元件发生故障而故障元件由于某种原因（保护拒动、断路器失灵等），其本身断路器未能断开情况下，应使变压器与故障部分分开。

（3）当变压器过负荷、油面降低、油温过高时应发出报警信号。

（4）满足继电保护可靠性、选择性、快速性、灵敏性要求。

2. 变压器的保护种类及所保护的故障类型

（1）瓦斯保护。保护油箱内部的各种故障以及油面降低。它由安装在油箱和储油柜间的油管上的气体继电器构成。瓦斯保护分成重瓦斯和轻瓦斯两种。重瓦斯保护油箱内部的各种故障，动作后瞬时跳开变压器各侧断路器。轻瓦斯反应油箱内故障产生的轻微瓦斯和油面下降，动作后瞬时发告警信号。

（2）纵联电流差动保护（或电流速断保护）。保护绕组和引出线上的相间短路，变压器Y侧中性点接地时Y绕组和引出线上的接地短路，绕组的匝间短路。保护动作以后跳开各侧断路器。

（3）过流保护（含复合电压启动的过流保护、负序过流保护或阻抗保护）。作为外部相间故障及瓦斯保护，纵联电流差动保护的后备。保护动作后按要求跳断路器。

（4）零序过流保护和零序过电压保护。零序过流保护作为变压器 Y 侧中性点接地时 Y 侧绕组和引出线上的接地短路的后备。零序过电压保护作为变压器 Y 侧中性点不接地时同时该侧所接电网也失去接地中性点时发生接地短路的后备。保护动作于跳闸。

（5）过负荷保护。作为过负荷时的保护。动作于信号或动作于跳闸。

（6）过励磁保护。高压侧为 330kV 及以上变压器为防止由于频率降低或电压升高引起变压器磁通密度过高造成的对变压器的损坏。动作于跳闸和信号。

（7）对于变压器的油温、绕组温度及油箱内压力升高超过允许值时以及变压器的冷却系统故障，应由相应的非电量保护动作于跳闸和信号。

由于变压器保护动作跳闸后都不再重合，为了避免长期非全相运行，保护动作跳闸时都是三相跳闸。

2.1.1.4　保护配置

1. PST 1200 系列变压器保护装置

保护配置可提供一台变压器所需要的全部电量保护，主保护和后备保护可共用同一TA。这些保护包括：

（1）启动元件。保护启动元件用于开放保护跳闸出口继电器的电源及启动该保护故障处理程序。各保护 CPU 的启动元件相互独立，且基本相同。

启动元件包括差流突变量启动元件、差流越限启动元件。任一启动元件动作则保护启动。

① 差电流突变量启动元件的判据为

$$|i_\phi(t)-2i_\phi(t-T)+i_\phi(t-2T)|>0.5I_{cd}$$

式中，ϕ 为 a，b，c 三种相别；I_{cd} 为差动保护动作定值。

当任一差电流突变量连续三次大于启动门槛时，保护启动。

② 差流越限启动元件是为了防止经大电阻故障时相电流突变量启动元件灵敏度不够而设置的辅助启动元件。该元件在差动电流大于差流越限启动门槛并持续 5ms 后启动。差流越限启动门槛为差动动作定值的 80%。

（2）差动速断。

（3）二次谐波比例差动。

（4）波形对称判别比例差动。

（5）复合电压闭锁（方向）过流保护及阻抗保护。

（6）零序保护。

（7）间隙保护。

（8）过负荷。

后备保护可以根据需要灵活配置于各侧。

另外，还包括以下异常告警功能：过负荷报警、启动冷却器、公共绕组零序电流报警、差流异常报警、零序差流异常报警、差动回路 TA 断线、TA 异常报警和 IV 异常报警等。

PST 1202A/B 主变保护配置表见表 2-1。

表 2-1　PST 1202A/B 主变保护配置表

项目	代码	保护功能	说明
主保护	SOFT-CD1	本保护程序为二次谐波原理的差动保护，主要包括： 二次谐波制动元件 五次谐波制动元件 比率制动元件 差动速断过流元件 差动元件 TA 断线判别元件 变压器各侧过负荷元件 过负荷启动风冷元件 过负荷闭锁调压元件	本保护程序适用于各种电压等级的变压器
	SOFT-CD2	本保护程序为波形对称原理的差动保护，主要包括： 波形对称判别元件 其他功能同 SOFT-CD1	本保护程序适用于各种电压等级的变压器
高后备	SOFT-HB3	复合电压闭锁　方向　过流保护（两段六时限） 复合电压闭锁过流保护（一段两时限） 零序　方向　过流保护（两段六时限） 零序过流保护（一段两时限） 间隙零序保护（一段两时限） 中性点过流保护（一段一时限） 公共绕组过负荷保护 非全相保护	本保护程序适用于 330kV 和 220kV 电压等级变压器的高压侧和中压侧后备保护及 110kV 电压等级变压器的高压侧后备保护
中后备	SOFT-HB4	主要配置复合电压闭锁过流保护（二段六时限）	—
低后备	SOFT-HB4	主要配置复合电压闭锁过流保护（二段六时限）	本保护程序适用于 110kV 电压等级变压器的中压侧和低压侧后备保护及 66kV 电压等级变压器的各侧后备保护

2. RCS-978 装置

RCS-978 装置中可提供一台变压器所需要的全部电量保护，主保护和后备保护可共用同一 TA。这些保护包括：

（1）启动元件。装置管理板设有不同的启动元件，启动后开放出口正电源，同时开放 CPU 板相应的保护元件。只有在管理板相应的启动元件动作，同时 CPU 板对应的保护元件动作后才能跳闸出口；否则无法跳闸。管理板的启动元件未动作，而 CPU 板对应的保护元件动作，装置会报警，不会出口跳闸。各启动元件的原理如下：

① 稳态差流启动。三相差动电流最大值 $|I_{d\phi max}|$ 大于差动电流启动整定值 I_{cdqd} 时动作。此启动元件用来开放稳态比率差动保护和差动速断保护。

② 工频变化量差流启动。按下式进行判断：

$$\Delta I_d > 1.25\Delta I_{dt} + I_{dth}$$

$$\Delta I_d = |\Delta I_1 + \Delta I_2 + \cdots + \Delta I_m|$$

式中，ΔI_{dt} 为浮动门槛，随变化量输出增大而逐步自动提高，取 1.25 倍可保证门槛电压始终略高于不平衡输出，ΔI_1，I_2，I_m 分别为变压器各侧电流的工频变化量；ΔI_d 为差流的半周积分值；I_{dth} 为固定门槛。

工频变化量差流启动元件不受负荷电流影响，灵敏度很高，启动定值由装置内部设定，无须用户整定。启动元件用来开放工频变化量比率差动保护。

③ 零序比率差动启动分侧差动启动（自耦变）。零序差电流大于零差电流启动整定值时动作或分侧差动三相差流的最大值大于分侧差动电流启动整定值时动作。此启动元件用来开放零序或分侧比率差动保护。

④ 相电流启动。当三相电流最大值大于整定值时动作。此启动元件用来开放相应侧的过流保护。

⑤ 零序电流启动。当零序电流大于整定值时动作。此启动元件用来开放相应侧的零序过流保护。

⑥ 零序电压启动。当开口三角零序电压启动大于整定值时动作，此启动元件用来开放相应侧的零序过电压保护。

⑦ 工频变化量相间电流启动。

按下式进行判断：

$$\Delta I > 1.25\Delta I_t + I_{th}$$

式中，ΔI_t 为浮动门槛，随变化量输出增大而逐步自动提高，取 1.25 倍可保证门槛电压始终略高于不平衡输出；ΔI_d 为相间电流的半周积分值；I_{th} 为固定门槛。

启动定值为 $0.2I_n$，无须用户整定，此启动元件用来开放相应的阻抗保护。

⑧ 负序电流启动。当负序电流大于 $0.2I_n$ 时动作。此启动元件用来开放相应侧的阻抗保护。

（2）稳态比率差动保护。

（3）差动速断保护。

（4）工频变化量比率差动保护。

（5）复合电压闭锁（方向）过流保护及阻抗保护。

（6）零序过流保护。

（7）零序过电压保护。

（8）间隙零序过流保护。

后备保护可以根据需要灵活配置于各侧。

另外，还包括以下异常告警功能：过负荷报警、启动冷却器、公共绕组零序电流报警、差流异常报警、零序差流异常报警、差动回路 TA 断线、TA 异常报警和 IV 异常报警等。

RCS-978N2 主变电器保护配置表见表 2-2。

表 2-2　RCS-978N2 主变电器保护配置表

项目	保护类型	段数	时限/段	备注
主保护	差动速断			
	比例差动			
	工频变化量比例差动			
	零序/分侧比例差动			

项目	保护类型	段数	时限/段	备注
高压侧	过流	2	1/Ⅰ、1/Ⅱ	Ⅰ、Ⅱ段可经复合电压闭锁；Ⅰ段可经方向闭锁
	零序过流	2	1/Ⅰ、1/Ⅱ	Ⅰ段可经方向闭锁
	间隙零序过流	1	2	间隙过流、零序过压可以"或"方式出口
	间隙零序过电压	1	2	
	过负荷	1	1	
	过负荷启动冷却器	2	1	
	过负荷闭锁有载调压	1	1	
中压侧	过流、阻抗	1	3	Ⅰ段过流可经复合电压闭锁，零序可经方向闭锁
	零序	3	3/Ⅰ、3/Ⅱ、1/Ⅲ	
	间隙零序过流	1		
	间隙零序过电压	1		
	过负荷	1		
低压侧	过流	2	3/Ⅰ、3/Ⅱ	Ⅰ-Ⅱ可经复合电压闭锁
	过负荷	1	1	
	零序过压	1	1	

2.1.2　变压器保护原理

2.1.2.1　变压器纵联电流差动保护基本原理

变压器差动保护原理是利用构成差动保护的 TA，比较各侧电流大小和相位。

在模拟型保护中电流互感器的二次侧和差动继电器之间要按图 2-1 所示的连接方法进行连接，以获取差流。这时往往把这种二次接线称作差动接线，把这种二次回路称作差动回路。在微机保护中，各侧同名相电流互感器的二次侧不再有任何联系，各侧电流互感器的二次侧直接接到保护装置。微机保护测量到各侧的二次电流值后，在软件中求得差流。

（1）变压器区外发生短路或正常运行状态。当正常运行状态或区外短路时，两侧电流的相量和成为两侧电流相减，差动保护中电流值为零，保护不动作。

（2）变压器区内发生短路。如图 2-1 所示流入差动继电器的电流为 $\sum \dot{I}_2$，是两侧二次电流的相量和。在理想条件下，当区内短路时该值很大，反映的是短路点的总的短路电流。

（3）变压器纵差保护的保护范围及保护的短路类型。变压器纵差保护的保护范围是保护所用的电流互感器所包围的区域。在所有保护所用到的电流互感器所包围的区域内短路都是区内短路，否则是区外短路。

变压器纵差保护可以保护的故障类型有：

（1）各 TA 包围范围内的相间短路，包括绕组内的和变压器到 TA 的连线上的相间短路。因为这时在短路点有流出的电流而该电流又未参加差动计算。

（2）如果变压器 Y 侧中性点接地，在 Y 侧绕组上和变压器到 Y 侧 TA 的连线上的接地

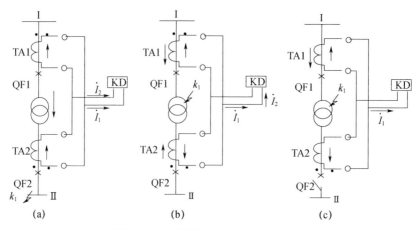

图 2-1 变压器纵差动保护原理示意图

短路。因为这时在短路点有流出的电流而该电流又未参加差动计算。

（3）变压器匝间短路。

2.1.2.2 变压器差动保护需考虑的特殊问题

（1）变压器各侧接线组别不同影响及其消除措施。

（2）变压器励磁涌流影响及其防止措施。

（3）区外故障不平衡电流的增大影响解决措施。

（4）变压器各侧电流互感器计算变比与实际变比不同的影响。

（5）其他影响及其补偿措施。

2.1.2.3 变压器纵联电流差动保护的不平衡电流

在理想条件下，区外短路时差动电流为零，相当于各侧的电流互相平衡。如果破坏了理想的两个条件，区外短路时差动电流 $\sum \dot{I}_2$ 不再是零，各侧电流不能完全互相平衡。这时的差动电流称为不平衡电流。引起变压器纵差保护不平衡电流的因素有下述几种。

（1）由于励磁涌流所造成的不平衡电流。在正常运行时励磁电流比较小，一般不超过额定电流的 2%～10%。在区外短路时由于电压降低，励磁电流更小，所以由励磁电流造成的不平衡电流很小。可是在变压器空载合闸（空投）和区外故障切除电压恢复时可能出现很大的励磁电流。励磁电流如潮水一样涌来，故称作励磁涌流。

励磁涌流的波形有如下一些特征：①励磁涌流的最大幅值很大，可能达到变压器额定电流的 5～10 倍。②有很大的非周期分量。波形偏于时间轴的一侧，因此波形严重不对称。③有大量的谐波分量，尤其是二次谐波分量含量较大。二次谐波与基波分量的比值 $\dot{I}_2 / \dot{I}_1$ 一般均大于 0.15。④波形出现间断。励磁涌流的波形与合闸瞬间电压的相位、铁心中剩磁的大小和方向、电源容量和变压器容量的大小、铁心材料的性质和磁化曲线、变压器的饱和磁通密度、合闸回路的阻抗和时间常数等因素有关。

图 2-2 为变压器励磁涌流曲线。

励磁电流会成为不平衡电流，而励磁涌流是在特定条件下的励磁电流，如果不采取措施，这么大的励磁涌流必将造成纵差保护的误动。虽然让差动保护带延时可以躲过励磁涌流的影响，但由于不能快速切除变压器内部的故障而不被采用。目前在微机保护中得到实际应

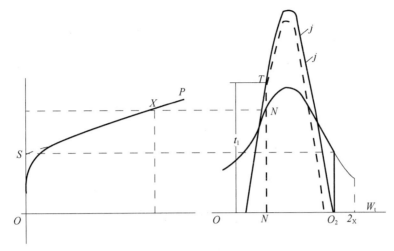

图 2-2　变压器励磁涌流曲线

用的避免变压器纵差保护误动的对策有：

① 提高差动继电器的定值。

② 用下面一些原理鉴别出有励磁涌流时将纵差保护闭锁。由于励磁涌流都成为差动电流了，所以用检查差动电流中的特征方法来鉴别是否有励磁涌流出现。这些方法有：

a. 二次谐波和三次谐波制动。在 RCS-978 系列微机变压器保护及 PST 1200 系列微机变压器保护中都采用了这种方法。

b. 波形不对称鉴别方法。其前提是认为励磁涌流的波形是不对称的。

PST 1200 系列微机变压器保护中采用的措施是，当波形对称时，相隔半周的两个点的幅值相等、符号相反，它们的导数也是幅值相等、符号相反。如果波形不对称，就不具备这些特性。

在 RCS-978 微机变压器保护中采用的方法是当 $S > K_b S_+$ 且 $S > S_t$ 时开放保护。这里的 S 是差动电流的全周积分值。S_+ 是相距半周的差动电流瞬时值之和的全周积分值，$S_+ = T_S \sum\limits_{m=-23}^{0} |\sum \dot{I}_m + \sum \dot{I}_{m-12}|$。

（2）由于变压器的 Y_N，d_{11} 接线，变压器两侧电流有相位差所产生的不平衡电流（图 2-3）。

变压器的接线方式为 Y_N，d_{11} 接线时，在正常运行和外部三相短路时的电流的方向。两侧的同名相电流（变换到二次后）构成差动接线，两侧电流相减后的电流不可能是零。这种不平衡电流是由于变压器的接线方式造成两侧电流有相位差而产生的。为了消除这种不平衡电流，必须进行相位补偿。

相位补偿有下述两种方法：

① Y→△相位补偿法。PST 1200 系列微机变压器保护中，采用了以△侧的电流相量为基准，将 Y 侧的电流相量向超前方向旋转 30°。这样 Y 侧和△侧的同名相电流相位相同，由相位不同造成的不平衡电流就可以消除。

在变压器 Y 和△侧的 TA 二次线圈都是 Y 接线。各侧 TA 的二次电流都直接接到保护装置，微机保护分别测量各侧的相电流 I'_{aY}、I'_{bY}、I'_{cY}、$I'_{a\triangle}$、$I'_{b\triangle}$、$I'_{c\triangle}$。直接在软件中做如下运算：

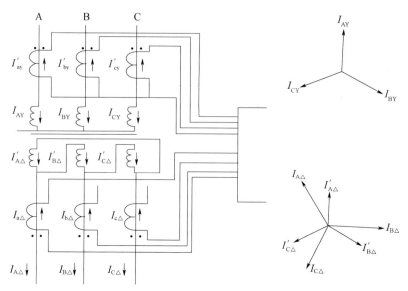

图 2-3　Y_N，d_{11} 接线变压器电流分布及相量图

Y 侧　　　　　　　　　　　　△侧

$I_{aY} = I'_{aY} - I'_{bY}$　　　　　　　$I_{a\triangle} = I'_{a\triangle}$

$I_{bY} = I'_{bY} - I'_{cY}$　　　　　　　$I_{b\triangle} = I'_{b\triangle}$

$I_{cY} = I'_{cY} - I'_{aY}$　　　　　　　$I_{c\triangle} = I'_{c\triangle}$

这样得到的电流 I_{aY}、I_{bY}、I_{cY} 也与相应的同名相电流 $I_{a\triangle}$、$I_{b\triangle}$、$I_{c\triangle}$ 同相，于是再求差动电流 $I_{a2} = I_{aY} - I_{a\triangle}$ 就再没有由于相位差造成的不平衡电流了。

② △→Y 相位补偿法。在 RCS-978 微机变压器保护中就用这种补偿的方法。变压器由于 Y_N，d_{11} 接线在正常运行和外部三相短路时其△侧的三相电流 $I'_{a\triangle}$、$I'_{b\triangle}$、$I'_{c\triangle}$ 超前于 Y 侧的相应的三相电流角度为 30°。如果以 Y 侧电流作基准，将△侧的电流 $I'_{a\triangle}$、$I'_{b\triangle}$、$I'_{c\triangle}$ 往滞后方向旋转 30°，也可以使其与 Y 侧三相电流同相。将△侧的电流 $I'_{a\triangle}$、$I'_{b\triangle}$、$I'_{c\triangle}$ 往滞后方向旋转 30°，可以用进行一次逆相序的两相电流差的运算来实现。具体补偿的方法是将变压器△侧的 TA 二次电流 $I'_{a\triangle}$、$I'_{b\triangle}$、$I'_{c\triangle}$ 做如下运算。

$$I_{a\triangle} = (I'_{a\triangle} - I'_{c\triangle}) / \sqrt{3}$$

$$I_{b\triangle} = (I'_{b\triangle} - I'_{a\triangle}) / \sqrt{3}$$

$$I_{c\triangle} = (I'_{c\triangle} - I'_{b\triangle}) / \sqrt{3}$$

考虑到变压器 Y 侧的中性点有可能接地，此时在 Y 侧发生区外的接地短路时，Y 侧的三相电流中都有零序电流。而变压器△侧的电流中是没有零序电流的。为了在这种区外接地短路时求得两侧电流的平衡，应在变压器 Y 侧将零序电流减掉。所以对变压器 Y 侧的 TA 二次电流 I'_{aY}、I'_{bY}、I'_{cY} 做如下运算。

$$I_{aY} = I'_{aY} - I_0$$

$$I_{bY} = I'_{bY} - I_0$$

$$I_{cY} = I'_{cY} - I_0$$

做了上述两式的运算后在变压器区外短路时变压器 Y 侧电流 I_{aY}、I_{bY}、I_{cY} 也与相应的变压器△侧同名相电流 $I_{a\triangle}$、$I_{b\triangle}$、$I_{c\triangle}$ 同相。

（3）由于变压器过励磁所产生的不平衡电流。当变压器在运行中由于电压升高、频率降低，造成变压器饱和，励磁电流增大。由此产生不平衡电流。一般可利用在过励磁时五次谐波含量增大的特征构成过励磁判据，将会误动的差动继电器闭锁。在定值计算中可不再考虑由过励磁产生的不平衡电流。

（4）由于电流互感器的变比未完全匹配所产生的不平衡电流。在 Y_N，d_{11} 接线的双卷变压器中为了使外部短路时差动电流为零，高压侧 TA 变比 n_h、低压侧 TA 变比 n_l 和变压器变比 n_B 之间应满足 $n_l = n_B n_h$ 的关系。但实际上由于 TA 的计算变比与实际使用的标称变比不完全相同，因此并不会完全能满足上述关系，所以将会产生不平衡电流。该不平衡电流在微机保护中可在软件中进行补偿。在南瑞 RCS-978 和南自 PST 1200 系列微机变压器保护中，保护装置将会自动在软件中对各侧电流乘以不同的平衡系数进行补偿。

① PST 1200 差动保护平衡系数。以高压侧为基准求中、低压侧平衡系数。

高压侧绕组为 Y 形，高侧平衡系数为 $1/\sqrt{3}$；高压侧绕组为△形，高侧平衡系数为 1。

对于中压侧

$$
\begin{aligned}
K_{phm} = I_{2nH}/I_{2nM} &= (I_{1nH}/n_{TAH}) \,/\, (I_{1nM}/n_{TAM}) \\
&= (S_n/\sqrt{3}U_{1nH}) \,/\, (S_n/\sqrt{3}U_{1nM})(n_{TAM}/n_{TAH}) \\
&= (U_{1nM}/U_{1nH})(n_{TAM}/n_{TAH})
\end{aligned}
$$

即：中压侧绕组为 Y 形，中侧平衡系数为 $MTA \times MDY/HTA \times HDY\sqrt{3}$；中压侧绕组为△形，中侧平衡系数为 $MTA \times MDY/HTA \times HDY$。

将中压侧各相电流与相应的平衡系数相乘，即得补偿后的各相电流。

对于低压侧

$$
\begin{aligned}
K_{phl} = I_{2nH}/I_{2nl} &= (I_{1nH}/n_{TAH}) \,/\, (I_{1nl}/n_{TAl}) \\
&= (S_n/\sqrt{3}U_{1nH}) \,/\, (S_n/\sqrt{3}U_{1nl})(n_{TAl}/n_{TAH}) \\
&= (U_{1nl}/U_{1nH})(n_{TAl}/n_{TAH})
\end{aligned}
$$

即：低压侧绕组为 Y 形，低侧平衡系数为 $U_{1n} \times l_{nTAl}/U_{1nH} \times n_{TAH}\sqrt{3}$；低压侧绕组为△形，低侧平衡系数为 $U_{1n} \times l_{nTAl}/U_{1nH} * n_{TAH}$。

将低压侧各相电流与相应的平衡系数相乘，即得补偿后的各相电流。

② RCS-978 保护差动保护平衡系数

变压器各侧平衡系数为

$$
K_{ph} = (I_{2n\_min} \times K_b) / I_{2n}
$$
$$
K_b = \min (I_{2n\_max}/I_{2n\_min}; 4)
$$

式中，I_{2n} 为变压器计算侧二次额定电流；I_{2n_min} 为变压器各侧中二次额定电流最小值；I_{2n_max} 为变压器各侧中二次额定电流最大值。

平衡系数的计算方法即以变压器各侧中二次额定电流最小值一侧为基准，其他侧依次放大。若最大二次额定电流与最小二次额定电流的比值大于 4，则取放大倍数最大一侧为 4，其他侧依次减小；若最大二次额定电流与最小二次额定电流的比值小于 4，则取放大倍数最小一侧为 1，其他侧依次放大。装置接受的最小为 0.25，各侧电流平衡系数调整范围最大可达 16 倍。

（5）由于电流互感器的变比误差所产生的不平衡电流。在各种一次电流的情况下，TA 的变比有不同的误差，当用不同型号的 TA 时也有不同的变比误差。这一些都使 TA 的实际变比与标称变比不完全相同，所以由电流互感器的变比误差将产生不平衡电流。当纵差保护各侧采用同一型号的 TA 时考虑各侧 TA 的变比误差还能相互有补偿，K_{cc} 可取为 0.5。当纵差保护各侧采用不同型号的 TA 时（如变压器的纵差保护），K_{cc} 取 1。

（6）由于变压器有载调压所产生的不平衡电流。在变压器线圈上引出一些分接头，在负荷运行时有时要调整所使用的分接头位置以调整电压。调整分接头位置实际上就是调整所使用的线圈匝数，改变了变压器的变比，从而改变输出电压。既然在进行带负荷调压中改变了变压器的变比，势必影响上述 $n_l = n_B n_h$ 的关系，从而产生不平衡电流。为了保证变压器纵差保护在上述不平衡电流情况下不误动，通常在定值整定中予以考虑。

需要指出，除上述六个产生不平衡电流的因素，还有一些因素也会出现不平衡电流。例如由于变压器各侧 TA 的暂态和稳态特性的差异、饱和程度的差异等，所以影响不平衡电流的因素很多也很复杂，完全正确的量化是很困难的，因此，通常用增大差动保护定值予以考虑。

2.1.2.4　比率制动特性的变压器纵差保护

把变压器各侧电流的相量和 $\sum I$（也就是差动电流）作为纵差保护的动作电流 I_d，RCS-978 中把变压器各侧电流的标量和的一半 $\sum |I|/2$ 作为纵差保护的制动电流 I_r。设变压器的变比和 TA 的变比都为 1，那么在双绕组变压器的外部短路情况下，由于 $|I_{kh}| = |I_{kl}| = |I_k|$，$I_r = \sum |I|/2 = (|I_{kh}| + |I_{kl}|)/2 = I_k$。也就是制动电流等于外部短路时流过变压器的短路电流。制动电流也等于外部短路时流过变压器的短路电流。PST 1200 中采用的制动电流 $I_r = \max(|I_h|, |I_l|)$，$I_r = \max(|I_h|, |I_m|, |I_l|)$，所以在外部短路情况下，制动电流就是此时流过变压器的短路电流。

在 RCS-978 和 PST 1200 保护中，差动比率制动特性曲线采用三折线的制动特性曲线。如果以动作电流 I_d 为纵坐标，以制动电流 I_r 为横坐标。在外部短路时随着流过变压器的短路电流的增加，不平衡电流的变化将为直线。

下面再说明几个问题：①变压器实际的不平衡电流随外部短路电流的增加并不是直线的，不是完全按线性关系上升的。不平衡电流通常随区外短路电流的增加而变化的关系可能是曲线。②RCS-978 和 PST 1200 微机保护中采用斜线不经过坐标原点的整定方法。③为了在变压器内部严重短路情况下尽量提高纵差保护的动作速度，还装设变压器的差动电流速断保护，不加制动特性。其动作电流按躲过变压器的最大励磁涌流和外部短路时的最大不平衡电流整定。该保护不受任何条件闭锁，所以动作速度很快。

1. PST 1200 比率差动保护动作特性

本元件是为了在变压器区外故障时差动保护有可靠的制动作用，同时在内部故障时有较高的灵敏度，其动作判据为：

两侧差动：$I_{cdd} = |I_1 + I_2|$；$I_{zdd} = \max(|I_1|, |I_2|)$。

三侧差动：$I_{cdd} = |I_1 + I_2 + I_3|$；$I_{zdd} = \max(|I_1|, |I_2|, |I_3|)$。

四侧差动：$I_{cdd} = |I_1 + I_2 + I_3 + I_4|$；$I_{zdd} = \max(|I_1|, |I_2|, |I_3|, |I_4|)$。

五侧差动：$I_{cdd} = |I_1 + I_2 + I_3 + I_4 + I_5|$；$I_{zdd} = (|I_1| + |I_2| + |I_3| + |I_4| + |I_5|)/2$。

$$I_{cdd} \geqslant I_{cd} \text{并且} I_{zdd} \leqslant I_{zd}$$

或 $3I_{zd} > I_{zdd} > I_{zd}$，$I_{cdd} - I_{cd} \geqslant K_1 \times (I_{zdd} - I_{zd})$

或 $I_{zdd} > 3I_{zd}$，$I_{cdd} - I_{cd} - K_1 \times 2I_{zd} \geqslant K_2 \times (I_{zdd} - 3I_{zd})$

式中，I_1 为Ⅰ侧电流；I_2 为Ⅱ侧电流；I_3 为Ⅲ侧电流；I_4 为Ⅳ侧电流；I_5 为Ⅴ侧电流；I_{cd} 为差动保护电流定值；I_{cdd} 为变压器差动电流；I_{zdd} 为变压器差动保护制动电流；I_{zd} 为差动保护比率制动拐点电流定值，软件设定为高压侧额定电流值；K_1，K_2 为比率制动的制动系数，软件设定为 $K_1 = 0.5$，$K_2 = 0.7$。

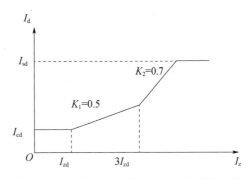

图 2-4　PST 1200 比率差动保护动作特性曲线

图 2-4 为 PST 1200 比率差动保护动作特性曲线，图 2-5 为 PST 1200 波形对称原理的差动保护（SOFT-CD2）原理图。

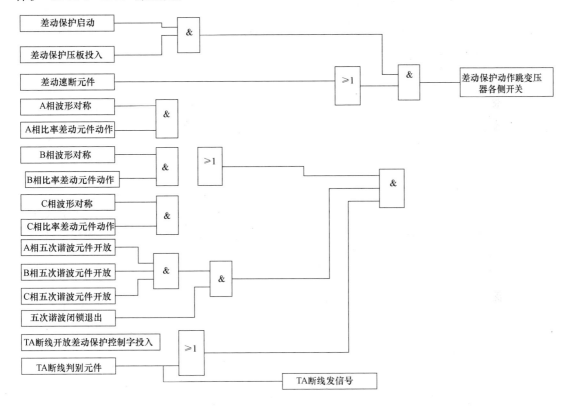

图 2-5　PST 1200 波形对称原理的差动保护（SOFT-CD2）原理图

2. RCS-978 差动比率制动特性曲线

稳态比例差动保护用来区分差流是由于内部故障还是不平衡输出（特别是外部故障时）引起的。其动作方程为

$$
\begin{cases}
I_d > 0.2 I_r + I_{cdqd} & I_r \leqslant 0.5 I_e \\
I_d > K_{bl}[I_r - 0.5 I_e] + 0.1 I_e + I_{cdqd} & 0.5 I_e \leqslant I_r \leqslant 6 I_e \\
I_d > 0.75[I_r - 6 I_e] + K_{bl}[5.5 I_e] + 0.1 I_e + I_{cdqd} & I_r > 6 I_e \\
I_r = \dfrac{1}{2} \sum_{i=1}^{m} |I_i| \\
I_d = \sum_{i=1}^{m} |I_i|
\end{cases}
$$

式中，I_e 为变压器额定电流；I_1，I_2，$\cdots$，I_m，分别为变压器各侧电流；I_{cdqd} 为稳态比率差动启动定值；I_d 为差动电流；I_r 为制动电流；K_{b1} 为比率制动系数整定值。稳态比率差动保护按相判别，满足以上条件时动作。

图 2-6 为比率制动差动保护动作特性曲线，图 2-7 为 RCS-978 稳态比率差动的逻辑框图。

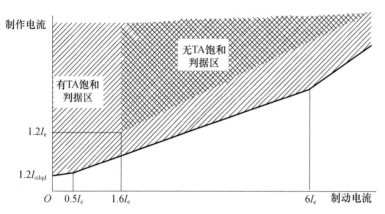

图 2-6　比率制动差动保护动作特性曲线

3. RCS-978 工频变化量的比率制动特性的变压器纵差保护

在 RCS-978 中，差动保护中除采用稳态量的比率制动特性的差动继电器，还引入了工频变化量比率制动特性的差动继电器。工频变化量比率制动特性的差动继电器动作灵敏，可提高少匝数的匝间短路以及内部轻微故障时的灵敏度。

工频变化量的差动继电器的动作特性也可做成两折线或三折线的比率制动动作特性。其纵坐标的动作电流为变压器各侧电流相量和的变化量（$\Delta \dot{I}_d = \Delta \sum \dot{I} = \sum \Delta \dot{I}$）。其横坐标制动电流可以为各侧电流标量和的变化量（$\Delta I_d = \Delta \sum |I| = \sum |\Delta I|$）。RCS-978 变压器差动保护中用的工频变化量差动继电器使用三相中最大的相电流标量和的变化量作为三相差动继电器的制动电流，即 $\Delta I_r = \max \{\Delta \sum |I_A|,\ \Delta \sum |I_B|,\ \Delta \sum |I_C|\} = \max \{\sum |\Delta I_A|,\ \sum |\Delta I_B|,\ \sum |\Delta I_C|\}$。这样对故障相来说，所得到的制动电流与上述制动电流取得的方法结果完全相同。

图 2-8 为工频变化量比率差动保护的动作特性，图 2-9 为工频变化量比率差动的逻辑框图。

2.1.2.5　相间短路的后备保护

相间短路的后备保护主要起两个作用：其一，作为外部相间短路时引起的变压器过流的保护，所以它是相邻元件（如线路）保护的后备，这是一种远后备；其二，作为变压器内部短路时纵联差动保护的后备，这是一种近后备。

RCS-978 和 PST 1200 微机保护中复合电压启动的方向过流保护。

1. PST 1200 微机保护中复合电压启动的方向过流保护

PST 1200 微机保护系列变压器成套保护装置，采用复合电压闭锁（方向）过流保护。首先需说明的是复合电压闭锁的方向过流保护就是复合电压启动的方向过流保护。复合

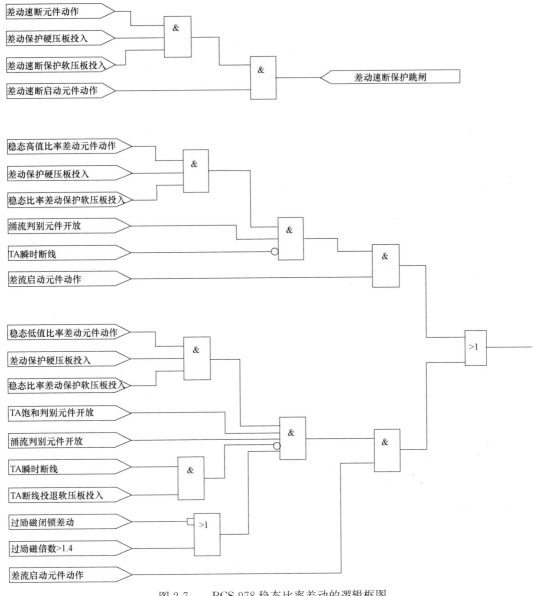

图 2-7 RCS-978 稳态比率差动的逻辑框图

电压元件、同名相的电流元件和方向元件三者构成"与"逻辑后经延时出口。

复合电压元件由负序电压元件和相间低电压元件的"或"逻辑构成。负序电压元件用来保护不对称短路,相间的低电压元件能够保护三相短路。这两个元件的"或"逻辑可以反映各种相间短路。

负序电压元件的电压定值按躲过正常运行时的不平衡电压整定,一般定值为 $0.06\sim$ 0.08 倍的二次额定电压。所以对不对称短路

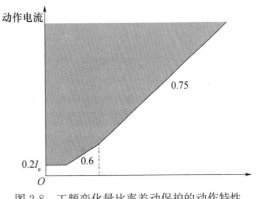

图 2-8 工频变化量比率差动保护的动作特性

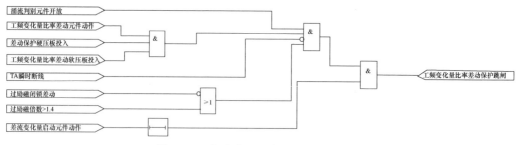

图 2-9　工频变化量比率差动的逻辑框图

灵敏度很高，这是用复合电压的一个最大优点。

复合电压元件除用本侧复合电压外，必要时也可用变压器其他侧的复合电压。

当本侧电压退出（本侧 TV 检修或旁路代路未切换 TV）以及装置发现 TV 断线时对复合电压元件如何处理，请以实际调试的 PST 1200 微机保护系列变压器成套保护装置中的介绍为准，这里不再赘述。PST 1200 微机保护系列变压器成套保护装置中方向元件交流回路采用 90°接线，本侧 TV 断线时，本保护的方向元件退出。TV 断线后若电压恢复正常，本保护也随之恢复正常。本保护包括以下元件：

（1）复合电压元件，电压取自本侧的 TV 或变压器各侧 TV，动作判据为

$$\min\ (U_{ab},\ U_{bc},\ U_{ca})\ <U_{ddy};\ U_2>U_{fx}$$

式中，U_{ab}、U_{bc}、U_{ca} 为线电压；U_{ddy} 为低电压定值；U_2 为负序电压；U_{fx} 为负序电压定值。

以上两个条件为"或"的关系。

（2）功率方向元件，电压、电流取自本侧的 TV 和 TA，动作判据如下。

① 若方向由控制字选择为正向：

$U_{ab}\sim I_c$、$U_{bc}\sim I_a$、$U_{ca}\sim I_b$ 三个夹角（电流落后电压时角度为正），其中任一个满足 $-135°<\delta<45°$，最大灵敏角为 $-45°$，其动作特性如图 2-10 所示。

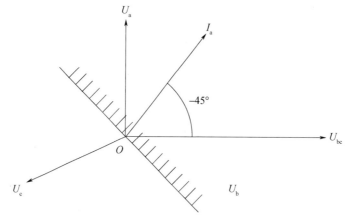

图 2-10　PST 1200 保护装置复压闭锁方向过流保护方向元件动作特性

② 若方向由控制字选择为反向，则动作区与正向相反。

③ 过流元件，电流取自本侧的 TA。动作判据为

$$I_a>I_{fgl};\qquad I_b>I_{fgl};\ I_c>I_{fgl}$$

式中，I_a、I_b、I_c 为三相电流；I_{fgl} 为过流定值。

本保护配置两段六时限，其中第一段为三时限，方向不可退出；第二段为三时限，方向可通过控制字投退；每一时限的跳闸逻辑可整定。

以高压侧为例，PST 1200 保护装置复合电压闭锁（方向）过流保护原理图如图 2-11 所示。

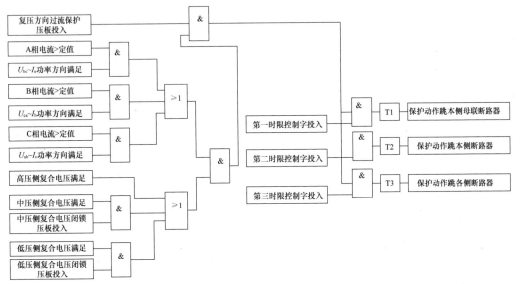

图 2-11　PST 1200 保护装置复合电压闭锁（方向）过流保护原理图（以高压侧为例）

2. RCS-978 微机保护中复合电压启动的方向过流保护

（1）复合电压启动的方向过流保护原理。RCS-978 微机保护中复合电压启动的方向过流保护，其原理与 PST 1200 系列变压器成套保护装置相同，这里不再赘述。

当本侧电压退出（本侧 TV 检修或旁路代路未切换 TV）以及装置发现 TV 断线时对复合电压元件如何处理请见实际调试的 RCS-978 微机保护系列变压器成套保护装置中的介绍。

（2）方向元件。

① 方向元件的构成。RCS-978 微机保护保护装置中方向元件用 0°接线方式，同名相的正序电压与相电流做相位比较。最大灵敏角有 45°和 225°两种。这两种最大灵敏角的方向元件实际上是一种方向元件的动作区是另一种方向元件的不动作区，用以保护不同方向的短路故障。以保护正方向短路的最大灵敏为 45°的方向元件为例，它的动作方程为

$$-135°<\arg \frac{\dot{I}_\Phi}{\dot{U}_{1\Phi}}<45°$$

该动作方程等效于

$$-90°<\arg \frac{\dot{I}_\Phi e^{j45°}}{\dot{U}_{1\Phi}}<90°$$

式中，Φ 为 A、B、C。

上式是用于实现的动作方程。当 $\dot{U}_{1\Phi}$ 超前于 $\dot{I}_\Phi$ 45°时，分子与分母同相，方向元件动作最灵敏。所以最大灵敏角为 45°。

PST 1200 微机保护保护装置中，方向元件采用 90°接线方式。

② 方向元件的指向。复合电压闭锁的方向过流保护中可以不带方向，但有些情况下为了满足选择性的要求或为了降低后备保护的动作时间，可让后备保护带方向。在 RCS-978 中规定，TA 的 "*" 端即正极性端都在母线侧。如果保护方向指向变压器，那么方向元件的最大灵敏角为 45°。此时在变压器内短路，本保护应能动作，可以作为变压器主保护的后备。如果保护方向指向系统（指向保护安装侧的母线方向），那么方向元件的最大灵敏角为 225°。此时变压器内短路，本保护不会动作，它可作为保护安装侧的系统方向的相邻元件的后备保护。如果不带方向，那么两个方向的短路保护都能动作。通常保护中有相应的控制字，可由用户选择要不要带方向，以及选择方向的指向。

当本侧电压退出（本侧 TV 检修或旁路代路未切换 TV）以及装置发现 TV 断线时对方向元件如何处理有一些投退控制字，这些控制字的使用含义在相应的保护装置中的说明书中。

图 2-12 为 RCS-978 保护装置复压闭锁方向、过流保护方向元件动作保护区。

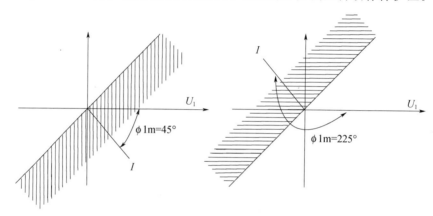

图 2-12　RCS-978 保护装置复压闭锁方向、过流保护方向元件动作保护区

电流元件的定值与低电压启动的过流保护中的电流定值一样按躲过变压器的额定电流整定。

需要注意的是方向过流是同名相的电流元件与方向元件组成 "与" 门构成，即要用 "按相启动" 方式构成。不能用三相电流元件构成 "或" 门，三相方向元件构成 "或" 门，然后联合构成 "与" 门。因为这样做的话有可能由故障相的电流元件与非故障相的方向元件构成 "与" 门，造成反方向短路时保护的误动。当然这种 "按相启动" 是由程序完成的。

2.1.2.6　接地短路的后备保护

接地短路的后备保护主要起两个作用：其一，作为 Y 侧的变压器外部接地短路时的后备保护。所以它是相邻元件（例如线路）保护的后备，这是一种远后备；其二，作为 Y 侧变压器内部绕组上和引线上接地短路时的后备保护。这是变压器主保护的后备，是一种近后备。

1. 中性点直接接地的变压器的接地保护

与 110kV 以及以上大接地电流系统连接的中性点直接接地的变压器装设两段式零序过流保护。其零序电流第 I 段的定值应与相邻线路的零序电流保护第 I 段或第 II 段或快速的主保护相配合，以较短延时跳开母联、分段或本侧断路器以较长延时跳开各侧断路器。零序电

流第 Ⅱ 段的定值应与相邻线路的零序电流保护的后备段相配合，以较短延时跳开母联、分段或本侧断路器以较长延时跳开各侧断路器。

零序过流保护可以使用变压器中性点接地回路中的 TA，也可由变压器的套管 TA 经自产 $3I_0$ 得到零序电流。

2. 中性点可能接地也可能不接地的变压器接地保护

在大接地电流系统中，为使母线上的零序阻抗的变化尽量少，变压器的中性点实现部分接地原则，即每条母线上并不是所有变压器的中性点都接地。部分变压器的中性点不接地，只是在必要时（例如当中性点接地的变压器因为检修等原因退出运行时）才将中性点接地。这样这些变压器的中性点有可能接地也有可能不接地运行。

如果该变压器是全绝缘变压器，这种变压器在中性点接地时要装设零序电流保护作为接地短路的后备保护。在中性点不接地单相接地短路运行状况时，中性点电压升高到相电压也并不会危及变压器的安全。所以这时可以增设零序过电压保护作为该情况下的接地短路的后备。

如果该变压器是分级绝缘变压器。变压器中性点的绝缘承受不了相电压。这种变压器在中性点接地时要装设零序电流保护作为接地短路的后备保护。在中性点不接地时为限制中性点可能出现的过电压，需装设放电间隙。当中性点电压升高到一定值时放电间隙放电使中性点经放电间隙接地。使中性点的电压不会危及它的绝缘安全。此时作为接地短路的后备保护，可采用间隙零序电流保护和零序过电压保护。该两元件或门输出经 $0.3 \sim 0.5s$ 延时跳变压器各侧断路器。

间隙零序电流的动作电流与变压器的零序阻抗、间隙放电时的电弧电阻等因素有关，很难准确计算，所以根据经验，一次动作电流可取为 100A。

无论是全绝缘变压器还是分级绝缘变压器，零序过电压保护的定值在高压侧 TV 的开口三角绕组每相额定电压为 100V 时（TV 的变比为 $U_N/(100/\sqrt{3})/100$），建议取为不小于 180V。

图 2-13 为间隙零序保护原理框图。

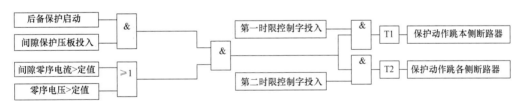

图 2-13 间隙零序保护原理框图

3. 零序方向继电器的原理

对于高、中压侧均直接接地的三绕组变压器，高、中压侧的接地短路后备保护中都要装零序方向继电器，构成零序方向过流保护。RCS-978 和 PST 1200 变压器保护中用的零序方向继电器规定零序电压由该侧 TV 的相电压用自产 $3\dot{U}_0$ 方法获取。RCS-978 和 PST 1200 变压器保护提供了使用变压器中性点处 TA 的可能。零序方向继电器的最大灵敏角有 255° 和 75° 两种。在定值单中提供了相应的控制字选择上述两种不同的零序方向指向。一般零序方向指向选择指向母线（系统）侧。

图 2-14 为 PST 1200 变压器保护装置零序方向元件动作示意图，图 2-15 为 RCS-978 零

序方向元件动作示意图，图 2-16 为零序方向过流保护原理图。

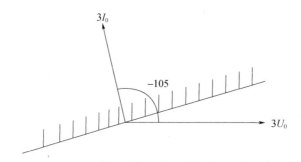

图 2-14　PST 1200 变压器保护装置零序方向元件动作示意图

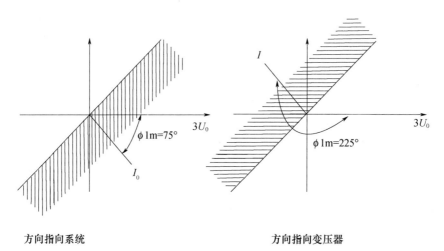

方向指向系统　　　　　　　　　　　　方向指向变压器

图 2-15　RCS-978 零序方向元件动作示意图

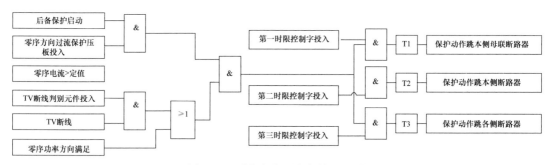

图 2-16　零序方向过流保护原理图

2.2　定值整定

2.2.1　PST 1200 定值及整定说明

PST 1200 系列数字式保护装置根据需要和功能都按照最大配置设计；以下所列各保护定值是最大配置定值。用户根据保护配置通过保护控制字（KG1、KG2）投退。每一套软件除第一定值区开放给用户外，还设有内部定值区，作用是编程每一种保护的跳闸逻辑。

1. 二次谐波闭锁原理的差动保护（SOFT-CD1）定值说明

二次谐波闭锁原理的差动保护（SOFT-CD1）定值清单见表 2-3，控制字定义表见表 2-4。

表 2-3 二次谐波闭锁原理的差动保护（SOFT-CD1）定值清单

序号	定值名称	代码	范围	单位
01	控制字	KG	0000～FFFF	无
02	差动动作电流	ICD	0.01～99.99	A
03	速断动作电流	ISD	0.01～99.99	A
04	二次谐波制动系数	XBB2	0.10～0.500	
05	高压侧额定电流	In	0.0～99.9	A
06	高压侧额定电压	HDY	0.0～999.9	kV
07	高压侧 TA 变比	HCT	0.0～9999	无
08	中压侧额定电压	MDY	0.0～999.9	kV
09	中压侧 TA 变比	MCT	0.0～9999	无
10	低压侧额定电压	LDY	0.0～99.99	kV
11	低压侧 TA 变比	LCT	0.0～9999	无
12	高压侧过负荷定值	HGF	0.0～99.99	A
13	中压侧过负荷定值	MGF	0.0～99.99	A
14	低压侧过负荷定值	LGF	0.0～99.99	A
15	启动通风定值	ITF	0.0～99.99	A
16	闭锁调压定值	ITY	0.0～99.99	A

表 2-4 控制字定义表

位号	代码	置 "0" 时的含义	置 "1" 时的含义
15～13		备用	备用
12	KG-IN	TA 额定电流 5A	TA 额定电流 1A
11	KG-YABC	Y/△-1 接线	Y/△-11 接线
10	KG-YL	低压绕组星形接线	低压绕组角形接线
09	KG-YM	中压绕组星形接线	中压绕组角形接线
08	KG-YH	高压绕组星形接线	高压绕组角形接线
07～06		备用	备用
05	KG-CTDX	TA 断线开放差动	TA 断线闭锁差动
04	KG-XB5	五次谐波制动退出	五次谐波制动投入
03		备用	备用
02	KB-CTYL	低压侧 TA 星形接线	低压侧 TA 角形接线
01	KB-CTYM	中压侧 TA 星形接线	中压侧 TA 角形接线
00	KB-CTYH	高压侧 TA 星形接线	高压侧 TA 角形接线

注：1. 本保护控制字占用 16 位，以 4 位十六进制数整定。第 00 位为低位。

2. 本保护与差动保护有关的定值都以高压侧电流为参考。

差动保护的所有与电流有关的定值不考虑变压器及 TA 回路的接线方式，全部按照 TA 为 Y 形接线整定；正常运行中，当变压器的挡位与定值清单的额定电压相同时，保护装置的测量差流应不大于 5％的负荷电流；若变压器的挡位在其他位置，保护装置的测量差流应不大于（5％＋挡位偏差）的负荷电流。

（1）I_n 高压侧额定电流。本定值为变压器满负荷时的高压侧电流值，不考虑 TA 的接线方式。

按下式计算变压器各侧一次额定电流：

$$I_{1n}=\frac{S_n}{\sqrt{3}U_{1n}}$$

式中，S_n 为变压器最大额定容量；U_{1n} 为变压器高压侧额定电压。

按下式计算变压器各侧二次额定电流：

$$I_n=\frac{I_{1n}}{CTH}$$

式中，I_n 为变压器侧二次额定电流；CTH 为变压器计算侧 TA 变比。

（2）I_{CD} 差动动作电流。本定值原则上为躲过变压器最大不平衡电流，以高压侧电流为参考：

$$I_{CD}=K_k\times（K_{ct}+K_b）\times I_n$$

式中，K_k 为可靠系数，取 2～3；K_{ct} 为 TA 误差系数（当变压器各侧 TA 等级一致时，建议 K_{ct} 取 0.1～0.2；当变压器各侧 TA 等级不一致时，建议 K_{ct} 取 0.2～0.3）；K_b 为变压器分接头调节系数（当变压器为有载调压变压器时，建议 K_b 取最大调压范围值；当变压器无有载调压时，建议 K_b 取 0.1）；I_n 为变压器高压侧额定电流；I_e 为变压器高压侧 TA 额定电流。

若 $I_{CD}<0.1\times I_e$，则 $I_{CD}=0.1\times I_e$。

在工程实用整定计算中，建议 I_{CD} 取（0.4～0.8）I_n。

（3）I_{SD} 速断动作电流。差动速断保护可以快速切除内部严重故障，防止由于电流互感器饱和引起的纵差保护延时动作。其整定值应按躲过变压器励磁涌流整定，一般可取：

$$I_{CD}=K\times I_n$$

式中，K 为倍数，视变压器容量和系统阻抗的大小取值。120MV·A 的变压器 K 值可取 3.0～6.0；120MV·A 及以上的变压器 K 值可取 2.0～5.0。

变压器容量越大或系统电抗越大，K 的取值越小。差动速断保护灵敏系数应按正常运行方式下保护安装处两相金属性短路计算，要求 $K_{sen}\geqslant1.2$。

（4）XB2 二次谐波制动系数。在利用二次谐波和三次谐波制动来防止励磁涌流误动的差动保护中，二次谐波制动系数表示差电流中的二次谐波分量与基波分量的比值。一般二次谐波制动系数可整定为 10％～20％，变压器容量越大，二次谐波制动系数的取值越小。

（5）HDY、MDY、LDY 三侧额定电压。其定值单位均为 kV，小数点后保留一位数字；三侧额定电压值应尽可能地选择变压器正常运行挡位的电压值。

（6）HCT、MCT、LCT 三侧 TA 变比。

① 若 TA 额定电流为 5A，如高压侧 TA 变比为 1200/5，则 HCT＝1200；

② 若 TA 额定电流为 1A，如高压侧 TA 变比为 1200/1，则 HCT＝1200；

③ 若变压器各侧 TA 的额定电流不一致，在控制字中选择 TA 额定电流时，以高压侧的 TA 额定电流为基准。

（7）HGF、MGF、LGF 三侧过负荷定值。根据变压器厂家要求整定，若 TA 为△形接线，定值应考虑接线系数。

（8）启动通风定值和闭锁调压定值。根据变压器厂家要求整定，若 TA 为△形接线，定值应考虑接线系数。

（9）平衡系数的计算。本保护根据三侧额定电压和三侧 TA 变比及变压器绕组接线方式自动调整电流平衡，本保护目前只支持 Y/△-11 的补偿方式，如有其他接线方式应在订货时特别声明。

高压侧绕组为 Y 形，高压侧平衡系数为 $\dfrac{1}{\sqrt{3}}$；

高压侧绕组为△形，高压侧平衡系数为 1；

中压侧绕组为 Y 形，中压侧平衡系数为 $\dfrac{MCT \times MDY}{HCT \times HDY \times \sqrt{3}}$；

中压侧绕组为△形，中压侧平衡系数为 $\dfrac{MCT \times MDY}{HCT \times HDY}$；

低压侧绕组为 Y 形，低压侧平衡系数为 $\dfrac{LCT \times LDY}{HCT \times HDY \times \sqrt{3}}$

低压侧绕组为△形，低压侧平衡系数为 $\dfrac{LCT \times LDY}{HCT \times HDY}$。

（10）比率差动保护灵敏度的校核。灵敏度系数应按最小运行方式下差动保护区内变压器引出线上两相金属性短路计算。根据计算最小短路电流 $I_{k.min}$ 和相应的制动电流 I_{res}，在动作特性曲线上查得对应的动作电流 I_{op}，则灵敏系数为 $K_{sen} = I_{k.min}/I_{op}$，要求 $K_{sen} \geqslant 1.5$。

2. 波形对称原理的差动保护（SOFT-CD2）定值说明

波形对称原理的差动保护（SOFT-CD2）定值清单见表 2-5，表 2-6 为控制字定义表。

表 2-5　波形对称原理的差动保护（SOFT-CD2）定值清单

序号	定值名称	代码	范围	单位
01	控制字	KG	0000～FFFF	无
02	差动动作电流	ICD	0.01～99.99	A
03	速断动作电流	ISD	0.01～99.99	A
04	高压侧额定电流	In	0.0～99.9	A
05	高压侧额定电压	HDY	0.0～999.9	kV
06	高压侧 TA 变比	HCT	0.0～9999	无
07	中压侧额定电压	MDY	0.0～999.9	kV
08	中压侧 TA 变比	MCT	0.0～9999	无
09	低压侧额定电压	LDY	0.0～999.9	kV
10	低压侧 TA 变比	LCT	0.0～9999	无
11	高压侧过负荷定值	HGF	0.0～99.99	A
12	中压侧过负荷定值	MGF	0.0～99.99	A
13	低压侧过负荷定值	LGF	0.0～99.99	A
14	启动通风定值	ITF	0.0～99.99	A
15	闭锁调压定值	ITY	0.0～99.99	A

表 2-6 控制字定义表

位号	代码	置"0"时的含义	置"1"时的含义
15～13		备用	备用
12	KG-IN	TA 额定电流 5A	TA 额定电流 1A
11	KG-YABC	Y/△-1 接线	Y/△-11 接线
10	KG-YL	低压绕组星形接线	低压绕组角形接线
09	KG-YM	中压绕组星形接线	中压绕组角形接线
08	KG-YH	高压绕组星形接线	高压绕组角形接线
07～06		备用	备用
05	KG-CTDX	TA 断线开放差动	TA 断线闭锁差动
04	KG-XB5	五次谐波制动退出	五次谐波制动投入
03		备用	备用
02	KB-CTYL	低压侧 TA 星形接线	低压侧 TA 角形接线
01	KB-CTYM	中压侧 TA 星形接线	中压侧 TA 角形接线
00	KB-CTYH	高压侧 TA 星形接线	高压侧 TA 角形接线

3. SOFT-HB3-220 后备保护定值说明

SOFT-HB3-220 保护适用于 330kV、220kV 电压等级变压器的高压侧后备保护。

SOFT-HB3-220 后备保护定值清单见表 2-7，控制字 1 定义表见表 2-8，控制字 2 定义表见表 2-9。

表 2-7 SOFT-HB3-220 后备保护定值清单

序号	定值名称	代码	范围	单位
01	控制字 1	KG1	0000～FFFF	无
02	控制字 2	KG2	0000～FFFF	无
03	复压低电压定值	UL	0.10～99.99	V
04	复压负序电压定值	UE	0.10～99.99	V
05	复压方向 I 段定值	FYFX1	0.10～99.99	A
06	复压方向 I 段 I 时限	TFFX1	0.10～20	s
07	复压方向 I 段 II 时限	TFFX2	0.10～20	s
08	复压方向 I 段 III 时限	TFFX3	0.10～20	s
09	复压方向 II 段定值	FYFX2	0.10～99.99	A
10	复压方向 II 段 I 时限	TFFX4	0.10～20	s
11	复压方向 II 段 II 时限	TFFX5	0.10～20	s
12	复压方向 II 段 III 时限	TFFX6	0.10～20	s
13	复压过流电流定值	FYGL	0.10～99.99	A
14	复压过流 I 时限	TFGL1	0.10～20	s
15	复压过流 II 时限	TFGL2	0.10～20	s
16	零序方向 I 段定值	LXFX1	0.10～99.99	A
17	零序方向 I 段 I 时限	TLFX1	0.10～20	s

序号	定值名称	代码	范围	单位
18	零序方向Ⅰ段Ⅱ时限	TLFX2	0.10～20	s
19	零序方向Ⅰ段Ⅲ时限	TLFX3	0.10～20	s
20	零序方向Ⅱ段定值	LXFX2	0.10～99.99	A
21	零序方向Ⅱ段Ⅰ时限	TLFX4	0.10～20	s
22	零序方向Ⅱ段Ⅱ时限	TLFX5	0.10～20	s
23	零序方向Ⅱ段Ⅲ时限	TLFX6	0.10～20	s
24	零序过流电流定值	LGL	0.10～99.99	A
25	零序过流Ⅰ时限	TLGL1	0.10～20	s
26	零序过流Ⅱ时限	TLGL2	0.10～20	s
27	间隙过流定值	JGL	0.10～99.99	A
28	间隙电压定值	JGY	0.10～999.9	V
29	间隙保护Ⅰ时限	TJX1	0.10～20	s
30	间隙保护Ⅱ时限	TJX2	0.10～20	s
31	中性点过流定值	INGL	0.10～99.99	A
32	中性点过流时间	TINGL	0.10～20	s
33	非全相零序电流定值	FQX1	0.10～99.99	A
34	非全相负序电流定值	FQX2	0.10～99.99	A
35	非全相保护延时定值	TFQX	0.10～20	s
36	本侧额定电流	IN	0.10～99.99	A

表 2-8　控制字 1 定义表

位号	代码	置"0"时的含义	置"1"时的含义
15	KG-FQX	非全相保护不投入	非全相保护投入
14	KG-FYGL2	复压过流Ⅱ时限不投入	复压过流Ⅱ时限投入
13	KG-FYGL1	复压过流Ⅰ时限不投入	复压过流Ⅰ时限投入
12～10			
09	KG-JXBH2	间隙保护Ⅱ时限不投入	间隙保护Ⅱ时限投入
08	KG-FYGF2	复压方向Ⅱ段方向指向变压器	复压方向Ⅱ段方向指向系统
07	KG-FFX6	复压方向过流Ⅱ段Ⅲ时限不投入	复压方向过流Ⅱ段Ⅲ时限投入
06	KG-FFX5	复压方向过流Ⅱ段Ⅱ时限不投入	复压方向过流Ⅱ段Ⅱ时限投入
05	KG-FFX4	复压方向过流Ⅱ段Ⅰ时限不投入	复压方向过流Ⅱ段Ⅰ时限投入
04	KG-F2FX	复压方向Ⅱ段方向不投入	复压方向Ⅱ段方向投入
03	KG-FFX3	复压方向过流Ⅰ段Ⅲ时限不投入	复压方向过流Ⅰ段Ⅲ时限投入
02	KG-FFX2	复压方向过流Ⅰ段Ⅱ时限不投入	复压方向过流Ⅰ段Ⅱ时限投入
01	KG-FFX1	复压方向过流Ⅰ段Ⅰ时限不投入	复压方向过流Ⅰ段Ⅰ时限投入
00	KG-FYGF1	复压方向Ⅰ段方向指向变压器	复压方向Ⅰ段方向指向系统

表 2-9　控制字 2 定义表

位号	代码	置"0"时的含义	置"1"时的含义
15	KG-UICHK	TV 断线自检退出	TV 断线自检投入
14	KG-IN	TA 额定电流为 5A	TA 额定电流为 1A
13	KG-LXGF2	零序方向 Ⅱ 段方向指向变压器	零序方向 Ⅱ 段方向指向系统
12	KG-LX2FX	零序方向过流 Ⅱ 段方向不投入	零序方向过流 Ⅱ 段方向投入
11	KG-FQXDL	非全相保护电流元件不投入	非全相保护电流元件投入
10	KG-INGL	中性点过流不投入	中性点过流投入
09	KG-LXGL2	零序过流 Ⅱ 时限不投入	零序过流 Ⅱ 时限投入
08	KG-LXGL1	零序过流 Ⅰ 时限不投入	零序过流 Ⅰ 时限投入
07	KG-LXGF	零序方向 Ⅱ 段方向指向变压器	零序方向 Ⅱ 段方向指向系统
06	KG-LXFXY6	零序方向过流 Ⅱ 段 Ⅲ 时限不投入	零序方向过流 Ⅱ 段 Ⅲ 时限投入
05	KG-LXFXT5	零序方向过流 Ⅱ 段 Ⅰ 时限不投入	零序方向过流 Ⅱ 段 Ⅰ 时限投入
04	KG-LXFXT4	零序方向过流 Ⅱ 段 Ⅰ 时限不投入	零序方向过流 Ⅱ 段 Ⅰ 时限投入
03	KG-JXBH1	间隙保护 Ⅰ 时限不投入	间隙保护 Ⅰ 时限投入
02	KG-LXFXT3	零序方向过流 Ⅰ 段 Ⅲ 时限不投入	零序方向过流 Ⅰ 段 Ⅲ 时限投入
01	KG-LXFXT2	零序方向过流 Ⅰ 段 Ⅱ 时限不投入	零序方向过流 Ⅰ 段 Ⅱ 时限投入
00	KG-LXFXT1	零序方向过流 Ⅰ 段 Ⅰ 时限不投入	零序方向过流 Ⅰ 段 Ⅰ 时限投入

KG2.10 中性点过流保护，只适用于自耦变压器。

KG2.03 和 KG1.09 间隙保护，只适用于非自耦变压器。

中性点过流保护和间隙保护只能投入其中之一。

2.2.2　RCS-978N2 定值及整定说明

（1）RCS-978N2 系统参数定值清单见表 2-10。

表 2-10　RCS-978N2 系统参数定值清单

序号	定值名称	定值范围	整定步长
1	变压器铭牌额定容量	0～999	1MV·A
2	TA 二次额定电流	1A 或 5A	
3	TV 二次额定电压	57.7V/相	
4	Ⅰ 侧 1 支路铭牌额定电压	0～655kV	0.01kV
5	Ⅰ 侧 2 支路铭牌额定电压	0～655kV	0.01kV
6	Ⅱ 侧铭牌额定电压	0～655kV	0.01kV
7	Ⅲ 侧铭牌额定电压	0～655kV	0.01kV
8	Ⅳ 侧铭牌额定电压	0～655kV	0.01kV
9	变压器接线方式	0～2	
以下是运行方式控制字整定，"1"表示投入，"0"表示退出			
10	主保护投入	0, 1	
11	Ⅰ 侧后备保护投入	0, 1	
12	Ⅱ 侧后备保护投入	0, 1	
13	Ⅲ 侧后备保护投入	0, 1	
14	Ⅳ 侧后备保护投入	0, 1	

变压器铭牌额定容量：取变压器各侧绕组中的最大铭牌额定容量，最大为 999MV·A。

"TA 二次额定电流"指的是用于差动的各侧 TA 二次额定电流，即用于差动的各侧 TA 二次额定电流必须一致。若差动各侧 TA 二次额定电流不一致，在订货时需预先申明。

本项菜单中的控制字可以控制变压器主保护和各侧后备保护的总投退，以方便使用。

各侧铭牌额定电压的整定原则：取变压器铭牌参数中的变压器各侧额定电压值。对于有载调压的变压器，取分接头在中间挡位置时的电压；其他情况以实际运行电压（线电压）为准，否则平衡系数会有误差。如对于 220kV 侧，有载调压的变压器，分接头在中间挡位置时的电压为 230 kV，Ⅰ侧铭牌额定电压应为 230kV。

第Ⅰ、Ⅱ侧后备适用于 220kV/110kV 侧，第Ⅲ、Ⅳ侧后备适用于 35kV 侧。若只有 220kV、110kV、35kV 三侧，则取前三侧；若只有 220kV、35kV 两侧，则取Ⅰ侧和Ⅲ侧；若哪一侧不用，则将该侧铭牌额定电压整定为 0。

装置中的变压器接线方式控制字的含义见表 2-11，顺序为Ⅰ～Ⅳ。

表 2-11　变压器接线方式控制字的含义

序号	接线方式	接线方式代码
0	$Y_{12}/Y_{12}/Y_{12}/Y_{12}/Y_{12}$	0
1	$Y_{12}/Y_{12}/Y_{12}/\triangle_{11}/\triangle_{11}$	1
2	$Y_{12}/Y_{12}/Y_{12}/\triangle_{1}/\triangle_{1}$	2

注：1. 装置中的变压器接线方式控制字的含义与装置的变压器差动回路实际接入的支路有关。

2. 若哪一侧的后备保护不用，则只需要将系统参数定值清单中的该侧后备保护投入控制字整定为"0"，这样该侧的后备保护定值单中的内容可以不整定。例如，Ⅳ侧后备保护不用，则将"Ⅳ侧后备保护投入"控制字整定为"0"，这样Ⅳ侧后备保护定值清单中的内容可以不整定，以方便用户。

（2）主保护定值清单见表 2-12。

表 2-12　主保护定值清单

序号	定值名称	定值范围	整定步长
1	Ⅰ侧 1 支路 TA1 原边	0～65535A	1A
2	Ⅰ侧 2 支路 TA2 原边	0～65535A	1A
3	Ⅱ侧 TA3 原边	0～65535A	1A
4	Ⅲ侧 TA4 原边	0～65535A	1A
5	Ⅳ侧 TA5 原边	0～65535A	1A
6	差动启动电流	$0.1～1.5I_e$	$0.01I_e$
7	比率差动制动系数	0.2～0.75	0.01
8	二次谐波制动系数	0.05～0.35	0.01
9	差动速断电流	$2～14I_e$	$0.01I_e$
10	TA 报警差流定值	$0.1～1.5I_e$	$0.01I_e$
11	TA 断线闭锁差动控制字	0～2	
12	涌流闭锁方式控制字	0/1	
13	主保护跳闸控制字	0000～FFFFH	

序号	定值名称	定值范围	整定步长
以下是运行方式控制字整定，"1"表示投入，"0"表示退出			
14	差动速断投入	0，1	
15	比率差动投入	0，1	
16	工频变化量差动保护投入	0，1	
17	Ⅰ侧为桥接线方式	0，1	

"Ⅰ侧1/2支路 TA1 原边"为差动保护所用 TA 的一次额定电流。

装置中的"TA 断线闭锁差动控制字"的含义如下：

TA 断线或短路不闭锁差动保护；

TA 断线或短路且差流小于 $1.2I_e$ 时闭锁差动保护，大于 $1.2I_e$ 时不闭锁差动保护；

TA 断线或短路始终闭锁差动保护。

装置中提供两种差动保护涌流闭锁原理，可通过"涌流闭锁方式控制字"来选择；当"涌流闭锁方式控制字"为"0"时，采用谐波闭锁原理；当"涌流闭锁方式控制字"为"1"时，采用波形判别闭锁原理。

在输入变压器主保护整定值后，若装置计算的各侧中最大的 I_e 与差动回路 TA 二次额定电流值的比值小于 0.4，则认为变压器参数整定不合理，装置报整定值出错。

"差动启动电流""TA 报警差流定值""差动速断电流"的整定计算是以变压器的二次额定电流为基准的。若在实际的整定计算中是归算到变压器某一侧的电流有名值，则将这一有名值除以变压器这一侧的变压器二次额定电流，即为保护装置的整定值（标幺值）。

"TA 报警差流定值"即差流报警定值，应避开有载调压变压器分接头不在中间时产生的最大差流，或其他原因运行时可能产生的最大差流。

"主保护跳闸控制字"的定义和解释与后备保护的跳闸控制字的定义和解释一样，请参见后备保护。

注：①建议在整定计算中将"工频变化量差动保护投入"控制字整定为"1"，即工频变化量差动保护投入。②Ⅰ侧后备保护所用电流固定用Ⅰ侧两个支路电流的矢量和，若"Ⅰ侧为桥接线方式"控制字整定为"1"，则Ⅰ侧两个支路的 TA 变比应该一致，否则装置会报整定值出错（这种方式适用于Ⅰ侧为桥接线的方式）。

（3）Ⅰ侧后备保护定值清单见表 2-13。

表 2-13　Ⅰ侧后备保护定值清单

序号	定值名称	定值范围	整定步长
1	复压闭锁负序相电压	2～100V	0.01V
2	复压闭锁相间低电压	2～100V	0.01V
3	过流Ⅰ段定值	$0.05\sim30I_n$	0.01A
4	过流Ⅰ段时限	0～20s	0.01s
5	过流Ⅰ段控制字	0000～FFFFH	
6	过流Ⅱ段定值	$0.05\sim30I_n$	0.01A
7	过流Ⅱ段时限	0～20s	0.01s
8	过流Ⅱ段控制字	0000～FFFFH	

续表

序号	定值名称	定值范围	整定步长
9	零序Ⅰ段定值	$0.05\sim30I_n$	0.01A
10	零序Ⅰ段时限	$0\sim20s$	0.01s
11	零序Ⅰ段控制字	0000～FFFFH	
12	零序Ⅱ段定值	$0.05\sim30I_n$	0.01A
13	零序Ⅱ段时限	$0\sim20s$	0.01s
14	零序Ⅱ段控制字	0000～FFFFH	
15	零序过压定值	$10\sim220V$	0.01V
16	零序过压第一时限	$0\sim10s$	0.01s
17	零序过压第一时限控制字	0000～FFFFH	
18	零序过压第二时限	$0\sim10s$	0.01s
19	零序过压第二时限控制字	0000～FFFFH	
20	间隙零流定值	$0.05\sim30I_n$	0.01A
21	间隙零流第一时限	$0\sim20s$	0.01s
22	间隙零流第一时限控制字	0000～FFFFH	
23	间隙零流第二时限	$0\sim20s$	0.01s
24	间隙零流第二时限控制字	0000～FFFFH	
25	过负荷电流定值	$0.05\sim30I_n$	0.01A
26	过负荷延时	$0\sim20s$	0.01s
27	启动风冷电流Ⅰ段定值	$0.05\sim30I_n$	0.01A
28	启动风冷Ⅰ段延时	$0\sim20s$	0.01s
29	启动风冷电流Ⅱ段定值	$0.05\sim30I_n$	0.01A
30	启动风冷Ⅱ段延时	$0\sim20s$	0.01s
31	闭锁调压电流定值	$0.05\sim30I_n$	0.01A
32	闭锁调压延时	$0\sim20s$	0.01s
以下是运行方式控制字整定，"1"表示投入，"0"表示退出			
33	过流Ⅰ段经复压闭锁	0，1	
34	过流Ⅱ段经复压闭锁	0，1	
35	过流Ⅰ段经方向闭锁	0，1	
36	过流Ⅰ段的方向指向	0，1	
37	零序过流Ⅰ段经方向闭锁	0，1	
38	零序过流Ⅰ段的方向指向	0，1	
39	间隙保护方式	0，1	
40	过负荷投入	0，1	
41	启动风冷Ⅰ段投入	0，1	
42	启动风冷Ⅱ段投入	0，1	
43	过载闭锁调压投入	0，1	
44	TV断线保护投退原则	0，1	

自产零序电流整定值和显示的自产零序电流电压值皆为 $3I_0$ 和 $3U_0$。负序电压整定值和显示的负序电压值为 U_2。

保护各元件控制字的定义见表 2-14，其他侧的跳闸控制字相同。

表 2-14 保护各元件控制字的定义

位	15	14	13	12	11	10	9	8	7	6	5	4	3	2	1	0
功能	未定义	未定义	未定义	跳闸备用5	跳闸备用4	跳闸备用3	跳闸备用2	跳闸备用1	跳Ⅲ侧分段	跳Ⅱ侧母联	跳Ⅰ侧母联	跳Ⅳ侧开关	跳Ⅲ侧开关	跳Ⅱ侧开关	跳Ⅰ侧开关	本保护投入

整定方法：在保护元件投入位和其所跳开关位填"1"，其他位填"0"，则可得到该元件的跳闸方式。

例如：若Ⅰ侧后备保护过流Ⅰ段第一时限整定为跳Ⅰ侧母联开关，则在其控制字的第0位和第5位填"1"，其他位填"0"，这样得到该元件的一个十六进制跳闸控制字为0021H。

注：①用户在使用"跳闸控制字"时一定要结合具体工程图纸中的跳闸输出定义。"跳闸备用X"可作为跳闸出口备用，若某一跳闸出口接点不够用，可将"跳闸备用X"定义为其跳闸出口。②零序后备保护采用自产零序电流进行大小和方向判别。复压各并联启动。

（4）Ⅱ侧后备保护定值清单见表 2-15。

表 2-15 Ⅱ侧后备保护定值清单

序号	定值名称	定值范围	整定步长
1	复压闭锁负序相电压	$2\sim100V$	$0.01V$
2	复压闭锁相间低电压	$2\sim100V$	$0.01V$
3	过流Ⅰ段定值	$0.05\sim30I_n$	$0.01A$
4	过流Ⅰ段第一时限	$0\sim20s$	$0.01s$
5	过流Ⅰ段第一时限控制字	$0000\sim FFFFH$	
6	过流Ⅰ段第二时限	$0\sim20s$	$0.01s$
7	过流Ⅰ段第二时限控制字	$0000\sim FFFFH$	
8	过流Ⅰ段第三时限	$0\sim20s$	$0.01s$
9	过流Ⅰ段第三时限控制字	$0000\sim FFFFH$	
10	阻抗Ⅰ段定值	$0\sim100\Omega$	0.01Ω
11	阻抗Ⅰ段第一时限	$0\sim20s$	$0.01s$
12	阻抗Ⅰ段第一时限控制字	$0000\sim FFFFH$	
13	阻抗Ⅰ段第二时限	$0\sim20s$	$0.01s$
14	阻抗Ⅰ段第二时限控制字	$0000\sim FFFFH$	
15	阻抗Ⅰ段第三时限	$0\sim20s$	$0.01s$
16	阻抗Ⅰ段第三时限控制字	$0000\sim FFFFH$	
17	零序Ⅰ段定值	$0.05\sim30I_n$	$0.01A$
18	零序Ⅰ段第一时限	$0\sim20s$	$0.01s$
19	零序Ⅰ段第一时限控制字	$0000\sim FFFFH$	
20	零序Ⅰ段第二时限	$0\sim20s$	$0.01s$
21	零序Ⅰ段第二时限控制字	$0000\sim FFFFH$	

续表

序号	定值名称	定值范围	整定步长
22	零序Ⅰ段第三时限	0~20s	0.01s
23	零序Ⅰ段第三时限控制字	0000~FFFFH	
24	零序Ⅱ段定值	0.05~$30I_n$	0.01A
25	零序Ⅱ段第一时限	0~20s	0.01s
26	零序Ⅱ段第一时限控制字	0000~FFFFH	
27	零序Ⅱ段第二时限	0~20s	0.01s
28	零序Ⅱ段第二时限控制字	0000~FFFFH	
29	零序Ⅱ段第三时限	0~20s	0.01s
30	零序Ⅱ段第三时限控制字	0000~FFFFH	
31	零序Ⅲ段定值	0.05~$30I_n$	0.01A
32	零序Ⅲ段时限	0~20s	0.01s
33	零序Ⅲ段控制字	0000~FFFFH	
34	零序过压定值	10~220V	0.01V
35	零序过压第一时限	0~10s	0.01s
36	零序过压第一时限控制字	0000~FFFFH	
37	零序过压第二时限	0~10s	0.01s
38	零序过压第二时限控制字	0000~FFFFH	
39	间隙零流定值	0.05~$30I_n$	0.01A
40	间隙零流第一时限	0~20s	0.01s
41	间隙零流第一时限控制字	0000~FFFFH	
42	间隙零流第二时限	0~20s	0.01s
43	间隙零流第二时限控制字	0000~FFFFH	
44	过负荷电流定值	0.05~$30I_n$	0.01A
45	过负荷延时	0~20s	0.01s
以下是运行方式控制字整定，"1"表示投入，"0"表示退出			
46	过流Ⅰ段经复压闭锁	0，1	
47	阻抗指向	0，1	
48	零序过流Ⅰ段经方向闭锁	0，1	
49	零序过流Ⅱ段经方向闭锁	0，1	
50	零序过流的方向指向	0，1	
51	间隙保护方式	0，1	
52	过负荷投入	0，1	
53	TV断线保护投退原则		
54	阻抗保护经振荡闭锁投入	0，1	

注：1. 零序Ⅰ段和Ⅱ段保护采用自产零序电流进行大小和方向判别。零序Ⅲ段固定用外接零序电流，
复压各侧并联启动。

2. 阻抗保护动作特性为方向阻抗圆，其动作特性包括过零点。

（5）Ⅲ侧后备保护和Ⅳ侧后备保护配置相同，Ⅳ侧后备保护定值清单与Ⅲ侧后备保护定值清单相同。

Ⅳ侧后备保护定值清单见表2-16。

表2-16　Ⅳ侧后备保护定值清单

序号	定值名称	定值范围	整定步长
1	复压闭锁负序相电压	2～100V	0.01V
2	复压闭锁相间低电压	2～100V	0.01V
3	过流Ⅰ段定值	$0.05～30I_n$	0.01A
4	过流Ⅰ段第一时限	0～20s	0.01s
5	过流Ⅰ段第一时限控制字	0000～FFFFH	
6	过流Ⅰ段第二时限	0～20s	0.01s
7	过流Ⅰ段第二时限控制字	0000～FFFFH	
8	过流Ⅰ段第三时限	0～20s	0.01s
9	过流Ⅰ段第三时限控制字	0000～FFFFH	
10	过流Ⅱ段定值	$0.05～30I_n$	0.01A
11	过流Ⅱ段第一时限	0～20s	0.01s
12	过流Ⅱ段第一时限控制字	0000～FFFFH	
13	过流Ⅱ段第二时限	0～20s	0.01s
14	过流Ⅱ段第二时限控制字	0000～FFFFH	
15	过流Ⅱ段第三时限	0～20s	0.01s
16	过流Ⅱ段第三时限控制字	0000～FFFFH	
17	过负荷电流定值	$0.05～30I_n$	0.01A
18	过负荷延时	0～20s	0.01s
19	零序电压报警定值	2～150V	0.01V
20	零序电压报警延时	0～20s	0.01s
以下是运行方式控制字整定，"1"表示投入，"0"表示退出			
21	过流Ⅰ段经复压闭锁	0，1	
22	过流Ⅱ段经复压闭锁	0，1	
23	过负荷投入	0，1	
24	零序电压报警投入	0，1	

注：复压各侧并联启动。TV退出之后，本侧复压元件满足条件，不启动其他侧的复压元件。TV异常之后，本侧复压元件满足条件，不启动其他侧复压元件。

2.3　使 用 说 明

2.3.1　PST 1200 命令菜单使用说明

在正常显示画面下按回车键进入；在事件显示画面下按"Q"键进入；在其他操作画面下按"Q"键并按照提示退回到主菜单。

进入菜单后，操作人员可以用"∧"键、"∨"键、"＜"键或"＞"键选择命令控件，选择需要操作的命令控件后按"↵"键确认并执行此命令。

用"＋"键或"－"键对选择项目进行修改。密码为"99"。

表 2-17 为 PST 1202A/B 变压器保护装置的菜单结构。

表 2-17　PST 1202A/B 变压器保护装置的菜单结构

一级菜单	二级菜单	三级菜单
主菜单	定值	显示和打印
		复制定值区
		整定定值
		删除定值
	事件	总报告
		分报告
		定值修改记录
	采样信息	显示有效值
		打印采样值
	设置	通信设置
		MMI 设置
		其他功能
		时间设置
		液晶调节
	测试功能	开出传动
		开入测试
		交流测试
		其他测试
	其他	版本信息
		初始化
		语言选择
		出厂设置

2.3.2　RCS-978 装置使用说明

1. 键盘说明

"▲""▼""◀""▶"为方向键；

"＋""－"为修改键；

"确认""取消""区号"为命令键。

2. RCS-978 装置液晶显示说明

（1）正常运行时保护液晶显示说明。装置正常运行时，RCS-978E 液晶屏幕将显示如图 2-17 所示信息。

图 2-17 中，上面部分的左侧显示为程序版本号，中间为 CPU 实时时钟，右侧显示为装置当前运行的保护定值区号。通过显示控制菜单中的"显示变压器类型（二圈/三圈/自

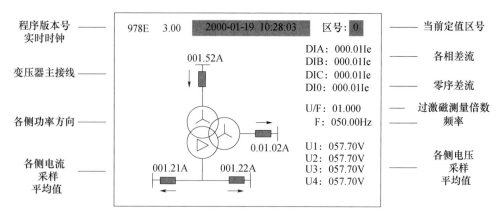

图 2-17　正常运行时的液晶屏幕

耦）：""显示低压侧分支（双/单左/单右）：""高压侧显示接线方式（Y/△）：""中压侧显示接线方式（Y/△）："和"低压侧显示接线方式（Y/△）："五个定值参数可控制装置正常运行状态时，液晶屏幕所显示的信息内容。具体的整定控制说明请参见显示控制菜单说明。

（2）动作时保护液晶显示说明。当保护动作时，液晶屏幕自动显示最新一次保护动作报告，再根据当前是否有异常记录报告，液晶屏幕将可能显示两种界面，如图 2-18 和图 2-19所示。

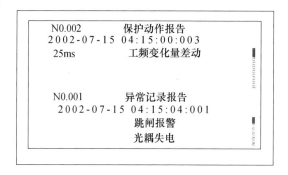

图 2-18　保护动作报告和异常记录报告同时显示

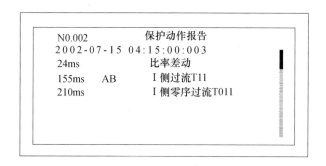

图 2-19　只显示保护动作报告

图 2-18 中，上半部分为保护动作报告，下半部分为异常记录报告。对于上半部分，第一行的左侧显示为保护动作报告的记录号，第一行的中间为报告名称；第二行为保护动作报告的时间（格式为"年-月-日　时：分：秒：毫秒"）；3～5 行为动作元件，动作元件前还会

有动作的相对时间，有的动作元件前还有动作相别；同时如果动作元件的总行数大于3，其右侧会显示出滚动条，滚动条黑色部分的高度基本指示动作元件的总行数，而其位置则表明当前正在显示行在总行中的位置；动作元件和右侧的滚动条将以每次一行速度向上滚动，当滚动到最后三行的时候，则重新从最早的动作元件开始滚动。下半部分的格式可参考上半部分的说明。

图 2-19 中的内容可参考上面对保护动作报告的说明。

（3）异常状态时保护液晶显示说明。液晶屏幕在硬件自检出错或系统运行异常时将自动显示最新一次异常记录报告，格式同上。

（4）保护投退压板变位时保护液晶显示说明。液晶屏幕在任一保护投退压板发生变位时将自动显示最新一次开入变位报告，液晶屏幕在显示大约 5s 自动恢复。开入变位报告格式如图 2-20 所示。

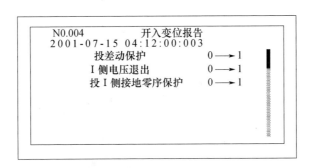

图 2-20　开入变位报告格式

按屏上复归按钮（持续 1s）可切换显示保护动作报告、异常记录报告和变压器主接线图。除了以上几种自动切换显示方式外，装置还提供了若干命令菜单，供继电保护工程师调试保护和修改定值时使用。

3. RCS-978E 命令菜单目录结构（图 2-21）

4. 装置运行说明

（1）装置正常运行状态。信号灯说明如下：

"运行"灯为绿色，装置正常运行时点亮，熄灭表明装置不处于工作状态。

"报警"灯为黄色，装置有报警信号时点亮。

"跳闸"灯为红色，当保护动作并出口时点亮。

注：当"报警"由于 TA 断线造成点亮时，必须待外部恢复正常，复位装置后才会熄灭，由于其他异常情况点亮时，待异常情况消失后会自动熄灭。

"跳闸"信号灯只在按下"信号复归"或远方信号复归后才熄灭。

（2）运行工况及说明。

① 保护出口的投、退可以通过跳、合闸出口压板实现。

② 保护功能可以通过屏上压板或内部压板、控制字单独投退。

③ 装置始终对硬件回路和运行状态进行自检，自检出错信息见打印及显示信息说明，当出现严重故障（带"＊"）时，装置闭锁所有保护功能，并灭"运行"灯，否则只退出部分保护功能，发告警信号。

（3）装置闭锁与报警。

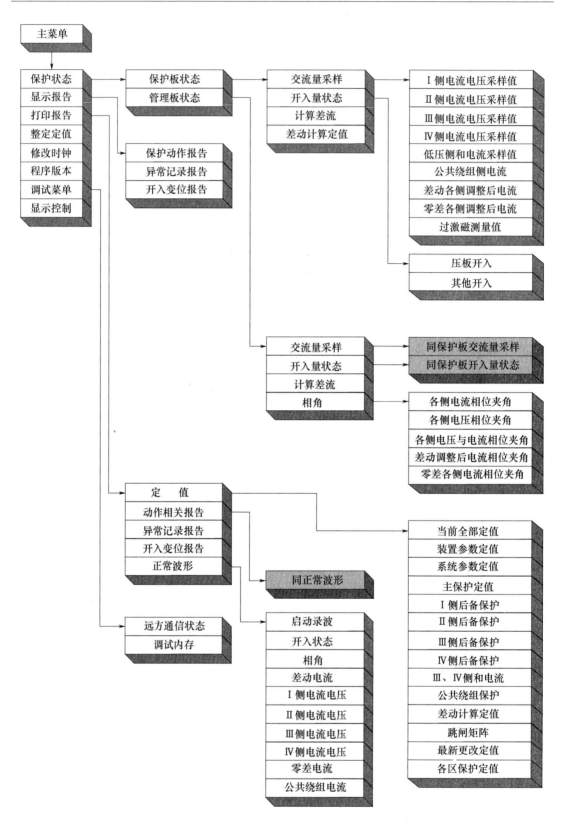

图 2-21 RCS-978E 命令菜单目录结构

① 当 CPU 检测到装置本身硬件故障时，发装置闭锁信号，闭锁整套保护。硬件故障包括：RAM 异常、程序存储器出错、EEPROM 出错、定值无效、光电隔离失电报警、DSP 出错和跳闸出口异常等。此时装置不能够继续工作。

② 当 CPU 检测到装置长期启动、不对应启动、传动试验报警、装置内部通信出错、面板通信出错、TA 断线或异常、TV 异常时，发出装置报警信号。此时装置还可以继续工作。

5. 装置异常信息

装置异常信息见表 2-18。

表 2-18　装置异常信息

序号	信息	含义	处理建议	备注
1	保护板内存出错	RAM 芯片损坏	通知厂家处理	*
2	保护板程序区出错	FLASH 内容被破坏	通知厂家处理	*
3	保护板定值区出错	定值区内容被破坏	通知厂家处理	*
4	该区定值无效	二次额定电流更改后保护定值未重新整定	将保护定值重新整定	*
5	光耦失电	24V 或 220V 光耦正电源丢失	检查开入板的隔离电源是否接好	*
6	跳闸出口报警	出口三极管损坏	通知厂家处理	*
7	内部通信出错	CPU 与 MONI 板无法通信	检查 CPU 与 MONI 连线，检查 MONI 板是否在升级程序。确认无问题后仍无法恢复，应通知厂家处理	#
8	保护板 DSP 出错	CPU 板上 DSP 损坏	通知厂家处理	*
9	管理板内存出错	同 CPU 板	同 CPU 板	*
10	管理板程序区出错	同 CPU 板	同 CPU 板	*
11	管理板定值区出错	同 CPU 板	同 CPU 板	*
12	管理板 DSP 出错	同 CPU 板	同 CPU 板	*
13	面板通信出错	人机面板与 CPU 板无法通信	检查人机面板与 CPU 连线，检查 CPU 板是否在升级程序。确认无问题后仍无法恢复，通知厂家处理	#
14	不对应启动报警	CPU 板动作元件与 MONI 板启动元件不对应	通知厂家处理	#
15	保护板长期启动	CPU 板启动元件启动时间超过 10s	检查二次回路接线、定值	#
16	管理板长期启动	MONI 板启动元件启动时间超过 10s	检查二次回路接线、定值	#
17	保护板传动试验报警	保护板处于传动试验状态	检查定值	#
18	管理板传动试验报警	管理板处于传动试验状态	检查定值	#
19	公共绕组 TA 异常	此 TA、TA 回路异常或采样回路异常	检查采样值、二次回路接线，确定是二次回路原因还是硬件原因	#

续表

序号	信息	含义	处理建议	备注
20	Ⅳ侧 TA 异常	此 TA、TA 回路异常或采样回路异常	检查采样值、二次回路接线，确定是二次回路原因还是硬件原因	♯
21	Ⅲ侧 TA 异常	此 TA、TA 回路异常或采样回路异常	检查采样值、二次回路接线，确定是二次回路原因还是硬件原因	♯
22	Ⅱ侧 TA 异常	此 TA、TA 回路异常或采样回路异常	检查采样值、二次回路接线，确定是二次回路原因还是硬件原因	♯
23	Ⅰ侧 TA 异常	此 TA、TA 回路异常或采样回路异常	检查采样值、二次回路接线，确定是二次回路原因还是硬件原因	♯
24	Ⅰ侧 TV 异常	此 TA、TA 回路异常或采样回路异常	检查采样值、二次回路接线，确定是二次回路原因还是硬件原因	♯
25	Ⅱ侧 TV 异常	此 TA、TA 回路异常或采样回路异常	检查采样值、二次回路接线，确定是二次回路原因还是硬件原因	♯
26	Ⅲ侧 TV 异常	此 TA、TA 回路异常或采样回路异常	检查采样值、二次回路接线，确定是二次回路原因还是硬件原因	♯
27	Ⅳ侧 TV 异常	此 TA、TA 回路异常或采样回路异常	检查采样值、二次回路接线，确定是二次回路原因还是硬件原因	♯
28	零序差动保护差流异常	此回路异常	检查二次回路接线	♯
29	差动保护差流异常	此回路异常	检查二次回路接线，定值	♯
30	公共绕组 TA 断线	此回路 TA 断线、短路	检查二次回路接线，恢复正常后复位装置	♯
31	Ⅳ侧 TA 断线	此回路 TA 断线、短路	检查二次回路接线，恢复正常后复位装置	♯
32	Ⅲ侧 TA 断线	此回路 TA 断线、短路	检查二次回路接线，恢复正常后复位装置	♯
33	Ⅱ侧 TA 断线	此回路 TA 断线、短路	检查二次回路接线，恢复正常后复位装置	♯
34	Ⅰ侧 TA 断线	此回路 TA 断线、短路	检查二次回路接线，恢复正常后复位装置	♯
35	TA 断线	差动回路、零差回路 TA 断线、短路，但装置无法判断具体位置	检查二次回路接线，恢复正常后复位装置	♯

注：备注栏内标有"＊"的闭锁保护，"♯"的只发告警信号。T1 表示过流Ⅰ段，T11 表示过流Ⅰ段 1 时限，T011 表示零序过流Ⅰ段 1 时限，T0j1 表示间隙保护Ⅰ段，其他类推。

6. 保护装置出现闭锁、异常或动作（跳闸）后的处理建议

（1）在出现装置闭锁现象或装置报警现象时，请及时查明情况（可打印当时装置的自检报告、开入变位报告并结合保护装置的面板显示信息），进行事故分析，并可及时通告厂家处理，不要轻易按保护大屏上的复归按钮。

（2）在装置动作（跳闸）后，请及时查明情况（可打印当时装置的故障报告、保护装置的定值、自检报告、开入变位报告并结合保护装置的面板显示信息），进行事故分析，并可及时通告厂家处理。

2.4　调　　　试

2.4.1　安全措施

（1）工作时，保护人员应对照工作票核对停用设备的双重编号正确，对同屏布置多个分路设备的情况，还应核对停运设备的安装位置、对应端子排位置正确（不能仅凭端子排标识判断，还应通过卡测回路电流、核查装置与端子排连线等方法进行判断），严防误动运行设备。

（2）工作时，保护人员应使用保护压板防护罩对被检修保护屏柜上可能引起运行开关跳闸压板的出口侧进行有效隔离，对保护检修过程中严禁退出的压板，还应采用保护压板防护罩对其进行整体隔离，防止误操作。

（3）对于工作的保护屏上可能联跳运行的开关及带电的端子排，应采用端子排防护栅进行可靠隔离。

（4）按检修工作需要断开被检修设备录波回路公共端及被检修设备远动遥信回路的公共端和信号电源刀闸（常规 RTU 变电站）；综合自动化变电站可投入被检修保护装置的"检修状态"投入压板或采取断开测控电源、断开网线等措施。

（5）对检修作业中拆除的线缆芯，应做好记录并采用二次线缆芯防护端头进行可靠防护，防止误碰。

（6）对被检修装置的交流二次电压回路进行通电试验前，应可靠断开至电压互感器二次侧的回路，包括断开二次电压保险，断开至本装置的交流二次电压中性线，断开线路抽取电压及切换前零序电压回路，防止 PT 反充电。

（7）工作中取下的二次保险按照保险容量对应存放于保险临时存放盒内，便于工作中正确、便捷地取用和装设。

（8）现场工作时，所有二次现场安全措施实施完毕，应验明被检修设备相关回路确不带电，装置内交流回路的中性线或接地点与运行回路可靠隔离。

（9）所有技术措施应在开工时一次性执行完毕。执行措施、恢复措施，应由工作负责人监护，现场临时安全员执行；执行措施或恢复措施（包括临时措施）都应在继电保护安全控制卡上做好记录。工作结束前，应将保护设备及相关措施恢复到开工前状态。

（10）执行安全措施时应按如下顺序进行：

① 断开可能引起运行开关、运行保护设备不正确动作的开入、开出回路；

② 断开电流回路；

③ 断开电压回路；

④ 断开信号回路；

⑤ 断开录波、远动回路（含至故障信息子站的相关通信回路）；

⑥ 回路整体带电情况测试及电流、电压回路中性线回路隔离情况检查。

2.4.2 变压器保护检验的技术措施

（1）检查被检修的保护装置全部跳闸出口压板、启动失灵压板、闭锁开出等压板是否在断开位置，并记录压板初始状态。

（2）采用保护压板防护罩对主变保护联跳母联、旁路、分段及并网线压板的出口侧进行可靠隔离。

（3）在主变保护端子排上对应跳母联、旁路、分段及跳并网线的跳闸端子上采用端子排防护栅进行绝缘隔离。

（4）对于主变保护无闭锁开出压板的情况（如主变保护动作闭锁备自投、主变过负荷闭锁调压压板），应断开主变保护的对应闭锁回路。

（5）断开主变保护所用母线电压二次回路，注意具备旁路转带回路的变压器还应断开旁路至主变保护的电压回路；断开至本保护装置的交流二次电压中性线及切换前零序电压回路。

（6）根据检修工作需求，断开本保护所用电流回路的连接片。在保护全项目检验回路绝缘测试时还应拆下对应电流回路的接地点，涉及母线保护等运行设备的应在相应屏柜处断开对应间隔电流回路连接片。

（7）断开录波回路公共端。

（8）断开信号电源回路。

（9）保护检验现场工作结束前，工作负责人应会同工作人员检查检验记录，确认无漏试项目，试验数据完整，检验结论正确后，方可拆除试验接线。工作结束，全部设备和回路应恢复到工作开始前状态。

2.4.3 装置调试

2.4.3.1 RCS-978N2 变压器保护装置调试

1. 保护屏及二次回路清扫检查

在实际现场工作中继电保护二次回路检验的各个项目是保护检验流程中必不可少的环节。二次回路检查项目部分包含二次设备外观检查、交流回路检查、直流回路检查、继电器、操作箱、切换箱及辅助设备的检验、送电前检查及送电后相量检查等实训项目。

2. 绝缘检查

装置的绝缘检查与外回路一同完成，检查记录见表 2-19。

表 2-19 绝缘检查记录表

序号	内容	结果（MΩ）
1	交流电压回路对地的绝缘	
2	交流电流回路对地的绝缘	
3	直流跳、合闸回路触点之间及对地的绝缘	
4	保护直流电源回路对地的绝缘	

续表

序号	内容	结果（MΩ）
5	信号电源回路对地的绝缘	
6	强电开关量输入回路对地的绝缘	
7	录波接点对地的绝缘	

3. 逆变电源检查

（1）逆变电源输出检查：测量装置开关量输入用弱电电压。逆变电源输出检查记录见表 2-20。

表 2-20　逆变电源输出检查记录

标准电压（V）	允许范围（V）	实测值
+24	22～26	

（2）逆变电源自启动检查：合上装置逆变电源插件上的电源开关，试验直流电源由零缓慢上升至 80％额定电压值，此时逆变电源插件面板上的电源指示灯应亮。固定试验直流电源为 80％额定电压值，拉合直流开关，逆变电源应可靠启动。

4. 通电检查、校对时钟、程序版本检查

（1）通电检查。装置上电后应运行正常。通电检查记录见表 2-21。

表 2-21　通电检查记录

检验项目	方法及要求	检验结果
保护装置通检	运行灯亮，液晶显示屏完好	
打印机与保护装置联机检验	按"打印"按钮，打印机正常工作	
检验小键盘功能	进入主菜单，其他键操作良好	

（2）校对时钟。按"↑"键进入主菜单，再按"↓"键使光标移到第 5 项"修改时钟"子菜单，然后按"确认"键进入，用"↑"键、"↓"键、"←"键、"→"键改变整定位，用"＋"键或"－"键改变数值。将装置时钟校对至当前时钟，而后按"确认"键返回主菜单，选择"退出"项，按"确认"键返回至装置主界面。

（3）程序版本检查。按"↑"键进入主菜单，再按"↓"键使光标移到第 6 项"程序版本"子菜单，然后按"确认"键进入察看。

保护程序版本检查记录见表 2-22。

表 2-22　保护程序版本检查记录

保护型号	版本号	形成时间	CRC 校验码

5. 定值整定及失电保护功能检验

（1）定值整定。将定值通知单上的整定值输入装置，并复制到其他定值区，装置无异常。

① 定值修改方法。按"↑"键进入主菜单，选第 4 项"整定定值"，然后按"确认"键进入定值整定子菜单，用"↑"键、"↓"键逐项选择"装置参数定值""系统参数定值""保护定值"，然后按"确认"键进入二级整定菜单，"保护定值"菜单项中还包括"主保护定值""Ⅰ侧后备定值""Ⅱ侧后备定值""Ⅲ侧后备定值"等，用"↑"键、"↓"键可以进行选择，再按"确认"键可进入下一级菜单项，分别整定各项定值；用"↑"键、"↓"键"←"键、"→"键将光标移到想修改字符上，再按"＋"键或"－"键进行整定。当一项的所有定值整定完毕后即可按"确认"键，如果在"保护定值"菜单的子菜单中修改保护定值，按"确认"键之后退到了"保护定值"菜单，再按"取消"后按照提示提示输入密码；如果在"装置参数定值"或"系统参数定值"菜单项中修改定值，则再按"确认"键后直接按照提示输入密码，正确输入后进行写入，随后返回至整定子菜单，再选择其他项直至整定完所有定值。连续选择"退出"项并按"确认"键返回至装置主界面。

RCS-978N2 变压器保护装置在修改系统参数后所有的定值区会变为无效，这时候需要到保护定值菜单中确认一次保护定值（在"保护定值"菜单中的任意子菜单中按"确认"键退回到上一级菜单，再按"取消"键，按照提示输入密码即可）以使本区定值恢复有效。定值清单中不用的保护段电流项建议整定为范围的最大值，不用的保护段时间项建议整定至要求规定范围的最大值，不用的保护段阻抗项也建议整定至要求规定范围的最大值，不用的跳闸控制字一律整定为"0"，不用的控制字一律整定为退出（通常整定为"0"）。

② 定值区切换方法。按面板上的"区号"键，液晶窗口显示修改菜单，再按"＋"键、"－"键将"修改区号"改至所要整定值区号，再按"确定"键，窗口提示输入密码，正确输入后，装置将重新启动。启动完毕后，液晶窗口最下一行所显示的定值区号应为要整定运行的区号。

③ 定值区复制方法。按"↑"键进入主菜单，选第 4 项"整定定值"，然后按"确认"键进入定值整定子菜单，用"↓"键选择"拷贝定值"，然后按"确认"键进入复制定值子菜单，再按"＋"键或"－"键修改定值区号。最后按"确定"键返回上级菜单，则复制成功。

（2）定值的失电保护功能检验。要确保这一功能正常，在装置失电时整定值不丢失、不改变或失效 。

（3）注意事项。

运行中切换定值区必须先将保护退出运行，防止保护引导过程中造成误动作。

各项定值数值必须在厂家定值清单所要求的范围内，否则保护将不能正常工作，造成误、拒动。变更"电流二次额定值"（1A/5A）整定值后，必须重新核算相关保护定值。

当定值整定出错时，液晶屏幕上显示"该区定值无效"出错告警，此时保护装置"运行"灯将熄灭，保护被闭锁，需重新核对整定值。

定值整定、修改、切换定值区后，应注意使装置恢复运行状态即"运行"灯点亮。若"运行"灯不亮，应查找原因（可能是定值整定出错）。

6. 开关量输入检查

（1）由面板按"↑"键进入主菜单，再按"↓"键使光标移到第 1 项"保护状态"子菜单下的菜单项"保护板状态"和"管理板状态"，然后按"确认"键进入，再用"↓"键使光标移至开入量状态下的"压板开入"项和"其他开入"项，按"确认"键进入下级菜单以察看各开入量的变位情况（按"取消"键可返回上级菜单）。

（2）"打印""信号复归"项可通过分别按保护屏上的"1YA""1FA"按钮进行检验；按屏上复归按钮，能复位"跳闸"灯，或切换液晶显示（时间超过 1s）；按屏上打印按钮，液晶显示"正在打印…"，如无打印机，则显示延时自动返回。

（3）按照装置技术说明书所规定的试验方法，分别接通、断开连片及转动把手，观察装置的行为。各开入量应能有由 1→0、0→1 的变化，并重复检验两次。"投差动保护""投 I 侧过流保护""投 I 侧接地零序保护""投 I 侧不接地零序保护""投 II 侧过流保护""投 II 侧接地零序保护""投 II 侧不接地零序保护""投 III 侧后备保护""I 侧电压退出""II 侧电压退出""III 侧电压退出"等开入量通过投入、退出保护屏上相应压板的方法进行检验。

（4）在保护屏柜端子排处，分别短接开关量公共端和引入端子排的开关量输入回路，所有开关量变位装置应正确反映。测试开关量输入回路时应创造条件，使开关量整体回路尽可能完整地进行测试。

（5）注意事项。因本装置包含强、弱电两种开入，试验时需特别注意防止强、弱电混电，损坏装置插件。

RCS-978N2 变压器保护装置开关量输入检查记录见表 2-23。

表 2-23　开关量输入检查记录

序号	开入量名称	保护板状态	管理板状态
1	差动保护投入		
2	I 侧相间后备保护投入		
3	I 侧接地零序保护投入		
4	I 侧不接地零序保护投入		
5	II 侧相间后备保护投入		
6	II 侧接地零序保护投入		
7	II 侧不接地零序保护投入		
8	III 后备保护投入		
9	退 I 侧电压投入		
10	退 II 侧电压投入		
11	退 III 侧电压投入		
12	打印		
13	复归		
14	对时		

7. 模数变换系统检查

保护装置的电流、电压回路无输入。按"↑"键进入主菜单，再按"↓"键使光标移到第 1 项"保护状态"子菜单，然后按"确认"键进入，再按"↓"键使光标移到"保护板状态""管理板状态"项，按"确认"键进入二级菜单察看各模拟量零漂。

（1）回路零漂检查。

① 交流电压回路零漂检查记录见表 2-24。

表 2-24　交流电压回路零漂检查记录

序号	项目	保护板显示值			管理板显示值		
		A相（V）	B相（V）	C相（V）	A相（V）	B相（V）	C相（V）
1	Ⅰ侧电压						
2	Ⅱ侧电压						
3	Ⅲ侧电压						
4	Ⅳ侧电压						
5	Ⅰ侧零序电压						
6	Ⅱ侧零序电压						
7	Ⅲ侧零序电压						
8	Ⅳ侧零序电压						

②交流电流回路零漂检查记录见表 2-25。

表 2-25　交流电回路零漂检查记录

序号	项目	保护板显示值			管理板显示值		
		A相（A）	B相（A）	C相（A）	A相（A）	B相（A）	C相（A）
1	变压器Ⅰ侧电流						
2	变压器Ⅱ侧电流						
3	变压器Ⅲ侧电流						
4	Ⅰ侧零序电流						
5	Ⅰ侧间隙电流						
6	Ⅱ侧零序电流						
7	Ⅱ侧间隙电流						

（2）模拟量输入幅值和相位精度检查。按与现场相符的图纸将试验接线与保护屏端子排连接，通入要求值。由面板按"↑"键进入主菜单，再按"↓"键使光标移到第 1 项"保护状态"子菜单，然后按"确认"键进入，再按"↓"键使光标移"保护板状态""管理板状态"项，按"↓"键使光标移到"交流量状态"，按"确认"键进入下级菜单察看各模拟量刻度值。

要求保护装置的显示值与外部表计测量值 $1V$、$0.2I_n$、$0.1I_n$ 时误差小于 10%，其他小于 5%，电流电压相位保护装置的显示值与外部表计测量值的误差不大于 $3°$。

注意事项：

当不停电检验保护装置时，应先将电流回路做好安全措施。按与现场相符的图纸将电流端子排电流互感器侧可靠短封，或将进出装置的电流端子排跨接短封。

试验前，先进入采样值显示菜单，然后加电压和电流。在试验过程中，保护装置可能会启动及退出运行，"运行"灯可能熄灭，但不影响采样数据的检验。常按"↑"键可进入菜单。

在试验过程中，如果交流量的测量值误差超过要求范围，应首先检查试验接线、试验方法等是否正确完好，试验电源有无波形畸变，不可急于调整或更换保护装置中的元器件。

试验前注意检查电压切换继电器动作状态，尤其对于带自保持的电压切换插件。防止交流电压回路短路、接地。

① 交流电压回路幅值精度检查记录见表 2-26。

表 2-26　交流电压回路精度检查记录

序号	项目	输入值	保护板显示值			管理板显示值		
			A 相（V）	B 相（V）	C 相（V）	A 相（V）	B 相（V）	C 相（V）
1	Ⅰ侧电压	70V						
		60V						
		30V						
		1V						
2	Ⅱ侧电压	70V						
		60V						
		30V						
		1V						
3	Ⅲ侧电压	70V						
		60V						
		30V						
		1V						
4	Ⅳ侧电压	70V						
		60V						
		30V						
		1V						
5	Ⅰ侧零序电压	30V						
		60V						
		120V						
6	Ⅱ侧零序电压	30V						
		60V						
		120V						
7	Ⅲ侧零序电压	30V						
		60V						
		120V						
8	Ⅳ零序电压	30V						
		60V						
		120V						

②交流电流回路幅值精度检查记录见表 2-27。

表 2-27　交流电流回路幅值精度检查记录

序号	项目	输入值	保护板显示值			管理板显示值		
			A 相（A）	B 相（A）	C 相（A）	A 相（A）	B 相（A）	C 相（A）
1	Ⅰ 侧电流	$0.1I_n$						
		$0.5I_n$						
		$1I_n$						
		$5I_n$						
2	Ⅱ 侧电流	$0.1I_n$						
		$0.5I_n$						
		$1I_n$						
		$5I_n$						
3	Ⅲ 侧电流	$0.1I_n$						
		$0.5I_n$						
		$1I_n$						
		$5I_n$						
4	Ⅳ 侧电流	$0.1I_n$						
		$0.5I_n$						
		$1I_n$						
		$5I_n$						
5	Ⅰ 侧零序电流	$0.1I_n$						
		$0.5I_n$						
		$1I_n$						
		$5I_n$						
6	Ⅰ 侧间隙电流	$0.1I_n$						
		$0.5I_n$						
		$1I_n$						
		$5I_n$						
7	Ⅱ 侧零序电流	$0.1I_n$						
		$0.5I_n$						
		$1I_n$						
		$5I_n$						
8	Ⅱ 侧间隙电流	$0.1I_n$						
		$0.5I_n$						
		$1I_n$						
		$5I_n$						

③电流电压相位精度检查记录见表 2-28。

表 2-28　电流电压相位精度检查记录

项目	测试项	0°		45°		90°	
		保护板	管理板	保护板	管理板	保护板	管理板
Ⅰ侧	U_A-I_A						
	U_B-I_B						
	U_C-I_C						
	U_A-U_B						
	U_A-U_C						
Ⅱ侧	U_A-I_A						
	U_B-I_B						
	U_C-I_C						
	U_A-U_B						
	U_A-U_C						
Ⅲ侧	U_A-I_A						
	U_B-I_B						
	U_C-I_C						
	U_A-U_B						
	U_A-U_C						
Ⅳ侧	U_A-I_A						
	U_B-I_B						
	U_C-I_C						
	U_A-U_B						
	U_A-U_C						

8. 定值及功能检验

各保护功能在试验时注意同时监视信号指示灯、液晶屏幕显示以及检查触点动作情况，对输出接点通断情况记入表中。

（1）差动保护检验。RCS-978N2 变压器保护，对于 Y0 侧接地系统，装置采用 Y0 侧零序电流补偿，△侧电流相位校正的方法实现保护平衡。

变压器各侧二次额定电流由装置自动计算得到，所用公式为

$$I_{1e}=\frac{S_e}{\sqrt{3}U_e}$$

$$I_{2e}=I_{1e}/n_{TA}$$

式中，S_e 为变压器全容量；U_e 为额定线电压；n_{TA} 为 CT 变比；I_{1e} 为各侧一次额定电流；I_{2e} 为各侧二次额定电流；取标幺值 $I^* =$ 对应侧额定电流。

① 区外故障。Ⅰ侧、Ⅱ侧单相均以电流从Ⅰ侧 A 相极性端进入，串入 B 相非极性端，由 B 相非极性端流回试验装置；Ⅰ、Ⅱ侧对应相的电流相角为 180°，大小为 I^*（各侧二次额定电流），装置应无差流。

Ⅰ侧单相以电流从Ⅰ侧 A 相极性端进入，串入 B 相非极性端，由 B 相非极性端流回试

验装置，大小为 I^*；Ⅲ侧电流从 A 相极性端接入，非极性端流出，大小为 $\sqrt{3}\,I^*$，装置应无差流。

② 定值检验。变压器差动速断、比率差动检验分别在变压器高、中、低三侧的单相加入短路电流，1.05 整定值动作，0.95 整定值不动作。

③ TA 断线闭锁检验。变压器比率差动投入置"1"，TA 断线闭锁比率差动置"1"，两侧三相均加上额定电流和电压，断开任一相电流，装置发"变压器差动 TA 断线"信号并闭锁变压器比率差动，但不闭锁差动速断和高值比率差动。

TA 断线闭锁比率差动置"0"，两侧三相均加上额定电流和电压，断开任一相电流，变压器比率差动动作并发"变压器差动 TA 断线"信号。退掉电流，复位装置才能清除信号。

④ 差动保护检验记录（表 2-29）。

表 2-29　差动保护检验记录

项目	试验电流	整定值	0.95 整定值	1.05 整定值
差动速断	高压侧			
	中压侧			
	低压侧			
比率差动	高压侧			
	中压侧			
	低压侧			
Ⅰ侧、Ⅱ侧区外故障模拟差流情况				
Ⅰ侧、Ⅲ侧区外故障模拟差流情况				
TA 断线闭锁试验逻辑				

⑤定值整定。

a. 系统参数中保护总控制字"主保护投入"置"1"。

b. 投入变压器差动保护硬压板。

c. 相关参数：各侧 TA 原边 n_{TAh}、n_{TAm}、n_{TAl}；差动保护启动定值 I_{cdqd}；比率制动系数 K_{bl}；二次谐波制动系数；三次谐波制动系数；差动速断电流；TA 断线闭锁差动控制字；涌流闭锁方式控制字。

d. 按照试验要求整定"差动速断投入""比率差动投入""工频变化量差动投入""三次谐波闭锁投入控制字"。

⑥ 比率差动试验。RCS-978 变压器差动保护对于 Y0 侧接地系统，装置采用零序电流补偿，△侧电流相位校正的方法实现差动保护电流平衡。

RCS978 变压器保护装置差动保护试验

1. 变压器参数（表 2-30）

表 2-30　变压器参数

项目	高压侧（Ⅰ）	中压侧（Ⅱ）	低压侧（Ⅲ）
变压器全容量 S_e	180MV · A		
电压等级	220kV	110kV	10.5kV

续表

项目	高压侧（Ⅰ）	中压侧（Ⅱ）	低压侧（Ⅲ）
接线方式	Y0	Y0	△-11
各侧 TA 变比 n_{TA}	1200A/5A	1250A/5A	3000A/5A
变压器一次额定电流 I_{1e}	472A	904A	9897A
*变压器二次额定电流 I_{2e}	1.96A	3.61A	16.5A
**各侧平衡系数 K	4.00	2.177	0.476

*、**所指的内容计算出后可与装置中保护状态中的差动计算定值项进行核对，应一致。**所指内容为装置自动计算得到。

2. 系统参数

变压器容量整数部分：180MV·A。

变压器容量小数部分：0MV·A。

TA 二次额定电流：5A。

Ⅰ侧电压：220kV。

Ⅱ侧电压：110kV。

Ⅲ侧电压：10.5kV。

变压器接线方式：2。

主保护定值：Ⅰ侧 TA1 原边为 1200A；Ⅱ侧 TA2 原边为 1250A；Ⅲ侧 TA3 原边为 3000A。

3. 接线

根据装置的调平衡方法，对于变压器检验应按如下方式接线。

(1) 如果测试仪能提供 6 个电流。

① 利用Ⅰ、Ⅱ侧做检验：Ⅰ、Ⅱ侧三相以正极接入，Ⅰ、Ⅱ侧对应的电流相角为 180°，各在Ⅰ、Ⅱ侧加入电流 I^*（标幺值，I^* 倍额定电流，其基准为对应侧的额定电流），装置无差流。

例如，I^* 取 1，实际应在Ⅰ侧加入 1×1.96A＝1.96A 三相对称电流，在Ⅱ侧加入 1×3.61A（Ⅱ侧的额定电流）＝1×3.61A＝3.61A 三相对称电流，装置无差流。

当 I^* 取 0.5 时，实际应在Ⅰ侧加入 0.5×1.96A（Ⅰ侧的额定电流）＝0.98A 三相对称电流，在Ⅱ侧加入 0.5×3.61A（Ⅱ侧的额定电流）＝1.805A 三相对称电流，装置无差流。

② 利用Ⅰ、Ⅲ侧做检验：Ⅰ、Ⅲ侧三相以正极接入，Ⅰ、Ⅲ侧对应的电流相角为 150°，各在Ⅰ、Ⅲ侧加入电流 I^*（标幺值，I^* 倍额定电流，其基准为对应侧的额定电流），装置无差流。

例如 I^* 取 1，实际应在Ⅰ侧加入 1×1.96A（Ⅰ侧的额定电流）＝1.96A 三相对称电流，在Ⅲ侧加入 1×16.5A（Ⅲ侧的额定电流）＝16.5A 三相对称电流，装置无差流。

当 I^* 取 0.5 时，实际应在Ⅰ侧加入 0.5×1.96A（Ⅰ侧的额定电流）＝0.98A 三相对称电流，在Ⅲ侧加入 0.5×16.5A（Ⅲ侧的额定电流）＝8.25A 三相对称电流，装置无差流。

(2) 如果测试仪仅能提供 3 个电流。由于测试仪仅能提供 3 个电流，每侧只可以加入单相或两相电流进行检验。

① 利用Ⅰ、Ⅱ侧做检验：在任意侧 A 相加入电流 I^*，根据装置的相位调整方法：

$$I'_A = (I_A - I_0)$$
$$I'_B = (I_B - I_0)$$
$$I'_C = (I_C - I_0)$$

因为 $|3I_0| = |I_A + I_B + I_C| = I^*$，所以

$$|I'_A| = 2/3I^*$$
$$|I'_B| = 2/3I^*$$
$$|I'_C| = 2/3I^*$$

即 B、C 两相均会受到影响。为了避免该影响，以使检验更容易进行，Ⅰ、Ⅱ侧采用接线为：电流从 A 相极性进入，流出后进入 B 相非极性端，由 B 相极性端流回实验装置。因此

$$|3I_0| = |I_A + I_B + I_C| = I^* + (-I^*) + 0 = 0$$

所以

$$|I'_A| = 2/3I^*$$
$$|I'_B| = 2/3I^*$$
$$|I'_C| = 0$$

Ⅰ、Ⅱ侧加入的电流相角差为 180°，大小为 I^*，装置无差流。

当 I^* 取 1，实际应在Ⅰ侧加入 1×1.96A（Ⅰ侧的额定电流）=1.96A 电流，在Ⅱ侧加入 1×3.61A（Ⅱ侧的额定电流）=3.61A 电流，装置无差流。

当 I^* 取 0.5 时，实际应在Ⅰ侧加入 0.5×1.96A（Ⅰ侧的额定电流）=0.98A 电流，在Ⅱ侧加入 0.5×3.61A（Ⅱ侧的额定电流）=1.805A 电流，装置无差流。

②利用Ⅰ、Ⅲ侧做检验：Ⅰ、Ⅲ侧采用接线为：Ⅰ侧电流从 A 相极性端进入，流出后进入 B 相非极性端，由 B 相极性端流回实验仪。Ⅲ侧电流从 A 相极性进入，由 A 相非极性端流回实验仪。这样Ⅰ侧的电流为

$$|I'_A| = I^*$$
$$|I'_B| = I^*$$
$$|I'_C| = 0$$

Ⅲ侧的电流为

$$|I'_a| = |I_a - I_c|/\sqrt{3} = I^*/\sqrt{3}$$
$$|I'_b| = |I_b - I_a|/\sqrt{3} = -I^*/\sqrt{3}$$
$$|I'_c| = |I_c - I_b|/\sqrt{3} = 0$$

Ⅰ、Ⅲ侧加入的电流相角为 180°，Ⅰ侧电流大小为 I^*，Ⅲ侧电流电流大小为 $I^*/\sqrt{3}$，装置无差流。

例如：I^* 取 1，实际应在Ⅰ侧加入的电流 1×1.96A（Ⅰ侧的额定电流）=1.96A 电流，在Ⅲ侧加入的电流 $\sqrt{3}$×1×16.5A（Ⅲ侧的额定电流）=28.579A，装置无差流。

再如 I^* 取 0.5，实际应在Ⅰ侧加入的电流 0.5×1.96A（Ⅰ侧的额定电流）=0.98A 电流，在Ⅲ侧加入的电流 $\sqrt{3}$×0.5×16.5A（Ⅲ侧的额定电流）=14.289A，装置无差流。

假如差动启动电流定值为 0.3（标幺值），比率制动系数为 0.5，试验在两侧进行，称电流 I_1、I_2 为标幺值，且 $I_1 > I_2$，转换为实际电流的方法、接线方法参考上面的说明。根据说明书在此假设条件下比率差动的动作方程为

$$I_d > 0.2I_r + 0.3 \qquad I_r \leqslant 0.5$$
$$I_d > 0.5I_r + 0.15 \qquad 0.5 \leqslant I_r \leqslant 6$$
$$I_d > 0.75I_r - 1.35 \qquad I_r > 6$$
$$I_r = 1/2 \ (I_1 + I_2)$$
$$I_d = I_1 - I_2$$

将 I_1、I_2 代入上式转化为

$$I_1 > 1.222 \times I_2 + 0.333 \qquad I_1 + I_2 < 1 \qquad I_1 > I_2 \tag{1}$$
$$I_1 > 1.6667 \times I_2 + 0.2 \qquad 1 < I_1 + I_2 < 12 \qquad I_1 > I_2 \tag{2}$$
$$I_1 > 2.2 \times I_2 - 2.16 \qquad I_1 + I_2 > 12 \qquad I_1 > I_2 \tag{3}$$

检验时，根据所要检验的曲线段选择式（1）、式（2）、式（3），首先给定 I_2，由此计算出 I_1，再验算 I_1、I_2 的关系是否满足约束条件〔如式（1）的 $I_1 + I_2 < 1$，$I_1 > I_2$〕，如满足，I_1、I_2 为一组和理解，将其转化为有名值之后，即可进行检验。最后可得 Ⅰ 侧 I_{eh}、Ⅱ 侧 I_{em}、Ⅲ 侧 I_{el}。

将各参数值填入表 2-31。

表 2-31 差动保护参数记录（1）

序号	电流 I_1			电流 I_2		制动电流标幺值 $(I_1 + I_2)/2$	动作门槛标幺值	差电流标幺值
	标幺值	有名值		标幺值	有名值			
		计算	实测					
1								
2								
3								
4								

更简单的检验方法是：在任意侧任意相加入电流 I_1，查看装置中"保护状态/保护板状态/计算差流"项中的"制动 X 相"，这个值的含义。通过记录"制动 X 相"，I_1/I_2 即可描绘出比例差动制动曲线，检验与整定是否相符即可。

最后得到 Ⅰ 侧 I_e、Ⅱ 侧 I_e、Ⅲ 侧 I_e。

将各参数值填入表 2-32。

表 2-32 差动保护参数记录表（2）

序号	电流 I_1/I_2 标幺值	制动 X 相标幺值
1		
2		
3		
4		

4. 二次谐波制动系数试验

从电流回路加入基波电流分量，使差动保护可靠动作（此电流不可过小，因为小值时基波电流本身误差会偏大），再叠加二次谐波电流分量，从大于定值减小到使差动保护动作。

最好单侧单相叠加，因为多相叠加时不同相中的二次谐波会相互影响，不易确定差流中的二次谐波含量。最后记录定值和试验值。

5. 三次谐波制动系数试验

从电流回路加入基波电流分量，使差动保护可靠动作（此电流不可过小，因为小值时基波电流本身误差会偏大），再叠加三次谐波电流分量，从大于定值减小到使差动保护动作。最好单侧单相叠加，因为多相叠加时不同相中的三次谐波会相互影响，不易确定差流中的三次谐波含量。最后记录定值和试验值。

注意：

(1) 在做谐波制动系数试验时，请通过调试软件将装置参数定值单的隐含控制字"涌流闭锁是否用浮动门槛"整定为投入状态。

(2) 工频变化量差动保护和高值稳态比率差动保护只固定经过二次谐波涌流闭锁判据闭锁。

(3) 当过激磁倍数大于 1.4 倍时，可不再闭锁差动保护。过激磁闭锁功能可通过调试软件将装置参数定值单的隐含控制字"差动经过过激磁倍数闭锁投入"整定为投入状态。高值稳态比率差动保护固定不经过五次谐波过激磁倍数闭锁判据闭锁。对于 220kV 及以下电压等级的变压器，可将隐含控制字"差动经过过激磁倍数闭锁投入"整定为投入不状态。

6. 变压器差动速断试验

通过试验得到整定值和试验值。

(2) 高压侧后备保护检验。

① 高压侧复合电压闭锁方向过流保护检验。各项电流定值均以整定值的 0.95 可靠不动，整定值的 1.05 可靠动作，并记录时间的方法检验。

高压侧复合电压闭锁方向过流保护检验记录见表 2-33。

表 2-33　高压侧复合电压闭锁方向过流保护检验记录

项目	整定值	整定值的 1.05（动作行为）	整定值的 0.95（动作行为）	动作时间（ms）	
过流 I 段				第一时限	
				第二时限	
过流 II 段				第一时限	
				第二时限	
过流 III 段				第一时限	
				第二时限	
负序电压定值			动作值		
相间低电压定值			动作值		
复压闭锁逻辑功能			方向闭锁逻辑功能		
本侧电压退出逻辑			TV 断线保护投退原则逻辑		
复压闭锁及其他侧复压启动逻辑功能					

②高压侧零序过流保护、零序方向过流保护检验。测试仪加故障电流 $I = 1.05 \times I_{0zd}$ 及 $I = 0.95 \times I_{0zd}$（I_{0zd} 为零序过流某段定值），故障电压 $U = 30V$，模拟单相正方向接地故障。

加故障电流 $I=2I_{01zd}$，故障电压 $U=10\text{V}$，模拟反方向故障，零序保护应不动作。零序Ⅰ段和Ⅱ段保护采用自产零序电流进行大小和方向判别。零序Ⅲ段固定用外接零序电流。

高压侧零序过流及零序方向过流保护检验记录见表 2-34。

表 2-34　高压侧零序过流及零序方向过流保护检验记录

项目	整定值	整定值的 1.05（动作行为）	整定值的 0.95（动作行为）	动作时间（ms）	
零序过流Ⅰ段				第一时限	
				第二时限	
				第三时限	
零序过流Ⅱ段				第一时限	
				第二时限	
				第三时限	
零序过流Ⅲ段				第一时限	
				第二时限	
				第三时限	
零序方向过流Ⅰ段				第一时限	
				第二时限	
				第三时限	
零序方向过流Ⅲ段				第一时限	
				第二时限	
				第三时限	
零序方向过流Ⅲ段				第一时限	
				第二时限	
				第三时限	
零序电压闭锁定值			动作值		
零序电压闭锁逻辑			方向闭锁逻辑		
本侧电压退出逻辑			TV断线保护投退原则		

③变压器高压侧不接地保护检验。检验记录见表 2-35。

表 2-35　变压器高压侧不接地保护检验记录

项目	整定值	整定值的 1.05（动作行为）	整定值的 0.95（动作行为）	动作时间（ms）	
间隙零序过流				第一时限	
				第二时限	
零序过压				第一时限	
				第二时限	
间隙零序过流、零序过压保护相互保持功能逻辑					

④高压侧过负荷及启动风冷检验。检验记录见表 2-36。

表 2-36 高压侧过负荷及启动风冷检验记录

项目	整定值	整定值的 1.05 （动作行为）	整定值的 0.95 （动作行为）	动作时间（ms）
过负荷Ⅰ段				
过负荷Ⅱ段				
启动风冷Ⅰ段				
启动风冷Ⅱ段				
闭锁调压				
过负荷报警				

（3）中压侧后备保护检验。

① 阻抗保护试验时，测试仪加故障电流 $I=I_n$，故障阻抗 $Z=0.95\times Z_{zd}$ 及 $Z=1.05\times Z_{zd}$（Z_{zd} 为阻抗定值），ϕ_{U-I} 取灵敏角，模拟正方向相间及接地故障。

模拟反方向故障，阻抗保护应不动作。

中压侧复合电压闭锁方向过流、阻抗保护检验记录见表 2-37。

表 2-37 中压侧复合电压闭锁方向过流、阻抗保护检验记录

项目	整定值	整定值的 1.05 （动作行为）	整定值的 0.95 （动作行为）	动作时间（ms）	
过流Ⅰ段				第一时限	
				第二时限	
				第三时限	
阻抗Ⅰ段				第一时限	
				第二时限	
				第三时限	
负序电压定值				动作值	
相间低电压定值				动作值	
复压闭锁逻辑功能				方向闭锁逻辑功能	
本侧电压退出逻辑				TV 断线保护投退原则逻辑	
复压闭锁及其他侧复压启动逻辑功能					

②中压侧零序过流保护检验。检验记录见表 2-38。

表 2-38 中压侧零序过流保护检验记录

项目	整定值	整定值的 1.05 （动作行为）	整定值的 0.95 （动作行为）	动作时间（ms）	
零序过流Ⅰ段				第一时限	
				第二时限	
零序过流Ⅱ段				第一时限	
				第二时限	
				第三时限	

项目	整定值	整定值的1.05 （动作行为）	整定值的0.95 （动作行为）	动作时间（ms）	
零序过流Ⅲ段				第一时限	
				第二时限	
零序电压闭锁定值			动作值		
零序电压闭锁逻辑			方向闭锁逻辑		
本侧电压退出逻辑			TV断线保护投退原则		

③变压器中压侧不接地保护检验。检验记录见表2-39。

表2-39　变压器中压侧不接地保护检验记录

项目	整定值	整定值的1.05 （动作行为）	整定值的0.95 （动作行为）	动作时间（ms）	
间隙零序过流				第一时限	
				第二时限	
零序过压				第一时限	
				第二时限	

④中压侧过负荷及启动风冷检验。检验记录见表2-40。

表2-40　中压侧过负荷及启动风冷检验记录

项目	整定值	整定值的1.05 （动作行为）	整定值的0.95 （动作行为）	动作时间（ms）
过负荷Ⅰ段				
过负荷Ⅱ段				
启动风冷Ⅰ段				
启动风冷Ⅱ段				
闭锁调压				
过负荷报警				

（4）低压侧后备保护检验。各项电流定值均以整定值的0.95可靠不动，整定值的1.05可靠动作，并记录时间的方法检验。

①低压侧复合电压闭锁方向过流保护检验。检验记录见表2-41。

表2-41　低压侧复合电压闭锁方向过流保护检验记录

项目	整定值	整定值的1.05 （动作行为）	整定值的0.95 （动作行为）	动作时间（ms）	
过流Ⅰ段				第一时限	
				第二时限	
				第三时限	

项目	整定值	整定值的 1.05 （动作行为）	整定值的 0.95 （动作行为）	动作时间（ms）	
过流Ⅱ段				第一时限	
				第二时限	
				第三时限	
负序电压定值			动作值		
相间低电压定值			动作值		
复压闭锁逻辑功能			方向闭锁逻辑功能		
本侧电压退出逻辑			TV 断线保护投退原则逻辑		
复压闭锁及其他侧复压启动逻辑功能					

②变压器低压侧过负荷及零序过压报警检验。检验记录见表 2-42。

表 2-42 变压器低压侧过负荷及零序过压报警检验记录

项目	定值	试验值	动作时间（ms）
过负荷电流定值			
零序过压报警			

9. 输出接点检查

（1）信号接点检查。检查记录见表 2-43。

表 2-43 信号接点检查记录

序号	信号名称	监控接点	远方信号接点	事件记录接点
1	装置闭锁			
2	装置报警信号			
3	TA 异常及断线信号			
4	TV 异常及断线信号			
5	过负荷保护信号			
6	Ⅱ侧 1 支路零序报警信号			
7	Ⅱ侧 2 支路零序报警信号			
8	Ⅲ侧 1 支路零序报警信号			
9	Ⅲ侧 2 支路零序报警信号			
10	Ⅰ侧报警信号			
11	Ⅱ侧报警信号			
12	Ⅲ侧报警信号			
13	差动保护跳闸			
14	Ⅰ侧保护跳闸			
15	Ⅱ侧保护跳闸			
16	Ⅲ侧保护跳闸			

（2）出口接点检查。检查记录见表2-44。

表2-44　出口接点检查记录

序号	跳闸输出量名称	结果
1	跳Ⅰ侧开关	
2	跳Ⅰ侧母联	
3	跳Ⅱ侧1支路开关	
4	跳Ⅱ侧2支路开关	
5	跳Ⅱ侧母联	
6	跳Ⅲ侧1支路开关	
7	跳Ⅲ侧2支路开关	
8	跳Ⅲ侧分段	
9	跳闸备用1	
10	跳闸备用2	
11	跳闸备用3	
12	跳闸备用4	

（3）其他输出接点检查。检查记录见表2-45。

表2-45　其他输出接点检查记录

序号	跳闸输出量名称	结果
1	主变启动风冷	
2	主变闭锁有载调压	
3	过负荷Ⅱ段	
4	主变各侧复压动作接点	

10.带实际断路器传动检验

（1）检验方法。

① 整组传动检验前，应将所有保护投入，除 TV、TA 回路外所有二次回路恢复正常，然后进行整组传动试验。

② 整组试验时必须注意各保护装置、故障录波器、信息子站、远动、监控系统、监控及各一次设备的行为是否正确。注意所有相互间存在闭锁关系的回路，如闭锁备自投回路等，其性能应与设计符合。

③ 进行必要的跳、合闸试验，以检验各有关跳合闸回路、防止跳跃回路动作的正确性。应保证接入跳、合闸回路的每一副接点均应带断路器动作一次。

整组试验时要进行出口压板全退状态下，无其他预期外的跳闸的检验。出口压板全投状态下，无其他预期外的跳闸的检验。

④ 变压器保护的跳闸矩阵应能全面得到验证，检查各侧断路器动作行为及其他开出回路的正确性。

⑤ 非电量保护传动包括重瓦斯、轻瓦斯、调压瓦斯、冷控失电、油面低、油温高、压力释放等，实际传动到各侧断路器，防止仅发信号的非电量误跳闸。非电量保护有条件时从主变本体处实际传动，注意信号保持和不应启动失灵。

⑥ 传动前应将本次可以传动的断路器全部合入，投入跳被传动开关的出口压板。

（2）注意事项。联跳压板、失灵启动压板严禁投入。与其他保护联系的开出量，用万用表直流高电压挡测量压板下口电压，测量时看好万用表挡位。

带实际断路器传动检验记录见表2-46。

表2-46　带实际断路器传动检验记录

检验项目	故障模拟	作用的断路器	断路器动作情况	检查结果
差动保护	高（中、低）压侧 A（B、C）	三侧开关	跳三侧开关	
非电量	本体重瓦斯	三侧开关	跳三侧开关	
非电量	调压重瓦斯	三侧开关	跳三侧开关	
后备保护	根据跳闸逻辑和可传动开关确定。注意母联（分段）运行方式			

2.4.3.2　PST 1202A/B变压器保护装置调试

1. 保护屏及二次回路清扫检查

2. 绝缘检查

3. 逆变电源检查

4. 通电检查、校对时钟、程序版本检查

（1）通电检查。

（2）校对时钟。按"↵"键进入主菜单，选择"设置-时间设置"菜单，用"＜"键或"＞"键选择年、月、日、时、分、秒编辑框并用"＋"键或"－"键设置新的值。修改完毕，按"↵"键确认设置或按"Q"键放弃修改。按"Q"键逐级退回主菜单。

时钟整好后，直流失电一段时间，走时仍准确。

（3）程序版本检查。按"↵"键进入主菜单，选择"其他-版本信息"菜单，按"↵"键或"Q"键，装置将询问"打印装置的版本和CRC码信息？"，选择"是"，装置将打印保护装置各个功能模块的版本和CRC码信息，按"Q"键取消，不打印退出。按"Q"键逐级返回主菜单。

5. 定值整定

（1）正确输入和修改整定值，并复制到其他定值区，在直流电源失电后，不丢失或改变原定值。装置整定定值与定值通知单核对正确。

① 定值整定方法。按"↵"键进入主菜单中，选择"定值-整定定值"菜单，用"＋"键或"－"键选择保护模件。

需要改变定值区时，将光标移动到定值区编辑框上，用"＋"键或"－"键选择定值区的区号，用"＜"键或"＞"键移动数字的输入位。若为默认定值区，此步可省略。

选择整定的定值区后，将光标移到"开始整定"命令上，按"↵"键进入定值输入界面。

在定值输入界面中修改各项整定值：用"∧"键或"∨"键上下移动光标选择需要修改的定值项，用"＜"键或"＞"键左右移动光标改变数字的输入位，用"＋"键或"－"键改变光标所在位数值。若光标在小数点上，用"＋"键或"－"键移动小数点位置。

当修改控制字时，界面底部提示"↵进行按位整定控制字"字样，表明按"↵"键会进入按位整定控制字界面，逐位整定并有文字说明；也可以使用十六进制直接整定。

定值修改完毕，按"↵"键执行定值固化，此时会提示输入密码，输入密码"99"，按"↵"键执行固化。

定值固化完毕后出现一个消息，提示定值固化成功，否则提示定值固化失败。

按任意键即返回，按"Q"键逐级退回主菜单。

② 定值复制方法。在主菜单中操作按键进入"定值-复制定值区"界面，用"＋"键或"－"键选择保护模件，选择保护类型中有"所有保护"选项，全部保护的指定定值区的定值都将被复制。

移动光标到"从定值区"（源定值区）编辑框上，并用"＋"键或"－"键选择区号，源定值区的定值必须有效，若只有一个有效定值区，"＋"键和"－"键不起作用。

将光标移动"复制到定值区"（目标定值区）编辑框上，输入选择目标定值区的区号。将光标移动到"开始复制"上，按"↵"选择此命令。装置会显示密码输入提示，在密码窗口中输入密码"99"。

按"↵"键确认复制定值，如复制成功，装置显示复制成功消息；如复制失败，装置会提示定值复制失败。

按"Q"键逐级退回主菜单。

③ 切换运行定值区。在任何时候按定值切换"∧"键或"∨"键，进入定值切换界面。

按"∧"键、"∨"键或"＋"键、"－"键，选择切换的目标定值区区号。

按"↵"键，确认要执行切换操作，并提示将要切换到的定值区的区号。

输入密码"99"，按"↵"键执行定值区切换。

切换完毕后，装置显示一个消息窗口，提示定值切换已经成功。

按任意键即返回切换之前的状态。

④ 装置失电整定值不会丢失、改变或失效。

（2）注意事项。同 RCS-978N2 变压器保护装置检验中检验项目的注意事项。

6. 开关量输入检查

进入"测试功能"，选择"开入测试"。选择相应的保护模件，当某端子有效即外回路接通时，液晶显示器显示开入名称投入或断开。

"打印""信号复归"可通过分别按保护屏上的按钮进行检验：按屏上复归按钮，能复位"跳闸"灯；按屏上打印按钮，打印机能打印。

按照装置技术说明书所规定的试验方法，分别接通、断开连片及转动把手，观察装置的行为。各开入量应能有由 1→0、0→1 的变化，并重复检验两次。"投差动保护"等功能压板开入量通过投入、退出保护屏上相应压板的方法进行检验。

在保护屏柜端子排处，分别短接开关量公共端和引入端子排的开关量输入回路，所有开关量变位装置应正确反映。测试开关量输入回路时应创造条件，使开关量整体回路尽可能完整地进行测试。

因本装置包含强、弱点两种开入，试验时需特别注意防止强、弱电混电，损坏装置插件。

PST 1202A/B 变压器保护装置开入量检查记录见表 2-47。

表 2-47　PST 1202A/B 变压器保护装置开入量检查记录

保护类型	端子或符号	名称	结果
差动保护	107：2	差动保护投入	
高后备	106：2	复压方向过流 1	
	106：3	复压方向过流 2	
	106：4	复压过流投入	
	106：6	零序方向过流 1	
	106：7	零序方向过流 2	
	106：8	零序过流	
	106：11	非全相投入	
	106：12	间隙保护投入	
	106：14	复压闭锁投入	
中后备	105：2	复压方向过流 1	
	105：3	复压方向过流 2	
	105：4	复压过流投入	
	105：6	零序方向过流 1	
	105：7	零序方向过流 2	
	105：8	零序过流	
	105：12	间隙保护投入	
	105：14	复压闭锁投入	
低后备	104：2	复压过流 1	
	104：3	复压过流 2	
	104：14	复压闭锁投入	

7. 模数变换系统检查

(1) 零漂检验。在显示屏上选择相应的菜单（"主菜单-采样信息-显示有效值"），按"确认"键后可以看到幅值和相位，在没有外加任何交流量输入时，可以看到零漂。

要求在一段时间（几分钟）内零漂值稳定在规定范围内。

① 交流电流零漂在选择差动保护、距离零序保护、重合闸的交流量实时显示界面内，任一相交流电流零漂均不超过 $0.1I_n$，选择启动 CPU 的交流量实时显示界面内，任一相交流电流零漂均不超过 $0.25I_n$。

② 任一相交流电压零漂均不超过 $0.01U_n$。

交流电压回路零漂检查记录见表 2-48。

表 2-48　交流电压回路零漂检查记录

序号	项目	保护板显示值			管理板显示值		
		A 相（V）	B 相（V）	C 相（V）	A 相（V）	B 相（V）	C 相（V）
1	Ⅰ侧电压						
2	Ⅱ侧电压						
3	Ⅲ侧电压						

续表

序号	项目	保护板显示值			管理板显示值		
		A 相（V）	B 相（V）	C 相（V）	A 相（V）	B 相（V）	C 相（V）
4	Ⅳ侧电压						
5	Ⅰ侧零序电压						
6	Ⅱ侧零序电压						
7	Ⅲ侧零序电压						
8	Ⅳ侧零序电压						

交流电流回路零漂检查记录见表 2-49。

表 2-49　交流电流回路零漂检查记录

序号	项目	保护板显示值			管理板显示值		
		A 相（A）	B 相（A）	C 相（A）	A 相（A）	B 相（A）	C 相（A）
1	变压器Ⅰ侧电流						
2	变压器Ⅱ侧电流						
3	变压器Ⅲ侧电流						
4	Ⅰ侧零序电流						
5	Ⅰ侧间隙电流						
6	Ⅱ侧零序电流						
7	Ⅱ侧间隙电流						

（2）模拟量输入幅值和相位精度检查。

① 检查方法：按与现场相符的图纸将试验接线与保护屏端子排连接，并通入要求值；在显示屏上选择相应的菜单（"主菜单-采样信息-显示有效值"），按"确认"键后可以看到幅值和相位。

要求保护装置的显示值与外部表计测量值 1V、$0.2I_n$、$0.1I_n$ 时误差小于 10%，其他小于 5%。

② 注意事项：同 RCS-78N2 变压器保护装置检验项目注意事项。

交流电压回路幅值精度检查记录见表 2-50。

表 2-50　交流电压回路幅值精度检查记录

序号	项目	输入值	保护板显示值			管理板显示值		
			A 相（V）	B 相（V）	C 相（V）	A 相（V）	B 相（V）	C 相（V）
1	Ⅰ侧电压	70V						
		60V						
		30V						
		1V						
2	Ⅱ侧电压	70V						
		60V						
		30V						
		1V						

序号	项目	输入值	保护板显示值			管理板显示值		
			A相（V）	B相（V）	C相（V）	A相（V）	B相（V）	C相（V）
3	Ⅲ侧电压	70V						
		60V						
		30V						
		1V						
4	Ⅳ侧电压	70V						
		60V						
		30V						
		1V						
5	Ⅰ侧零序电压	30V						
		60V						
		120V						
6	Ⅱ侧零序电压	30V						
		60V						
		120V						
7	Ⅲ侧零序电压	30V						
		60V						
		120V						
8	Ⅳ侧零序电压	30V						
		60V						
		120V						

交流电流回路刻度精度检查记录见表 2-51。

表 2-51　交流电流回路刻度精度检查记录

序号	项目	输入值	保护板显示值			管理板显示值		
			A相（A）	B相（A）	C相（A）	A相（A）	B相（A）	C相（A）
1	Ⅰ侧电流	$0.1I_n$						
		$0.5I_n$						
		$1I_n$						
		$5I_n$						
2	Ⅱ侧电流	$0.1I_n$						
		$0.5I_n$						
		$1I_n$						
		$5I_n$						

续表

序号	项目	输入值	保护板显示值			管理板显示值		
			A相（A）	B相（A）	C相（A）	A相（A）	B相（A）	C相（A）
3	Ⅲ侧电流	$0.1I_n$						
		$0.5I_n$						
		$1I_n$						
		$5I_n$						
4	Ⅳ侧电流	$0.1I_n$						
		$0.5I_n$						
		$1I_n$						
		$5I_n$						
5	Ⅰ侧零序电流	$0.1I_n$						
		$0.5In$						
		$1I_n$						
		$5I_n$						
6	Ⅰ侧间隙电流	$0.1I_n$						
		$0.5I_n$						
		$1I_n$						
		$5I_n$						
7	Ⅱ侧零序电流	$0.1I_n$						
		$0.5I_n$						
		$1I_n$						
		$5I_n$						
8	Ⅱ侧间隙电流	$0.1I_n$						
		$0.5I_n$						
		$1I_n$						
		$5I_n$						

电流电压相位精度检查记录见表 2-52。

表 2-52　电流电压相位精度检查记录

项目	测试项	0°		45°		90°	
		保护板	管理板	保护板	管理板	保护板	管理板
Ⅰ侧	U_A-I_A						
	U_B-I_B						
	U_C-I_C						
	U_A-U_B						
	U_A-U_C						

项目	测试项	0°		45°		90°	
		保护板	管理板	保护板	管理板	保护板	管理板
Ⅱ侧	U_A-I_A						
	U_B-I_B						
	U_C-I_C						
	U_A-U_B						
	U_A-U_C						
Ⅲ侧	U_A-I_A						
	U_B-I_B						
	U_C-I_C						
	U_A-U_B						
	U_A-U_C						
Ⅳ侧	U_A-I_A						
	U_B-I_B						
	U_C-I_C						
	U_A-U_B						
	U_A-U_C						

8. 定值及功能检验

各保护功能的试验中注意同时监视信号指示灯、液晶屏幕显示以及检查触点动作情况，对输出接点通断情况记入表中。

下面主要介绍差动保护试验。

(1) 变压器差动速断、比率差动检验分别在变压器高、中、低三侧的单相加入短路电流，1.05 定值动作，0.95 定值不动作。

差动保护试验方法请见变压器差动保护试验。

(2) TA 断线闭锁试验。TA 断线闭锁差动置 "1"，两侧三相均加上额定电流和电压，断开任一相电流，装置发 "变压器差动 TA 断线" 信号并闭锁变压器比率差动，但不闭锁差动速断保护。

TA 断线闭锁差动置 "0"，两侧三相均加上额定电流和电压，断开任一相电流，变压器差动动作并发 "变压器差动 TA 断线" 信号。退掉电流，复位装置才能清除信号。

2.4.3.3 PST 1200 变压器保护

1. 定值整定

(1) 投入变压器差动保护硬压板。

(2) 相关参数：①各侧 TA 变比 n_{TAh}、n_{TAm}、n_{TAl}；②各侧额定电压 U_{eh}、U_{em}、U_{el}；③差动保护启动定值 I_{cd}；④高压侧额定电流 I_{eh}；⑤二次谐波制动系数 K_1；⑥差动速断电流 I_{sd}；⑦变压器接线方式；⑧各侧绕组接线方式；⑨各侧 TA 接线方式。

(3) 按照试验要求整定 "差动速断投入""比率差动投入"。

2. 比率差动试验

PST 1200 变压器差动保护 Y 侧电流相位校正的方法实现差动保护电流平衡。表 2-53 为变压器参数。

表 2-53 变压器参数

项目	高压侧（Ⅰ）	中压侧（Ⅱ）	低压侧（Ⅲ）
电压等级	220kV	110kV	11kV
接线方式	Y0	Y0	△-11
各侧 TA 变比 n_{TA}	400A/5A	1600A/5A	3200A/5A
各侧平衡系数 K	1.00	2	0.4

3. 定值输入

TA 二次额定电流：5A。

Ⅰ侧电压：220kV。

Ⅱ侧电压：110kV。

Ⅲ侧电压：11kV。

主保护定值：Ⅰ侧 TA1 变比为 400A/5A；Ⅱ侧 TA2 变比：1600A/5A；Ⅲ侧 TA3 变比：3200A/5A。

差动保护启动定值：0.5A。

高压侧额定电流：1A。

4. 接线

根据装置的调平衡方法，对于变压器检验应按如下方式接线。

(1) 如果测试仪能提供 6 个电流。

① 利用Ⅰ、Ⅱ侧做检验：Ⅰ、Ⅱ侧三相以正极接入，Ⅰ、Ⅱ侧对应的电流相角为 180°，各在Ⅰ侧加入电流 $I = m I_{eA}$（Ⅰ侧的额定电流），Ⅱ侧加入电流 $I = m I_{ma}/KPM$，装置无差流。

例如，高压侧额定电流 I_e 取 1A，实际应在Ⅰ侧加入 1A（Ⅰ侧的额定电流）= 1A 三相对称电流，在Ⅱ侧加入 1/KPM A 三相对称电流，装置无差流。

当高压侧额定电流取 1A，实际应在Ⅰ侧加入 2×1A（Ⅰ侧的额定电流）= 2A 三相对称电流，在Ⅱ侧加入 2/KPM A 三相对称电流，装置无差流。

② 利用Ⅰ、Ⅲ侧做检验：Ⅰ、Ⅲ侧三相以正极接入，Ⅰ、Ⅲ侧对应的电流相角为 150°，各在Ⅰ侧加入电流 $I = m I_{eA}$（Ⅰ侧的额定电流），Ⅲ侧加入电流 $I = m I_{ma}/KPM$，装置无差流。

例如，在Ⅰ侧加入 1A（Ⅰ侧的额定电流）三相对称电流，在Ⅲ侧加入 1/KPl A 三相对称电流，装置无差流。

当在Ⅰ侧加入 2A（Ⅰ侧的额定电流 1A）三相对称电流，在Ⅲ侧加入 2/KPl A 三相对称电流，装置无差流。

(2) 如果测试仪仅能提供 3 个电流。由于测试仪仅能提供 3 个电流，每侧只可以加入单相或两相电流进行检验。

① 利用Ⅰ、Ⅱ侧做检验。在任意侧 A 相加入电流 I^*，根据装置的相位调整方法：

Ⅰ侧：$I_{ah} = I_{Ah} \times \sqrt{3}$

Ⅱ侧：$I_{am} = m \times I_{ma}/KPM \times \sqrt{3}$

Ⅰ、Ⅱ侧采用接线为：高压侧、中压侧分别接同名相。

Ⅰ、Ⅱ侧加入的电流相角差为 180°，装置无差流。

例如高压侧额定电流 I_e 取 1A，实际应在Ⅰ侧加入 A 相 1.732×1A（Ⅰ侧的额定电流）

电流，在Ⅱ侧加入 A 相 $mI_{ma}/KPM\times\sqrt{3}$ 的电流，装置无差流。

当高压侧额定电流取 1A，实际应在Ⅰ侧加入 $1\times1.732\times2A$（Ⅰ侧的额定电流）三相对称电流，在Ⅱ侧加入 A 相 $2\times I_{ma}/KPM\times\sqrt{3}$ 的电流，装置无差流。

② 利用Ⅰ、Ⅲ侧做检验。Ⅰ、Ⅲ侧采用接线为：Ⅰ侧电流接入 A 相。Ⅲ侧电流接入 A 相、C 相。

Ⅰ、Ⅲ侧加入的电流相角为 180°，Ⅰ侧 A 相电流大小为 $mI_e\times\sqrt{3}A$，Ⅲ侧 A 相电流电流大小为 mI_e/KPl，装置无差流。

例如：高压侧额定电流 I_e 取 1A，实际应在Ⅰ侧 A 相加入的电流 $1\times1.732A$（Ⅰ侧的额定电流）$=1.732A$ 电流，在Ⅲ侧 A 相加入的电流 $1/KPlA$，在Ⅲ侧 C 相加入的电流 $1/KPlA$，装置无差流。

再如高压侧额定电流 I_e 取 1A，实际应在Ⅰ侧 A 相加入的电流 $2\times1.732A$（Ⅰ侧的额定电流）电流，在Ⅲ侧 A 相加入的电流 $1/KPlA$，在Ⅲ侧 C 相加入的电流 $1/KPlA$，装置无差流。

（3）高压侧后备保护。

（4）中压侧后备保护。

（5）低压侧后备保护。

5. 输出接点检查。

6. 带实际断路器传动检验。

3 220kV 母线保护

3.1 母线保护原理

220kV 微机母线保护通常能够实现母线差动保护、母联充电保护、母联过流保护、母联失灵保护、母联死区保护、母联非全相以及断路器失灵保护等功能。下面以 RCS 915、BP-2B 两种装置为例简要介绍一下母线各个保护的构成及工作原理。

3.1.1 母线差动保护

母线的作用是汇集和分配电能,在潮流分布中,如果我们把母线看成一个节点,根据基尔霍夫电流定律,流进节点的电流应该等于流出节点的电流,目前的微机型母线保护就是根据基尔霍夫电流定律为基本依据构成的差动保护。

3.1.1.1 母线差动保护的构成

母线差动保护通常由启动元件、差动元件、复压闭锁元件、TA 饱和检测元件等组成。

1. 启动元件

母线差动保护的启动元件通常采用电压工频变化量、和电流突变量、差电流越限等判据。和电流是指母线上所有连接元件电流的绝对值之和,差电流是指所有连接元件电流和的绝对值。与传统差动保护不同,微机保护的差电流与和电流不是从模拟电流回路中直接获得的,而是通过流采样值的数值计算求得的。启动元件分相启动,分相返回。不同厂家装置启动元件不尽相同。

RCS-915 母线差动保护的启动元件由"电压工频变化量"和"差电流越限"两个判据组成。启动元件动作后自动展宽 500ms。具体判据如下:

(1)电压工频变化量元件。当两段母线任一相电压工频变化量大于门槛(由浮动门槛和固定门槛构成)时,电压工频变化量元件动作,其判据为

$$\Delta u > \Delta U_\mathrm{T} + 0.05 U_\mathrm{N}$$

式中,Δu 为相电压工频变化量瞬时值;$0.05 U_\mathrm{N}$ 为固定门槛;ΔU_T 是浮动门槛,随着变化量输出变化而逐步自动调整。

(2)差流元件。当任一相差动电流大于差流启动值时,差流元件动作。其判据为

$$I_\mathrm{d} > I_\mathrm{cdzd}$$

式中,I_d 为大差动相电流;I_cdzd 为差动电流启动定值。

BP-2B 母线差动保护的启动元件由"和电流突变量"和"差电流越限"两个判据组成。启动元件动作后自动展宽 40ms。具体判据如下:

(1)和电流突变量判据,当任一相的和电流突变量大于突变量门槛时,该相启动元件动作。其表达式为

$$\Delta i_r > \Delta I_{dset}$$

式中，Δi_r 为和电流瞬时值比前一周波的突变量；ΔI_{dset} 为突变量门槛定值。

（2）差电流越限判据，当任一相的差电流大于差电流门槛定值时，该相启动元件动作。其表达式为

$$I_d > I_{dset}$$

式中，I_d 为分相大差动电流；I_{dset} 为差电流门槛定值。

2. 差动元件

（1）差回路的构成。差动回路是由一个母线大差动和两个母线小差动所组成的。大差是指除母联开关以外的母线上所有其余支路电流所构成的差动回路；某段母线小差是指与该段母线相连接的各支路电流构成的差动回路，其中包括与该段母线相关联的母联开关。通常母线上所有元件 CT 极性相同，均位于母线侧。对母联 CT 而言，BP-2B 规定母联 CT 极性同Ⅱ母线上元件极性一致；RCS-915 规定母联 CT 极性同Ⅰ母线上元件极性一致。

（2）差电流的计算。根据母线上所有连接元件电流的采样值计算出大差电流，对于分段母线或双母线接线方式，根据各连接元件的刀闸位置开入，计算出两条母线的小差电流。RCS-915：Ⅰ母小差为Ⅰ母支路电流相量加母联电流；Ⅱ母小差为Ⅱ母支路电流相量减母联电流。BP-2B：Ⅰ母小差为Ⅰ母支路电流相量减母联电流；Ⅱ母小差为Ⅱ母支路电流相量和加母联电流。所有差电流的计算需归算到 CT 基准变比后进行。CT 基准变比的选取各厂家有不同规定，BP-2B 规定最大变 CT 比为基准，RCS-915 规定多数相同的 CT 变比为基准。

（3）差动元件的动作判据。保护差动元件由分相稳态量比率差动元件和分相突变量比率差动元件构成。

①稳态量比率差动元件。RCS-915 采用常规比率制动，采用和电流即差回路电流的幅值和做制动。动作方程为

$$\left| \sum_{j=1}^{m} I_j \right| > I_{cdsd}$$
$$\left| \sum_{j=1}^{m} I_j \right| > K \sum_{j=1}^{m} |I_j|$$

式中，K 为比率制动系数；I_j 为第 j 个连接元件的电流；I_{cdzd} 为差动电流启动定值。

其动作特性曲线如图 3-1 所示。

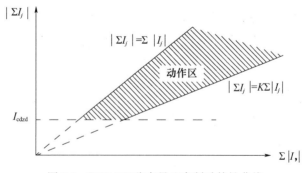

图 3-1 RCS-915 稳态量比率制动特性曲线

BP-2B 采用复式比率制动，在制动量的计算中引入了差电流，采用和电流与差流的差值做制动。动作方程为

$$I_d > I_{dset}$$
$$I_d > K_r \times (I_r - I_d)$$

式中，I_{dset} 为差电流门槛定值；K_r 为复式比率系数（制动系数）。

其动作特性曲线如图 3-2 所示。

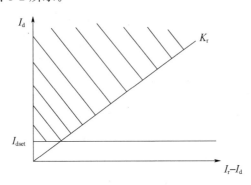

图 3-2　BP-2B 稳态量比率制动特性

为防止在母联开关断开的情况下，弱电源侧母线发生故障时大差比率差动元件的灵敏度不够，大差比例差动元件的比率制动系数有高低两个定值。母联开关处于合闸位置以及投单母或刀闸双跨时大差比率差动元件采用比率制动系数高值，而当母线分列运行时自动转用比率制动系数低值。小差比例差动元件则固定取比率制动系数高值。

② 突变量比率差动元件。为提高保护抗过渡电阻能力，减少保护性能受故障前系统功角关系的影响，提高保护切除经过渡电阻接地故障的能力，母差保护通常还采用电流故障分量构成了突变量比率差动元件，与制动系数固定的低比率系数（RCS-915 为 0.2、BP-2B 为 0.5）的稳态量比率差动元件配合构成快速差动保护。

RCS-915 的动作判据为

$$\left| \Delta \sum_{j=1}^{m} I_j \right| > \Delta DI_T + DI_{cdzd}$$
$$\left| \Delta \sum_{j=1}^{m} I_j \right| > K' \sum_{j=1}^{m} |\Delta I_j|$$
$$\left| \sum_{j=1}^{m} I_j \right| > I_{cdsd}$$
$$\left| \sum_{j=1}^{m} I_j \right| > K \sum_{j=1}^{m} |I_j|$$

式中，K' 为工频变化量比例制动系数，母联开关处于合闸位置以及投单母或刀闸双跨时，K' 取 0.75，而当母线分列运行时，自动转用比率制动系数低值，小差则固定取 0.75；ΔI_j 为第 j 个连接元件的工频变化量电流；ΔDI_T 为差动电流启动浮动门槛；DI_{cdzd} 为差流启动的固定门槛，由 I_{cdzd} 得出；比率制动系数 K 固定取 0.2。

BP-2B 的动作判据为

$$\Delta I_d > \Delta I_{dset}$$
$$\Delta I_d > K_r \times (\Delta I_r - \Delta I_d)$$
$$I_d > I_{dset}$$
$$I_d > 0.5 \times (I_r - I_d)$$

式中，ΔI_j 为第 j 个连接元件的电流故障分量；ΔI_{dset} 为故障分量差电流门槛，由 I_{dset} 推得；K_r 为复式比率系数（制动系数）。

3. 复压闭锁元件

为了防止由于差动以及失灵出口回路的误碰或出口继电器损坏等原因而导致母线连接元件的误跳闸，母线保护都配有电压闭锁功能。电压闭锁元件含母线各相（线）低电压、负序电压，零序电压元件，各元件并行工作，构成或门关系。常用的闭锁措施，一种是将闭锁触点串接在出口继电器的线圈回路中，另一种是将闭锁触点与跳闸回路触点串联，目前国内大多采用后者。双母线（分段母线）接线形式在通过母联/分段断路器或其他支路刀闸双跨互联运行时，若某段母线 TV 出现异常，电压闭锁元件能自动切换到另一段母线 TV 上。

RCS-915 的判据为

$$U_\phi \leqslant U_{bs}；\ 3U_0 \geqslant U_{0bs}；\ U_2 \geqslant U_{2bs}$$

式中，U_ϕ 为相电压；$3U_0$ 为三倍零序电压（自产）；U_2 为负序相电压，U_{bs} 为相电压闭锁值；U_{0bs} 和 U_{2bs} 分别为零序、负序电压闭锁值。

BP-2B 的判据为

$$U_{ab}\ (U_{bc},\ U_{ca})\ \leqslant U_{set}；\ 3U_0 \geqslant U_{0set}；\ U_2 \geqslant U_{2set}$$

式中，U_{ab} $(U_{bc},\ U_{ca})$ 为相间电压；$3U_0$ 为三倍零序电压（自产）；U_2 为负序相电压；U_{set} 为相间电压闭锁；U_{0set} 和 U_{2set} 分别为零序、负序电压闭锁值。

4. TA 饱和检测元件

一般母线区内故障 TA 饱和对保护不会产生什么影响，但是母线近端区外故障时，故障支路电流是所有非故障线路电流之和。故障支路电流很大，其电流互感器饱和，二次侧电流生严重畸变。不能真实地反映一次电流，使差动回路中产生差流，对母线差动保护产生不利影响，若不采取必要的闭锁措施，差动保护就会误动。因此，在各种类型的母线差动保护中必须对 TA 饱和采取相应的闭锁措施。

根据分析，即使 TA 严重饱和时，在故障发生的初始阶段和线路电流过零点附近，TA 存在一个线性传变区，在线性传变区内差动电流为零，差动保护不会误动作，过了该区就会产生差动电流。利用这一特征，可以构成不同形式的 TA 饱和检测元件。常用的 TA 饱和检测方法有以下几种：

（1）同步识别：利用 TA 饱和时差动保护动作时间滞后于故障发生时刻的特点来处理这一问题。即先判断故障的发生时刻，若此时差动保护不动即判为母线外部故障，闭锁差动保护一周，然后利用波形识别法来开放差动保护，以便在母线区外转区内故障时，差动保护能动作。

（2）谐波制动：这种原理利用了 TA 饱和时差流波形畸变和每周波存在线性传变区等特点鉴别。根据差流波形畸，含有谐波分量的特征检测 TA 是否发生饱和。根据区外 TA 饱和，线性传变区无差流；区内故障，无论是否在线性传变区均有差流，区分区内外故障。

（3）加权抗饱和：即利用电压工频变化量启动元件自适应地开放加权算法。当发生母线区内故障时，工频变化量差动元件 Δ_{BLCD} 和工频变化量阻抗元件 Δ_Z 与工频变化量电压元件 Δ_U 基本同时动作，而发生母线区外故障时，由于故障起始 TA 尚未进入饱和，Δ_{BLCD} 元件和 Δ_Z 元件的动作滞后于工频变化量电压元件。利用 Δ_{BLCD} 元件、Δ_Z 元件与工频变化量电压元件动作的相对时序关系的特点，我们得到了抗 TA 饱和的自适应阻抗加权判据。由于此判据充分利用了区外故障发生 TA 饱和时差流不同于区内故障时差流的特点，具有极强的抗 TA 饱和能力，而且区内故障和一般转换性故障（故障由母线区外转至区内）时的动作速度很快。在发生交流电压回路断线时，自动将电压开放元件改为电流开放元件，并适当调整加权值，抗饱和能力不受影响。

BP-2B 母差保护采用的是同步识别法，RCS-915 母差保护采用的是谐波制动及加权抗饱和方法。

3.1.1.2 母线差动保护的动作逻辑

差动保护根据母线上所有连接元件电流采样值计算出大差电流，构成大差比例差动元件，作为差动保护的区内故障判别元件。对于分段母线或双母线接线方式，根据各连接元件的刀闸位置开入计算出两条母线的小差电流，构成小差比率差动元件，作为故障母线选择元件。当出现大差动作时，TA 饱和检测元件开放，且任一小差比率差动元件动作，且 I 或 II 段母线电压闭锁元件开放，母差动作跳母联；当小差比率差动元件和小差 TA 饱和检测元件同时开放且相应侧母线电压闭锁元件开放时，母差动作跳开相应母线。当双母线按单母线方式运行不需进行故障母线的选择时可投入单母方式压板。元件在倒闸过程中两条母线经刀闸双跨，则装置自动识别为单母运行方式。这两种情况都不进行故障母线的选择，当母线发生故障时将所有母线同时切除。RCS-915 母差保护另设一后备段，当抗饱和母差动作且无母线跳闸，则经过 250ms 切除母线上所有的元件。另外，为了防止在某些复杂故障情况下保护误闭锁导致拒动，RCS-915 装置在比率差动连续动作 500ms 后将退出所有的抗饱和措施，因为真正发生区外故障时，TA 的暂态饱和过程也不可能持续超过 500ms，仅保留比率差动元件，若其动作仍不返回则跳相应母线。母线保护的动作逻辑框图如图 3-3、图 3-4 所示。

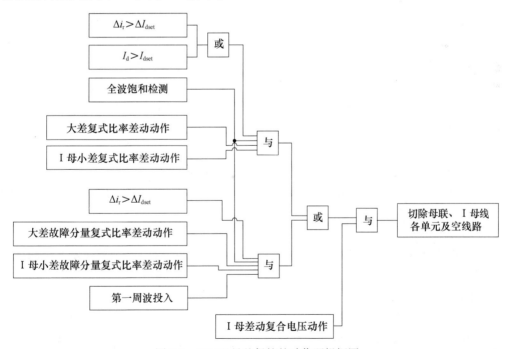

图 3-3 BP-2B 母差保护的动作逻辑框图

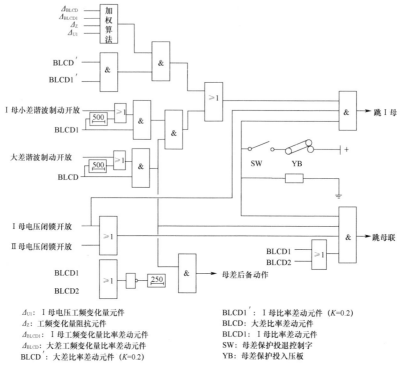

Δ_{U1}：Ⅰ母电压工频变化量元件
Δ_Z：工频变化量阻抗元件
Δ_{BLCD1}：Ⅰ母工频变化量比率差动元件
Δ_{BLCD}：大差工频变化量比率差动元件
BLCD′：大差比率差动元件 (K=0.2)

BLCD1′：Ⅰ母比率差动元件 (K=0.2)
BLCD：大差比率差动元件
BLCD1：Ⅰ母比率差动元件
SW：母差保护投退控制字
YB：母差保护投入压板

图 3-4 RCS-915 母差保护的动作逻辑框图

3.1.1.3 交流电压回路断线及处理

1. 交流电压回路断线检测

RCS-915 检测判据：

(1) 母线负序电压 $3U_2$ 大于 12V，延时 1.25s 报该母线 TV 断线。

(2) 母线三相电压幅值之和（$|U_a|+|U_b|+|U_c|$）小于 U_n，且母联或任一出线的任一相有电流（$>0.04I_n$）或母线任一相电压大于 $0.3U_n$，延时 1.25s 延时报该母线 TV 断线。

(3) 当用于中性点不接地系统时，将"投中性点不接地系统"控制字整定为"1"，此时 TV 断线判据改为 $3U_2>12V$ 或任一线电压低于 70V。

(4) 三相电压恢复正常后，经 10s 延时后全部恢复正常运行。

(5) 当检测到系统有扰动或任一支路的零序电流大于 $0.1I_n$ 时不进行 TV 断线的检测，以防止区外故障时误判。

(6) 若任一线电压闭锁条件开放，延时 3s 报该母线电压闭锁开放。

BP-2B 检测判据：任何一段非空母线差动电压闭锁元件动作后延时 9s 发 TV 断线告警信号。

2. 交流电压回路断线处理

(1) 查看各段母线电压幅值、相位。

(2) 确认电压回路接线正确。

(3) 确认电压空气开关处于合位。

(4) 尽快安排检修。

3.1.1.4 交流电流断线及处理

1. 交流电流断线检测判据

（1）支路 TA 断线。

RCS-915：大差电流大于 TA 断线整定值 IDX，延时 5s 发 TA 断线报警信号。

BP-2B：差电流大于 TA 断线定值，延时 9s 发 TA 断线告警信号，电流回路正常后，0.9s 自动恢复正常运行。

（2）母联 TA 断线。

RCS-915：大差电流小于 TA 断线整定值 IDX，两个小差电流均大于 IDX 时，延时 5s 报母联 TA 断线，当母联代路时不进行该判据的判别。

BP-2B：大差电流小于 $0.08I_n$、两个小差电流均大于 $0.08I_n$ 且大小相等、方向相反，延时 20ms 报母联 TA 断线。

2. 交流电流回路断线处理

支路 TA 断线按以下步骤处理：

（1）立即退出保护。

（2）查看各间隔电流幅值、相位关系。

（3）确认变比设置正确。

（4）确认电流回路接线正确。

（5）如仍无法排除，则尽快安排检修。

3.1.1.5 母线运行方式识别

双母线上各连接元件在系统运行中需要经常在两条母线上切换，因此正确识别母线运行方式直接影响到母线保护动作的正确性。母差保护通常采用引入隔离刀闸辅助触点判别母线运行方式，同时对刀闸辅助触点进行自检。当有刀闸位置变位时，需要运行人员检查无误后按刀闸位置确认按钮复归。当某条支路有电流而无刀闸位置时，装置能够记忆原来的刀闸位置，并根据当前系统的电流分布情况校验该支路刀闸位置的正确性。当刀闸位置发生异常时保护装置发出报警信号，通知运行人员检修。通常为减小刀闸辅助触点的不可靠性对保护装置的影响，母差保护屏都装有与母差保护装置配套的模拟盘，在运行人员检修期间，可以通过模拟盘用强制开关指定相应的刀闸位置状态，保证母差保护在此期间的正常运行。

3.1.2 母联充电、过流、非全相保护

3.1.2.1 母联充电保护

母联充电就是由运行母线向检修后或备用母线送电。由于检修后母线可能存在一次地线未拉或其他故障，而送电时被送母线又无负荷，所以可设一较小定值的电流保护，以零秒或短时限跳开母联。当任一组母线检修后在投入运行之前，利用母联断路器对该母线进行充电试验时可投入母联充电保护，当被试验母线存在故障时，利用充电保护跳开母联断路器，切除故障。充电保护只能短时投入，在充电良好后，应及时停用。下面以 RCS-915 母线保护为例说明母联充电保护的动作逻辑。

如图 3-5 所示，充电保护投入的逻辑为：当母联断路器的跳闸位置继电器（TWJ）由"1"变为"0"（由动作变为不动作）或母联断路器的 TWJ＝1 且母联由无电流变为有电流（大于 TA 二次额定电流的 0.04），或两母线均变为有电压状态，这时说明母联断路器已在

合闸位置了，于是开放充电保护 300ms。在充电保护开放期间，若母联任一相电流很大（大于充电保护整定电流 I_{chg}），说明母联断路器合于故障母线上，于是跳母联开关。母联充电保护的跳闸不经复合电压闭锁。母联充电保护动作是否还需闭锁母差保护可由控制字选择。如选择需要闭锁母差保护，在整个充电保护开放期间将母线差动保护闭锁。如果希望通过外部接点闭锁本装置母差保护，将"投外部闭锁母差保护"控制字置"1"。装置检测到"闭锁母差保护"开入后，闭锁母差保护。该开入若保持 1s 不返回，装置报"闭锁母差开入异常"，同时解除对母差保护的闭锁。

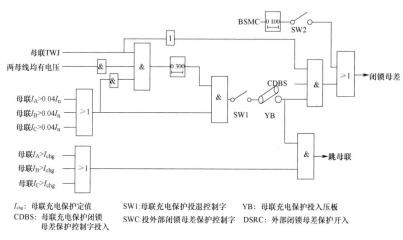

I_{chg}：母联充电保护定值   SW1：母联充电保护投退控制字   YB：母联充电保护投入压板
CDBS：母联充电保护闭锁   SWC：投外部闭锁母差保护控制字   DSRC：外部闭锁母差保护开入
母差保护控制字投入

图 3-5   RCS-915 母联充电保护逻辑框图

3.1.2.2 母联过流保护

在有些特殊情况下，例如母联断路器经某一母线带一条输电线路运行（母联代路）时，需用母联断路器的母联过流保护临时作为输电线路的保护，当线路上有故障时由母联过流保护跳母联断路器切除故障。母联过流保护由相电流元件、零序电流元件和延时元件构成，当利用母联断路器作为线路（或旁路）的临时保护时投入。如果线路上有故障，任一相的相电流元件或者零序电流元件动作经延时跳母联断路器。母联过流保护跳闸不经复合电压元件闭锁。

3.1.2.3 母联非全相保护

当母联断路器某相断开，母联非全相运行时，可由母联非全相保护延时跳开母联断路器三相。在母联非全相保护投入时，若母联三相 TWJ 状态不一致，且母联零序电流大于母联非全相电流定值，经整定延时跳母联开关。母联非全相保护出口不经复合电压闭锁。

3.1.3 母联失灵、死区保护

3.1.3.1 母联失灵保护

当某段母线发生区内故障保护动作跳母联后，经延时确认母联支路电流是否大于母联失灵电流定值，若满足过流条件，说明母联断路器失灵，经差动电压闭锁开放跳开母线上所连的所有断路器。

1. RCS-915 母线保护母联失灵保护的动作逻辑

母联失灵保护由下述几部分构成：①保护动作跳母联开关同时启动失灵保护。②母联任一相仍一直有电流（大于母联失灵电流定值）。③再经两个母线电压闭锁（与）④同时满足上述条件的时间大于整定的时间（母联失灵延时时间）后切除两母线上的所有连接元件。逻辑框图如图 3-6 所示。

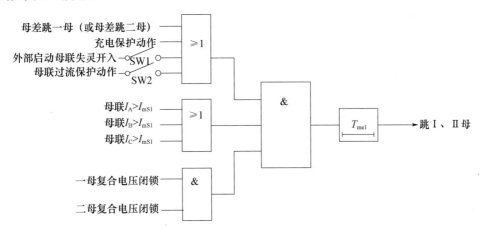

SW1：投外部启动母联失灵控制字

SW2：投母联过流启动母联失灵控制字

图 3-6 RCS-915 母联失灵保护逻辑框图

通常情况下，只有母差保护和母联充电保护才启动母联失灵保护。当投入"投母联过流启动母联失灵"控制字时，母联过流保护也可以启动母联失灵保护。如果希望通过外部保护启动本装置的母联失灵保护，应将系统参数中的"投外部启动母联失灵"控制字置"1"。装置检测到"外部启动母联失灵"开入后，经整定延时母联电流仍然大于母联失灵电流定值时，母联失灵保护经两母线电压闭锁后切除两母线上所有连接元件。该开入若保持 10s 不返回，装置报"外部启动母联失灵长期启动"，同时退出该启动功能。

2. BP-2B 母线保护母联失灵保护的动作逻辑

（1）内部启动母联失灵保护：当母差保护动作或母差保护装置内部充电保护动作时，保护向母联（分段）开关发出跳令，经整定延时若大差电流元件不返回，母联（分段）流互中仍然有电流且大于母联失灵有流定值，则母联（分段）失灵保护封母联 TA，通过差动保护切除相关母线各元件。只有母联（分段）开关作为联络开关，即母差保护和母差保护装置内部充电保护动作时内部启动母联失灵保护。母联失灵保护（内部启动）可通过控制字选择投退。内部启动母联失灵保护逻辑框图如图 3-7 所示。

（2）外部启动母联失灵保护：当外部母联保护动作，母联保护向母联（分段）开关发出跳令的同时输出一对接点启动母联单元失灵，本装置检测到外部母联失灵启动接点闭合后，母联（分段）流互中仍然有电流且大于母联失灵有流定值，启动母联断路器失灵出口逻辑，按可整定的"母联失灵延时"，经失灵复合电压闭锁跳开 I 母线或 II 母线连接的所有断路器。外部启动母联失灵保护可通过控制字选择投退。

（3）过流启动母联失灵保护：当母差保护过流动作，保护装置向母联（分段）开关发出跳令。检测到母联（分段）流互中仍然有电流且大于母联失灵有流定值，过流保护启动母联失灵出口逻辑，按可整定的'母联失灵延时'，经失灵复合电压闭锁跳开 I 母线或 II 母线连接的所有断路器。过流启动母联失灵保护可通过控制字选择投退。

外部启动母联失灵逻辑和过流启动母联失灵逻辑都经失灵复合电压闭锁判据，通过失灵

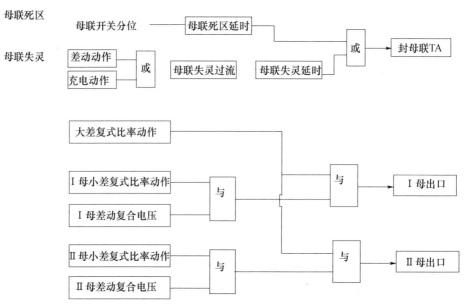

图 3-7 BP-2B 内部启动母联失灵保护逻辑框图

逻辑出口。BP-2B 外部及过流启动母联失灵逻辑框图如图 3-8 所示。

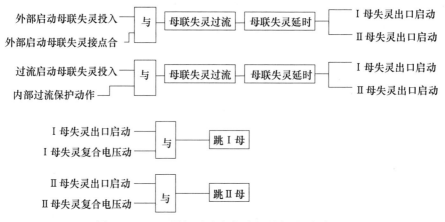

图 3-8 BP-2B 外部及过流启动母联失灵逻辑框图

3.1.3.2 母联死区保护

母线并列运行，当故障发生在母联开关与母联电流互感之间时，断路器侧母线段跳闸出口无法切除该故障，而电流互感器侧母线段的小差元件不会动作，这种情况称为死区故障。发生死区故障时，母联失灵保护也可动作，但动作时间延长，为提高保护动作速度，专设了母联死区保护。下面以 RCS-915 母线保护为例说明母联死区保护的动作逻辑。

如图 3-9 所示，母联死区保护的构成：母联开关在合位时，①母线差动保护发过某母线的跳令；②母联开关已跳开；③母联 TA 任一相仍有电流；④大差比率差动元件及跳闸母线侧的小差比率差动元件动作后一直不返回；⑤经死区动作延时 T_{sq} 后跳开另一条母线上各连接元件。母联开关在分位时，当两母线都有电压（说明两条母线都在运行）、母联 TWJ＝1（母联在跳位）、母联无流时，母联电流不计入两个小差的计算并记忆 400ms。

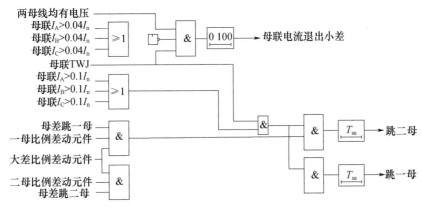

图 3-9 RCS-915 母联死区保护逻辑框图

母联死区保护的动作过程如下：

母线并列运行（图 3-10）时：当故障点在母联断路器与母联 TA 之间时，大差启动，Ⅰ 母小差不动作，Ⅱ 母小差动作跳 LK、3L、4L，但故障仍然存在。由于母差已动作于Ⅱ母、LK 已跳开、大差不返回、母联 TA 有流，判死区故障，经延时封母联 TA，跳Ⅰ母的 1L、2L。

母线分列运行（图 3-11）时：母线分列运行时，因为母联 TA 已封，所以保护可直接跳故障母线，避免了故障切除范围的扩大。

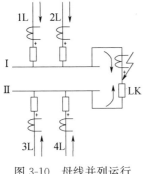

图 3-10 母线并列运行

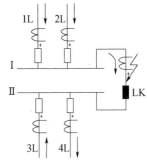

图 3-11 母线分列运行

3.1.4 断路器失灵保护

母线上连接的元件除母联或分段外有两大类，一类是线路，另一类是变压器。当线路保护或者变压器保护动作向断路器发出跳闸命令后，由于断路器失灵而拒跳、由母线上其他元件的后备保护动作时，将导致母线全停且故障切除时间较长。如果采用断路器失灵保护用较短的延时去跳开母联断路器和故障元件所在的母线的其他断路器，既可以快速切除故障，又可以保证未与故障元件连接的母线正常工作，从而限制事故范围。断路器失灵保护属于近后备保护。虽然断路器失灵保护针对的短路并不是母线内的故障而是相邻元件内的故障，但由于断路器失灵保护动作后是跳母联和失灵断路器所在母线上的连接元件，它跳闸的对象与母线电流差动保护完全相同，所以为了实现方便，在微机保护中把它与母线保护做在一起。

所有断路器失灵保护的判据都是相同的，即保护曾对该断路器发过跳闸命令，但是在一定时间内它仍然流有电流，据此判断该断路器拒动失灵。断路器失灵保护通常由失灵启动元件、故障判别元件、运行方式识别元件、复压闭锁元件、时间元件组成。任一断路器失灵时，来自外部该元件的失灵启动触点（保护动作出口接点）启动失灵保护，电流元件判别故障、隔离开关辅助触点识别运行方式判定该元件所在母线，在满足复压闭锁条件下，经设定的延时切除母联和失灵元件所在的母线。

断路器失灵保护，是由线路保护（跳 A、跳 B、跳 C）或元件保护（三跳）出口继电器动作启动。开入持续有效、跳闸相有故障电流且复合电压闭锁元件开放时，断路器失灵保护确定失灵单元、完成选择失灵单元所在的母线段并按如下逻辑出口：①在整定的时间内跟跳本断路器；②若经延时确定故障还未切除，则以较短的时间跳开母联断路器，以较长的时间跳开与该支路所在同一母线上的所有支路断路器。

时间元件采用精确时间继电器，其整定值大于故障元件断路器的跳闸时间与保护装置返回时间之和。先 0.15s 失灵跟跳即再跳本断路器，后 0.3s 失灵跳开母联断路器，最后 0.6s 失灵跳开故障母线上连接的断路器。失灵出口动作，需要相应母线段的电压闭锁元件动作。失灵的电压闭锁元件与差动的电压闭锁类似，也是以低电压（线电压）、负序电压和 3 倍零序电压构成的复合电压元件。只是使用的定值与差动保护不同，需要满足线路末端故障时的灵敏度。

对于变压器或发变组间隔，设置"主变失灵解闭锁"的开入接点。当该支路失灵保护启动接点和"主变失灵解闭锁"的开入接点同时动作时，实现解除该支路所在母线的失灵保护电压闭锁。RCS-915 断路器失灵保护逻辑框图如图 3-12 所示。

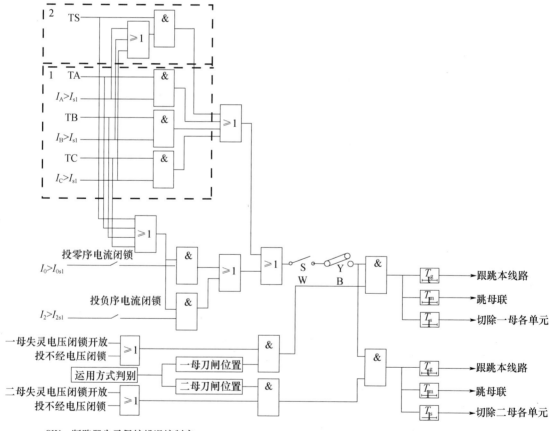

图 3-12　RCS-915 断路器失灵保护逻辑框图

3.2 定 值 整 定

3.2.1 RCS-915AB 定值及整定说明

1. 装置参数定值（表 3-1）

表 3-1 装置参数定值

序号	定值名称	定值范围	整定值
1	定值区号	0～3	
2	母线名称		
3	本机通信地址	0～254	
4	IP 地址 1		
5	IP 子网掩码 1		
6	IP 地址 2		
7	IP 子网掩码 2		
8	波特率 1	4800，9600，19200，38400	
9	波特率 2	4800，9600，19200，38400	
10	打印波特率	4800，9600，19200，38400	
11	通信规约	0，1	
12	自动打印	0，1	
13	网络打印机	0，1	
14	分脉冲对时	0，1	
15	远方修改定值	0，1	

（1）定值区号：母差保护与失灵保护有 4 套定值可供切换。装置参数与系统参数不分区，只有一套定值。

（2）母线名称：可输入由 6 位 A～Z 或 0～9 组成的母线名称，例如 BUS001。

（3）本机通信地址：与后台机连接时本装置的通信地址。

（4）波特率 1：装置通信接口 1 的波特率。

（5）波特率 2：装置通信接口 2 的波特率。

（6）打印波特率：打印的通信波特率。

（7）通信规约：置"0"表示投 60870-5-103 规约，置"1"表示投 LFP-900 系列传统规约。

（8）自动打印：当需要在装置有新报文时自动打印报告时置"1"，否则置"0"。

（9）网络打印机：当需要使用共享的打印机时置"1"，否则置"0"。

（10）分脉冲对时：当采用分脉冲对时时置"1"，秒脉冲对时时置"0"。

（11）远方修改定值：当允许远方修改定值时置"1"，否则置"0"。

2. 系统参数定值（表 3-2）

表 3-2 系统参数定值

序号	定值名称	定值范围	整定值
1	TV 二次额定电压	57.7V/相	
2	TA 二次额定电流	5A、1A	
3	支路 01 编号		
4	支路 01TA 调整系数	0～2	
5	支路 02 编号		
6	支路 02TA 调整系数	0～2	
7	支路 03 编号		
8	支路 03TA 调整系数	0～2	
9	支路 04 编号		
10	支路 04TA 调整系数	0～2	
⋮			
41	支路 20 编号		
42	支路 20TA 调整系数	0～2	
43	母联编号		
44	母联 TA 调整系数	0～2	
45	母线 1 编号	Ⅰ～Ⅷ	
46	母线 2 编号	Ⅰ～Ⅷ	
47	Ⅰ母刀闸位置控制字 1	0000～FFFF	
48	Ⅰ母刀闸位置控制字 2	0000～FFFF	
49	Ⅱ母刀闸位置控制字 1	0000～FFFF	
50	Ⅱ母刀闸位置控制字 2	0000～FFFF	
51	投中性点不接地系统	0，1	
52	投单母主接线	0，1	
53	投单母分段主接线	0，1	
54	投母联兼旁路主接线	0，1	
55	投外部启动母联失灵	0，1	

（1）TV 二次额定电压：固定取为 57.7V。

（2）TA 二次额定电流：取基准变比的电流互感器的二次额定电流。

（3）TA 调整系数：TA 调整系数是专为母线上各连接支路 TA 变比不同的情况而设，一般取多数相同 TA 变比为基准变比，TA 调整系数整定为 1，没有用到的支路 TA 调整系数整定为 0。例如母线上连接有 3 个支路，TA 变比分别为 600：5、600：5、1200：5，则将"支路 01TA 调整系数"整定为 1，"支路 02TA 调整系数"也整定为"1"，而将"支路 03TA 调整系数"整定为"2"，其余各 TA 调整系数均整定为 0。

注：选择 TA 时应保证单个支路一次系统的短路容量不超过 $30I_n$。为保证精度，各连接支路 TA 变比的差别不宜过大。归算至基准 TA 二次侧的系统总短路容量不应超过 $80I_n$。所有电流的显示值也均归算到了基准 TA 的二次侧。如果各连接支路 TA 二次额定电流不同，订货时应特别声明。此时 TA 调整系数应

反映各支路 TA 一次额定电流之比。例如母线上连接有 3 个支路，TA 变比分别为 600：1、600：5、1200：5，则应将 TA 二次额定电流整定为 5A，将"支路 01TA 调整系数"整定为"1"（此时装置内支路 1 的电流变换器额定电流为 1A），"支路 02TA 调整系数"也整定为"1"，而将"支路 03TA 调整系数"整定为"2"，其余各 TA 调整系数均整定为"0"。

（4）母线 1、2 编号：根据母线实际编号整定，整定范围为Ⅰ～Ⅷ。

（5）Ⅰ、Ⅱ母刀闸位置控制字：当"投单母分段主接线"控制字为 1 时无须外引刀闸位置，应通过整定刀闸位置控制字决定母线运行方式。刀闸位置控制字某位置"1"表示该支路挂在此母线上，例如：若Ⅰ母刀闸位置控制字 1 整为"000F"，则表示支路 01、02、03、04 挂在Ⅰ母上。控制字的定义见表 3-3、表 3-4。

表 3-3 Ⅰ、Ⅱ母刀闸位置控制字 1 的定义

15	14	13	12	11	10	9	8	7	6	5	4	3	2	1	0
支路 16	支路 15	支路 14	支路 13	支路 12	支路 11	支路 10	支路 09	支路 08	支路 07	支路 06	支路 05	支路 04	支路 03	支路 02	支路 01

表 3-4 Ⅰ、Ⅱ母刀闸位置控制字 2 的定义

15	14	13	12	11	10	9	8	7	6	5	4	3	2	1	0
0	0	0	0	0	0	0	0	0	0	0	0	支路 20	支路 19	支路 18	支路 17

（6）投中性点不接地系统：当用于中性点不接地系统时，将"投中性点不接地系统"控制字整定为"1"，此时母差及失灵定值中的相电压闭锁改取线电压作为比较电压，TV 断线判据改为 $3U_2 > 12V$ 和线电压低于 70V。

（7）投单母主接线：当用于单母主接线系统时将"投单母主接线"控制字整定为"1"。

（8）投单母分段主接线：当用于单母分段主接线系统时，将"投单母分段主接线"控制字整定为"1"，此时无须外引刀闸位置，应通过整定刀闸位置控制字决定母线运行方式。当"投单母主接线"和"投单母分段主接线"控制字均为"0"时，装置认为当前的主接线方式为双母主接线。

（9）投母联兼旁路主接线：当用于母联兼旁路主接线系统时将"投母联兼旁路主接线"控制字整定为"1"。

（10）投外部启动母联失灵：如果希望通过外部保护启动本装置的母联失灵保护，将"投外部启动母联失灵"控制字置"1"。

3. 母差保护整定值（表 3-5）

表 3-5 母差保护整定值

序号	定值名称	定值符号	整定范围	整定值
1	差动启动电流高值	I_{Hcd}	$0.1I_s \sim 10I_s$	
2	差动启动电流低值	I_{Lcd}	$0.1I_s \sim 10I_s$	
3	比率制动系数高值	K_H	$0.5 \sim 0.8$	
4	比率制动系数低值	K_L	$0.3 \sim 0.8$	
5	充电保护电流定值	I_{chg}	$0.04I_s \sim 19I_s$	

序号	定值名称	定值符号	整定范围	整定值
6	母联电流电流定值	I_{gl}	$0.04I_s \sim 19I_s$	
7	母联电流零序定值	I_{0gl}	$0.04I_s \sim 19I_s$	
8	母联过流时间定值	T_{gl}	$0.01 \sim 10s$	
9	母联非全相零序定值	I_{0byz}	$0.04I_s \sim 19I_s$	
10	母联非全相负序定值	I_{2byz}	$0.04I_s \sim 19I_s$	
11	母联非全相时间定值	I_{byz}	$0.01 \sim 10s$	
12	TA断线电流定值	I_{dx}	$0.06I_s \sim I_s$	
13	TA异常电流定值	I_{dxbj}	$0.04I_s \sim I_s$	
14	母差低电压闭锁	I_{bs}	$2 \sim 100V$	
15	母差零序电压闭锁	I_{0bs}	$1 \sim 57.7V$	
16	母差负序电压闭锁	I_{2bs}	$2 \sim 57.7V$	
17	母联失灵电流定值	I_{msl}	$0.04I_s \sim 19I_s$	
18	母联失灵时间定值	T_{msl}	$0.01 \sim 10s$	
19	死区动作时间定值	T_{sq}	$0.01 \sim 10s$	
以下是运行方式控制字整定,"1"表示投入,"0"表示退出				
20	投母差保护		0, 1	
21	投充电保护		0, 1	
22	投母联过流		0, 1	
23	投母联非全相		0, 1	
24	投单母方式		0, 1	
25	投一母TV		0, 1	
26	投二母TV		0, 1	
27	投充电闭锁母差		0, 1	
28	投TA异常不平衡判据		0, 1	
29	投TA异常自动恢复		0, 1	
30	投母联过流启动失灵		0, 1	
31	投外部闭锁母差保护		0, 1	

(1) I_{Hcd}(差动启动电流高值):保证母线最小运行方式故障时有足够灵敏度,并应尽可能躲过母线出线最大负荷电流。

(2) I_{Lcd}(差动启动电流低值):该段定值为防止母线故障大电源跳开差动启动元件返回而设,按切除小电源能满足足够的灵敏度整定,无大小电源情况时整定为$0.9I_{Hcd}$。

(3) K_H(比率制动系数高值):按一般最小运行方式下(母联处合位)发生母线故障时,大差比率差动元件具有足够的灵敏度整定,一般情况下推荐取为0.7。

(4) K_L(比率制动系数低值):按母联开关断开时,弱电源供电母线发生故障的情况下,大差比率差动元件具有足够的灵敏度整定,一般情况下推荐取为0.6。

(5) I_{chg}(充电保护电流定值):按最小运行方式下被充电母线故障时有足够的灵敏度整定。

（6）I_{gl}（母联过流电流定值）：按被充线路末端发生相间故障时有足够灵敏度整定，且必须躲过该运行方式下流过母联的负荷电流。

（7）I_{0gl}〔母联过流零序定值（$3I_0$）〕：按被充线路末端接地故障有足够灵敏度整定。

（8）T_{gl}（母联过流时间定值）：可根据实际运行需要整定。

（9）I_{0byz}（母联非全相零序定值）：躲过系统最大运行方式下母联的最大不平衡零序电流。

（10）I_{2byz}（母联非全相负序定值）：躲过系统最大运行方式下母联的最大不平衡负序电流。

（11）T_{byz}（母联非全相时间定值）：躲过母联开关合闸时三相触头最大不一致时间。

（12）Idx（TA 断线电流定值）：按正常运行时流过母线保护的最大不平衡电流整定。

（13）I_{dxbj}（TA 异常电流定值）：设置 TA 异常报警是为了更灵敏地反映轻负荷线路 TA 断线和 TA 回路分流等异常情况，整定的灵敏度应较 I_{dx} 高，可按 1.5～2 倍最大运行方式下差流显示值整定。

（14）U_{bs}（母差低电压闭锁）：按母线对称故障有足够的灵敏度整定，推荐值为 35～40V。当"投中性点不接地系统控制字"投入时，此项定值改为母差线低电压闭锁值，推荐值为 70V。

（15）U_{0bs}〔母差零序电压闭锁（$3U_0$）〕按母线不对称故障有足够的灵敏度整定，并应躲过母线正常运行时最大不平衡电压的零序分量。推荐值为 6～10V。当"投中性点不接地系统控制字"投入时，此项定值无效。

（16）U_{2bs}〔母差负序电压闭锁（相电压）〕：按母线不对称故障有足够的灵敏度整定，并应躲过母线正常运行时最大不平衡电压的负序分量。推荐值为 4～8V。

（17）I_{msl}（母联失灵电流定值）：按母线故障时流过母联的最小故障电流来整定，应考虑母差动作后系统变化对流经母联断路器的故障电流影响。

（18）T_{msl}（母联失灵时间定值）：应大于母联开关的最大跳闸灭弧时间。

（19）T_{sq}（母联死区动作时间定值）：应大于母联开关 TWJ 动作与主触头灭弧之间的时间差，以防止母联 TWJ 开入先于开关灭弧动作而导致母联死区保护误动作，推荐值为 100ms。

（20）投单母方式：此控制字不同于系统参数里的"投单母主接线"控制字。"投单母主接线"控制字整定为"1"时，表示系统的主接线方式为单母主接线；而"投单母方式"控制字和压板用于两段母线运行于互联方式下将母差的故障母线选择功能退出。控制字投单母方式和压板的投单母方式是"与"的关系，就地操作时，将控制字整定为"1"，靠压板来投退单母方式；当远方操作时，将单母压板投入，靠远方整定单母方式控制字来投退单母方式。

（21）投一母 TV、投二母 TV：母线电压切换时使用，当就地用把手操作时务必整定为"0"。

（22）投充电闭锁母差：该控制字整定为"1"时，在充电保护开放的 300ms 内闭锁母差保护。

（23）投 TA 异常不平衡判据：当系统中存在不平衡负荷，可能导致 TA 异常不平衡判据 $3I_0 > 0.25I_{\phi max} + 0.04I_n$ 误判时，应将此控制字整定为"0"，将 TA 异常不平衡判据退出，否则一般情况下该控制字均应整定为"1"。

（24）投 TA 异常自动恢复：根据此控制字可以选择电流回路恢复正常后，TA 异常报警信号是否自动复归。

（25）投母联过流启动失灵：该控制字整定为"1"时，母联过流保护动作时启动母联失灵保护。

（26）投外部闭锁母差保护：如果希望通过外部接点闭锁本装置母差保护，该控制字整定为 1。

注意事项：

（1）本保护中除用于母线电压切换的"投一母 TV"和"投二母 TV"以外，各控制字和对应压板之间均为"与"关系，即只有控制字和压板同时投入时，相应的保护功能才能投入。

（2）所有电流定值均要求由一次电流根据基准 TA 变比规算至二次侧，零序电流定值按 $3I_0$ 整定，负序电流定值按 I_2 整定。

4. 失灵保护公共整定值（表 3-6）、支路失灵保护整定值（表 3-7）

表 3-6　失灵保护公共整定值

序号	定值名称	整定范围	整定值
1	跟跳动时间（T_{gt}）	0.01～10s	
2	母联动作时间（T_{ml}）	0.01～10s	
3	失灵保护动作时间（T_{sl}）	0.01～10s	
4	失灵低电压闭锁（U_{sl}）	2～100V	
5	失灵零序电压闭锁（U_{0sl}）	2～57.7V	
6	失灵负序电压闭锁（U_{2sl}）	2～57.7V	
7	投失灵保护	0.1	

表 3-7　支路失灵保护整定值

序号	定值名称	整定范围	整定值
1	失灵启动相电流（I_{sl01}）	0～19I_s	
2	失灵启动零序电流（I_{0sl01}）	0.04I_s～19I_s	
3	失灵启动负序电流（I_{2sl01}）	0.04I_s～19I_s	
4	投零序电流判据	0，1	
5	投负序电流判据	0，1	
6	投不经电压闭锁	0，1	

（1）T_{gt}（跟跳动作时间）：当不用跟跳功能时，该定值应与 T_{ml} 定值一致。定值整定范围为 0.1s～母联动作时间 T_{ml}，推荐值为 0.15s。

（2）T_{ml}（母联动作时间）：该时间定值应大于断路器动作时间和保护返回时间之和，再考虑一定的裕度。推荐值为 0.25～0.35s。

（3）T_{sl}（失灵保护动作时间）：该时间定值应在先跳母联的前提下，加上母联断路器的动作时间和保护返回时间之和，再考虑一定的裕度。失灵保护动作时间应在保证动作选择性的前提下尽可能缩短。推荐值为 0.5～0.6s。

（4）U_{sl}（失灵低电压闭锁）：按连接本母线上的最长线路末端对称故障发生短路故障时

有足够的灵敏度整定,并应在母线最低运行电压下不动作,而在故障切除后能可靠返回。当"投中性点不接地系统控制字"投入时,此项定值改为失灵线低电压闭锁值。

(5) U_{0sl} [失灵零序电压闭锁($3U_0$)]:按连接本母线上的最长线路末端不对称故障发生短路故障时有足够的灵敏度整定,并应躲过母线正常运行时最大不平衡电压的零序分量。当"投中性点不接地系统控制字"投入时,此项定值无效。

(6) U_{2sl} [失灵负序电压闭锁(相电压)]:按连接本母线上的最长线路末端不对称故障发生短路故障时有足够的灵敏度整定,并应躲过母线正常运行时最大不平衡电压的负序分量。

(7) 投零序电流判据:当失灵启动相电流元件躲不过负荷电流时投入使用。

(8) 投负序电流判据:当失灵启动相电流元件躲不过负荷电流和零序电流元件(如不接地变压器)不能满足灵敏度要求时投入使用。

(9) 投不经电压闭锁:考虑到主变低压侧故障高压侧开关失灵时,高压侧母线的电压闭锁灵敏度有可能不够,因此可选择主变支路跳闸时失灵保护不经电压闭锁。

注意事项:

(1) 由于各支路断路器失灵保护共用电压闭锁定值,故整定时应保证在最大运行方式下,各线路末端发生故障时电压闭锁元件均能够开放。

(2) 所有电流定值均要求由一次电流根据基准 TA 变比规算至二次侧,零序电流定值按 $3I_0$ 整定,负序电流定值按 I_2 整定。

(3) 当母联代路时,被代支路的失灵保护由旁路保护的跳闸接点启动,此时应根据被代支路参数整定代路失灵保护整定值。

(4) 如果每个支路已有失灵启动装置,可以将失灵启动接点接至本装置相应支路的三跳失灵开入。

3.2.2 BP-2B 定值及整定说明

1. 装置系统参数(表 3-8)

表 3-8 装置系统参数

参数序号	参数名称		可选择范围
1	母线编号	母线 1	Ⅰ段,Ⅱ段,Ⅲ段,Ⅳ段,Ⅴ段,Ⅵ段,Ⅶ段,Ⅷ段,Ⅸ段,Ⅹ段
		母线 2	
		母线 3	
2	间隔 1	间隔类型	母联,分段,变压器,发变组,旁路,线路,其他
		断路器编号	0000～9999
		TA 变比*	由用户提供实际应用的 TA 变比数据,例如:$1200/I_n$, $800/I_n$, $600/I_n$, $400/I_n$, $300/I_n$
...			
25	间隔 24	间隔类型	母联,分段,变压器,发变组,旁路,线路,其他
		断路器编号	0000～9999
		TA 变比*	由用户提供实际应用的 TA 变比数据,例如:$1200/I_n$, $800/I_n$, $600/I_n$, $400/I_n$, $300/I_n$

*表中所列是电流互感器额定一次电流等级,I_n 是装置固化参数中确定的 TA 额定二次电流,用户只需按实际变比选择其中一项即可。装置自动选取最大变比为基准变比,并自动进行变比折算。备用间隔整定为可设定的最小变比。所有差、和电流的计算、显示都已经归算至基准变比的二次侧。为保证精度,各单元 TA 变比之间不宜差距 4 倍以上。

2. 装置使用参数（表 3-9）

表 3-9　装置使用参数表

参数序号	参数名称		可选择范围	备注
1	保护控制字	定值组别	0，1	注1
		强制母线互联	投，退	
		充电保护投入时投、退母差	投，退	
		出口接点	投，退	
2	通信控制字		保护动作返回报文是否上传	注2
3	通信波特率		1200～38400bit/s	
4	本装置通信地址		0～255	注3
5	自动打印		召唤打印，自动打印	注4

注：1. 保护控制字是极为重要的装置使用参数，它确定现时装置使用的定值组别和保护功能的投退。运行人员根据调度指令操作，修改保护功能控制字需要输入操作密码。

母差保护的定值受运行方式变化的影响较小，所以本装置只预先存储两组定值供切换。两组定值切换过程不需退出保护。

强制母线互联投入时，可以强制装置进入非选择（单母）方式，差动保护和失灵保护出口动作都不再具有选择性，同时"母线互联"告警灯点亮。

充电保护投入期间是否投、退母线差动保护，可按各地运行习惯确定。

出口接点投入时，保护装置投跳闸出口；出口接点退出时，保护装置只投信号，同时"出口退出"告警灯点亮。

2. 本装置的保护动作返回事件是否上传监控系统。

3. 在监控系统中本装置的通信地址。

4. 如果设置为召唤打印，则只在选择"打印"选项后打印相应内容；如果设置为自动打印，则装置会在有扰动信息或手动操作后自动打印报告。

3. 保护定值清单（表 3-10）

表 3-10　保护定值清单

类别		定值			整定范围/级差	推荐值
		序号	名称	符号		
母线差动保护	比率差动元件	1	比率差动门槛	I_{dset}	0.1～20A/0.1A	
		2	复式比率系数高值	K_{rH}	0.5～4/0.5	2.0
		3	复式比率系数低值	K_{rL}	0.5～1/0.5	0.5
	差动复合电压闭锁	4	差动保护低电压	U_{ab}	20～99V/1V	65～70V
		5	差动保护零序电压	$3U_0$	1～35V/1V	4～8V
		6	差动保护负序电压	U_2	1～35V/1V	6～10V
	启动元件	7	相电流突变	Δ_{ir}	0.1～20A/0.1A	0.5～5A

续表

类别		定值			整定范围/级差	推荐值
		序号	名称	符号		
失灵保护出口	失灵复合电压闭锁	8	失灵保护低电压	U'_{ab}	20～99V/1V	70～75V
		9	失灵保护零序电压	$3U'_0$	1～35V/1	
		10	失灵保护负序电压	U'_2	1～35V/1V	
	时间元件	11	失灵出口短时	T_{SL}	0.01～1.99s/0.01s	0.25～0.3s
		12	失灵出口长延时	T_{SH}	0.01～1.99s/0.01s	0.5～0.6s
母联失灵保护	过流元件	13	母联失灵电流定值	I_{SL}	0.1～20A/0.1A	
	时间元件	14	母联失灵出口延时	T_{MSL}	0.01～1.99s/0.01s	0.16～0.25s
		15	母联死区出口延时	T_{MSQ}	0.05～1.99s/0.01s	
充电保护	过流元件	16	充电保护电流定值	I_C	0.1～20A/0.1A	
	时间元件	17	充电出口延时	T_C	0.01～0.20s/0.01s	
母联电流保护	速断元件	18	母联速断相电流定值	I_{K1}	0.1～20A/0.1A	
		19	母联速断零序电流定值	$3I_{0K1}$	0.1～20A/0.1A	
	过流元件	20	母联过流相电流定值	I_K	0.1～20A/0.1A	
		21	母联过流零序电流定值	$3I_{0K}$	0.1～20A/0.1A	
	时间元件	22	母联过流出口延时	T_K	0.01～1.99s/0.01s	
TA断线	断线闭锁	23	TA断线门槛	I_{d-ct}	0.01～2A/0.01A	
		24	TA断线告警门槛	I_{d-ctg}	0.01～2A/0.01A	
失灵保护过流	过流元件	25	第1间隔相电流	I_{1SL}	0.1～20A/0.1A	
		...				
		48	第24间隔相电流	I_{24SL}	0.1～20A/0.1A	
		49～52	第2～5间隔零序电流	I_{SLLX}	0.1～20A/0.1A	
		53～56	第2～5间隔负序电流	I_{SLFX}	0.1～20A/0.1A	

注:"失灵零序电流"和"失灵负序电流"只对设置为变压器的间隔有效,非变压器间隔只判别"失灵相电流"。对于设置为变压器的间隔,有主变失灵解闭锁功能

(1)母线差动保护定值整定说明。

① 复式比率系数高值:复式比率系数 K_r 的定值整定应综合考虑区外故障时故障支路的 CT 饱和引起的传变误差 δ（%）及区内故障时流出母线的电流占总故障电流的比率 Ext（%）。

若考虑区外故障时故障支路的 CT 饱和引起的传变误差为 δ,而其余支路的 CT 误差忽略不计,则 $I_d = |1-\delta-1| = \delta$, $I_r = |1-\delta| + |1| = 2-\delta$,因此 $I_d/(I_r-I_d) = \delta/(2-2\delta)$。根据复式比率差动继电器的动作判据可知,要保证区外故障时差动不误动,必须满足 $I_d/(I_r-I_d) < K_r$,即 $\delta/(2-2\delta) < K_r$。

若考虑区内故障时流出母线的电流占总故障电流的比率为 Ext,令 $I_d = 1$,则 $I_r = 1+2Ext$,根据复式比率差动继电器的动作判据可知,要保证区内故障时差动动作,必须满足 $I_d/(I_r-I_d) \geq K_r$,即 $1/(1+2Ext-1) \geq K_r$,即 $1/(2Ext) \geq K_r$。

从而可得 K_r 与 δ、Ext 之间的关系表,见表3-11。

表 3-11 K_r 与 δ、Ext 之间的关系表

K_r	Ext（%）	δ（%）	K_r	Ext（%）	δ（%）
1	40	67	3	15	85
2	20	80	4	12	88

由表 3-11 可知，K_r 与 Ext 成反比，即 K_r 选值越大，在区内故障时允许流出母线的电流占总故障电流的份额越小；K_r 选值越大，在区外故障时允许故障支路的最大 CT 误差越大。

当 K_r 整定为"2"时，在区外故障时允许故障支路的最大 CT 误差为 80% 而母差不会误动，在区内故障时允许 20% 以下的总故障电流流出母线而母差不会拒动，其余类推。

② 复式比率系数低值：按母线分列运行（联络开关断开），小电源供电母线故障时，大差比率元件有足够的灵敏度来整定，整定原则同上。

③ 比率差动门槛：保证母线最小方式故障时有足够的灵敏度，尽可能躲过母线出线最大负荷电流，灵敏度≥3。

④ 差动保护低电压（线电压）：按母线对称故障有足够灵敏度整定，灵敏度≥1.5，并应在母线最低运行电压下不动作，而在故障切除后能可靠返回。一般取（65%～70%）U_e。

⑤ 差动保护零序电压（3U_0）：按母线不对称故障有足够灵敏度整定，灵敏度≥4，并应躲过母线正常运行时最大不平衡电压的零序分量，可靠系数≥4。一般取 6～10V。

⑥ 差动保护负序电压（相电压）：按母线不对称故障有足够灵敏度整定，灵敏度≥4，并应躲过母线正常运行时最大不平衡电压的负序分量，可靠系数≥4。一般取 4～8V。

⑦ 相电流突变：是母线上所有元件相电流绝对值之和的故障变化量。相电流突变定值，应保证母线最小方式故障时有足够的灵敏度，灵敏度≥3。推荐值为（0.1～1）I_n。

（2）失灵保护出口定值整定说明：

① 失灵保护低电压（线电压）：按连接本母线的任一线路末端对称故障和任一变压器低压侧发生短路故障时有足够灵敏度整定，灵敏度≥1.3～1.5，并应在母线最低运行电压下不动作，而在故障切除后能可靠返回。一般取（70%～75%）U_e。

② 失灵保护零序电压（3U_0）：按连接本母线的任一线路末端不对称故障和任一变压器低压侧发生短路故障时有足够灵敏度整定，灵敏度≥1.3～1.5，并应躲过母线正常运行时最大不平衡电压的零序分量，可靠系数≥4。

③ 失灵保护负序电压（相电压）：按连接本母线的任一线路末端不对称故障和任一变压器低压侧发生短路故障时有足够灵敏度整定，灵敏度≥1.3～1.5，并应躲过母线正常运行时最大不平衡电压的负序分量，可靠系数≥4。

④ 失灵出口短延时：即断路器失灵启动后以较短时限动作于跳开母联（或分段）断路器。该时间定值应大于断路器动作时间和保护返回时间之和，再考虑一定的时间裕度。双母线接线方式下，该延时可整定为 0.25～0.3s；一个半开关接线方式下，该定值可整定为 0.13～0.15s 动作于跳本断路器三相。

⑤ 失灵出口长延时：即断路器失灵启动后以较长时限动作于跳开与拒动断路器连接在同一母线上的所有断路器。该时间定值应在先跳母联（或分段）的前提下，加上母联（或分段）断路器动作时间和保护返回时间之和，再考虑一定的时间裕度。断路器失灵保护的动作时间应在保证断路器失灵保护动作选择性的前提下尽量缩短。双母线接线方式下，该延时可

整定为 0.5 ~0.6s；一个半开关接线方式下，该定值可整定为 0.2 ~0.25s 动作于跳开与拒动断路器相关联的所有断路器，包括经远方跳闸通道断开对侧的线路断路器。

（3）母联失灵保护定值整定说明。

① 母联失灵电流定值（相电流）：按母线故障时流过联络开关的最小故障电流来整定。应考虑母差动作后系统变化对流经母联断路器的故障电流的影响，灵敏度≥1.5，并尽可能躲过正常运行时流过联络开关的负荷电流。也可不整定，同比率差动门槛定值。

② 母联失灵出口延时：应大于联络开关最大跳闸灭弧时间，再考虑一定裕度。

（4）充电保护定值整定说明。

① 充电保护电流定值：取流过母联断路器的相电流，按最小运行方式下被充电母线故障时有足够的灵敏度来整定，灵敏度≥1.5。

② 充电出口延时：可根据实际运行需要整定。若用母联断路器由一条母线向另一条空母线充电时，一般可整定为 0.01s。

（5）母联电流保护定值整定说明。

① 母联过流相电流定值：按被保护元件末端故障有足够灵敏度整定，灵敏度≥1.3 ~1.5，并必须躲过此时系统运行方式下流过母联的负荷电流。

② 母联过流零序电流定值：取母联断路器 $3I_0$ 电流，按被保护元件末端故障时有足够的灵敏度整定，灵敏度≥1.3 ~1.5。

③ 母联过流出口延时：可根据实际运行需要整定。

（6）TA 断线定值整定说明。TA 断线门槛应躲过正常情况下分相差动最大不平衡电流。

（7）失灵保护过流定值整定说明。第 m 间隔过流定值，应保证在本线路末端或本变压器低压侧单相接地故障时有足够灵敏度，灵敏系数大于 1.3，并尽可能躲过正常运行负荷电流。

注：各间隔（不含母联/分段）的失灵有流定值均以其相应间隔的 TA 变比为基准，不须折算。其他电流定值均要求按基准 TA 变比折算，装置自动选取最大变比为基准变比。

3.3 使用说明

3.3.1 RCS-915 装置使用说明

3.3.1.1 装置液晶显示说明

1. 保护运行时液晶显示说明

上电后，装置正常运行，液晶屏幕将根据系统运行方式的不同而显示不同的界面信息。

（1）单母主接线方式下，显示界面大致如图 3-13 所示。

图 3-13 中上面部分的左侧显示为程序版本号，中间为 CPU 实时时钟。图 3-13 中间部分为主接线图，保护装置中的系统参数中各个支路的调整系数是否为零，决定了主接线图是否显示该支路（调整系数为零的不再显示）。图中还显示各条支路的元件编号、电流大小及潮流方向。其中，元件编号由 4 位数字组成，可任意整定。在没有任何按键的情况下，该图自动向左缓缓移动。图形下面部分显示了大差三相电流和该单母线的三相（从左至右依次为

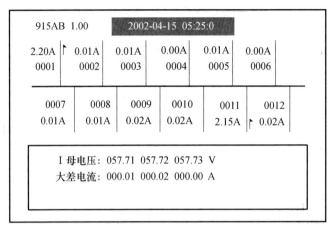

图 3-13 单母主接线方式显示界面

A、B、C）电压，其中电压的母线编号随系统定值的变化而变化。在该界面下：按"←"键则中间接线图加速向左移动；按"→"键则中间接线图加速向右移动；按"ENT"（确认）键则中间主接线图不再移动。

（2）单母分段主接线方式下，显示界面大致如图 3-14 所示。

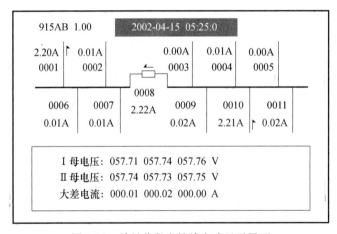

图 3-14 单母分段主接线方式显示界面

分段开关位置的指示原则为：实心方框表示开关跳位（TWJ＝1）；空心方框表示开关处合位（TWJ＝0）；主接线显示的支路条数不仅取决于系统参数定值的支路调整系数，还取决于该支路在刀闸位置控制字中是否投入。图 3-14 的下面部分显示两条母线的三相电压、大差三相电流及两条母线小差三相电流，其中电压及小差电流的母线编号随系统定值的变化而变化。在没有任何按键的情况下，该部分向上循环滚动（每次滚动一行）。在按"ENT"（确认）键的情况下，除了中间主接线图不再滚动外，图形下面的数据也不再滚动，此时数据继续保持更新。

（3）双母主接线方式，显示界面大致如图 3-15 所示。

（4）单母运行方式（以双母运行为例，如图 3-16 所示）。在双母主接线方式投单母运行的情况下，同双母线运行方式相比，图形的上面右侧出现"单母"的汉字指示，同时，在图形中部的主接线图中的两条母线被连接在了一起；其余的各内容同双母线。

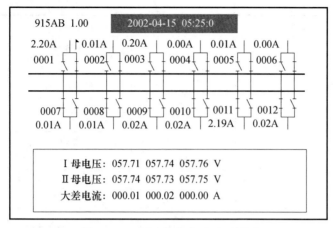

图 3-15 双母主接线方式显示界面

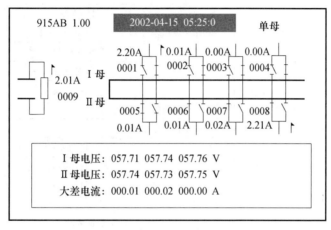

图 3-16 单母运行方式显示界面

2. 保护动作时液晶显示说明

当保护动作时，液晶屏幕自动显示最新一次保护动作报告，再根据当前是否有自检报告，液晶屏幕将可能显示以下两种界面：保护动作报告和异常记录报告同时存在的界面；仅有保护动作报告的界面。详见本书 2.3.2 节。

3.3.1.2 菜单使用说明

1. 菜单结构（表 3-12）

表 3-12 RCS-915AB 母线/失灵保护装置菜单结构

一级菜单	二级菜单	三级菜单	四级菜单	五级菜单
主菜单	保护状态	保护板状态	交流量采样	
			开入量状态	刀闸位置
				失灵接点
				其他开入
			计算差流	
			相角	

续表

一级菜单	二级菜单	三级菜单	四级菜单	五级菜单
主菜单	保护状态	管理版状态	交流量采样	
			开入量状态	刀闸位置
				失灵接点
				其他开入
			计算差流	
			相角	
	显示报告	保护动作报告		
		异常记录报告		
		开入变位报告		
	打印报告	定值		
		动作相关报告	保护动作报告	
			打印差流	
			打印支路 1～5	
			打印支路 6～10	
			打印支路 11～15	
			打印支路 16～18	
			打印母联	
		异常记录报告		
		开入变位报告		
		正常波形	启动录波	
			打印差流	
			打印支路 1～5	
			打印支路 6～10	
			打印支路 11～15	
			打印支路 16～18	
			打印母联	
	整定定值	装置参数定值		
		系统参数定值		
		母线保护定值		
		失灵保护定值		
	修改时钟			
	程序版本			
	调试菜单	远方通信状态	收到数据	
			收到完整帧	
			收到装置报文	
			发送数据	
		调试模拟量	CPUDSP1 模拟量	
			CPUDSP2 模拟量	
			MONDSP1 模拟量	
			MONDSP2 模拟量	
		调试内存		

2. 菜单详解

在主接线图、保护动作报告、自检报告状态下，按"ESC"键即可进入菜单。菜单为仿 Windows 开始菜单界面，如图 3-17 所示。

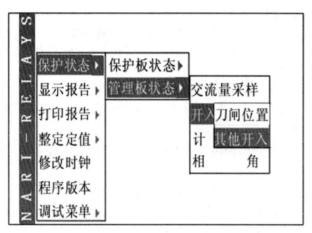

图 3-17　菜单

其中，反显的菜单条目为激活条目。按"→"键为弹出下一级菜单（必须是菜单项中标有箭头指向的），按"←"键为回到前一级菜单，按"↑"键、"↓"键为移动菜单项，该移动为循环移动。密码为：键盘的"＋"、"←"、"↑"、"—"。

（1）保护状态。此菜单的设置主要用来显示保护装置电流电压实时采样值和开入量状态，它全面地反映了该保护运行的环境，只要这些量的显示值与实际运行情况一致，则基本上保护能正常运行。本菜单的设置为现场人员的调试与维护提供了极大的方便。保护状态分为保护板状态和管理板状态两个子菜单。

① 保护板状态：显示保护板采样到的实时交流量、实时刀闸位置、其他开入量状态（包括压板位置）和实时差流大小及电压电流之间的相角。对于开入量状态，"1"表示投入或收到接点动作信号，"0"表示未投入或没收到接点动作信号。

② 管理板状态：显示管理板采样到的同保护板相同的各种信息。

（2）显示报告。此菜单显示保护动作报告、异常记录报告、开入变位报告。由于本保护自带掉电保持，不管断电与否，它能记忆保护动作报告、异常记录报告及开入变位报告各32 次。

按"↑"键和"↓"键上下滚动，选择要显示的报告，按"ENT"键显示选择的报告。首先显示最新的一条报告；按"—"键，显示前一个报告；按"＋"键，显示后一个报告。若一条报告一屏显示不下，则通过"↑"键和"↓"键上下滚动。按"ESC"键退出至上一级菜单。

（3）打印报告。此菜单包括 5 个子菜单：定值、动作相关报告、异常记录报告、开入变位报告、正常波形。该保护能记忆 8 次波形报告，其中差流波形报告中包括大差电流波形、各母线小差电流波形和电压波形以及各保护元件动作时序图，支路电流打印功能中可以选择打印各连接元件的故障前后支路电流波形。按"↑"键和"↓"键上下滚动，选择要打印的报告，按"ENT"键确认打印选择的报告。

（4）整定定值。此菜单分为 4 个子菜单：装置参数定值、系统参数定值、母线保护定值和失灵保护定值。可进入某一个子菜单整定相应的定值。

按"↑"键、"↓"键滚动选择要修改的定值，按"←"键、"→"键将光标移到要修改的那一位，按"＋"键和"－"键修改数据，按"ESC"键则不修改返回，按"ENT"键液晶显示屏提示输入确认密码，按次序键入"＋←↑－"，完成定值整定后返回。

注：若整定出错，液晶会显示出错位置，且显示3s后自动跳转到第一个出错的位置，以便于现场人员纠正错误。另外，定值区号或系统参数定值整定后，母差保护定值和失灵保护定值必须重新整定，否则装置认为该区定值无效。

（5）修改时钟。液晶显示当前的日期和时间。按"↑"键、"↓"键、"←"键、"→"键选择要修改的那一位，按"＋"键和"－"键修改。按"ESC"键为不修改返回，按"ENT"键为修改后返回。

（6）程序版本。液晶显示保护板、管理板和液晶板的程序版本以及程序生成时间。

（7）调试菜单。

①远方通信状态。用于监视与后台机的通信状态情况。

485A、485B分别表示485A口和485B口的通信状态。"收到数据"状态常为"N"时表示线路断或线上没有任何报文；"收到完整帧"状态常为"N"时表示通信波特率或通信规约设置错误，也有可能是485通信线正负接错；"收到本装置报文"状态常为"N"时表示通信地址设置错误；"发送数据"状态常为"N"时表示报文有问题。各状态均闪烁出现"Y"表示通信正常。另外，分析通信状态问题时应按菜单次序从上到下进行检查。

② 调试模拟量。实时显示保护计算出的母线零序、负序电压，各支路零序、负序电流，大差差动和制动电流，各母线差动和制动电流等，以方便装置调试工作。

③ 调试内存。实时显示68332和DSP1、DSP2的内存数值，主要供开发人员调试程序时使用。

3.3.1.3　装置的运行说明

机柜正面右上部有3个按钮，分别为信号复归按钮、刀闸位置确认按钮和打印按钮。信号复归按钮用于复归保护动作信号，刀闸位置确认按钮是供运行人员在刀闸位置检修完毕后复归位置报警信号，打印按钮是供运行人员打印当次故障报告。机柜正面下部为压板，主要包括保护投入压板和各连接元件出口压板。机柜背面顶部有3个空气开关，分别为直流开关和PT回路开关。装置面板上设有9键键盘和10个信号灯。信号灯说明如下：

"运行"灯为绿色，装置正常运行时点亮；

"断线报警"灯为黄色，当发生交流回路异常时点亮；

"位置报警"灯为黄色，当发生刀闸位置变位、双跨或自检异常时点亮；

"报警"灯为黄色，当发生装置其他异常情况时点亮；

"跳Ⅰ母"和"跳Ⅱ母"灯为红色，母差保护动作跳母线时点亮；

"母联保护"灯为红色，母差跳母联、母联充电、母联非全相、母联过流保护动作或失灵保护跳母联时点亮；

"Ⅰ母失灵"和"Ⅱ母失灵"灯为红色，断路器失灵保护动作时点亮；

"线路跟跳"灯为红色，断路器失灵保护动作时点亮。

3.3.1.4　RCS-915微机母线保护装置常见异常及处理

RCS-915微机母线保护装置常见异常及处理见表3-13。

表 3-13 RCS-915 微机母线保护装置常见异常及处理

序号	异常信息	含义	处理建议
1	保护板（管理板）内存出错	保护板（管理板）的 RAM 芯片损坏，发"装置闭锁"和"其他报警"信号，闭锁装置	立即退出保护，报告相关人员
2	保护板（管理板）程序出错	保护板（管理板）的 FLASH 内容被破坏，发"装置闭锁"和"其他报警"信号，闭锁装置	
3	保护板（管理板）定值出错	保护板（管理板）定值区的内容被破坏，发"装置闭锁"和"其他报警"信号，闭锁装置	
4	保护板（管理板）DSP 定值出错	保护板（管理板）DSP 定值区求和校验出错，发"装置闭锁"和"其他报警"信号，闭锁装置	
5	保护板（管理板）FP-GA 出错	保护板（管理板）FPGA 芯片校验出错，发"装置闭锁"和"其他报警"信号，闭锁装置	
6	保护板（管理板）CPLD 出错	保护板（管理板）CPLD 芯片校验出错，发"装置闭锁"和"其他报警"信号，闭锁装置	
7	跳闸出口报警	出口三极管损坏，发"装置闭锁"和"其他报警"信号，闭锁装置	
8	保护板（管理板）DSP 出错	保护板（管理板）DSP 自检出错，FPGA 被复位，发"装置闭锁"和"其他报警"信号，闭锁装置	
9	采样校验出错	保护板和管理板采样（包括开入量和模拟量）不一致，发"装置闭锁"和"其他报警"信号，闭锁装置	
10	管理板启动开出报警	在保护板没有启动的情况下，管理板长期启动，发"其他报警"信号，不闭锁装置	
11	该区定值无效	该定值区的定值无效，发"装置闭锁"和"其他报警"信号，闭锁装置	定值区号或系统参数定值整定后，母线保护和失灵保护定值必须重新整定
12	光耦失电	光耦正电源失去，发"其他报警"信号	检查电源板的光耦电源以及开入/开出板的隔离电源是否接好
13	内部通信出错	保护板与管理板之间的通信出错，发"其他报警"信号，不闭锁装置	检查保护板与管理板之间的通信电缆是否接好
14	保护板（管理板）DSP1 长期启动	保护板（管理板）DSP1 启动元件长期启动（包括母线、母联充电、母联非全相、母联过流长期启动），发"其他报警"信号，不闭锁保护	检查二次回路接线（包括 TA 极性）
15	外部启动母联失灵开入异常	外部启动母联失灵接点 10s 不返回，报"外部启动母联失灵开入异常"，同时退出该启动功能	检查外部启动母联失灵接点

序号	异常信息	含义	处理建议
16	外部闭锁母线开入异常	外部闭锁母线接点 1s 不返回，发"其他报警"信号，同时解除对母线保护的闭锁	检查外部闭锁母线接点
17	保护板（管理板）DSP2 长期启动	保护板（管理板）DSP2 启动元件长期启动（包括失灵保护长期启动，解除复压闭锁长期动作），发"其他报警"信号，闭锁失灵保护	检查失灵接点（包括解除电压闭锁接点）
18	刀闸位置报警	刀闸位置双跨，变位或与实际不符，发"位置报警"信号，不闭锁保护	检查刀闸辅助触点是否正常，如异常应先从模拟盘给出正确的刀闸位置，并按屏上刀闸位置确认按钮确认，检修结束后将模拟盘上的三位置开关恢复到"自动"位置，并按屏上刀闸位置确认按钮确认
19	母联 TWJ 报警	母联 TWJ＝1 但任意相有电流，发"其他报警"信号，不闭锁保护	检修母联开关辅助接点
20	TV 断线	母线电压互感器二次断线，发"交流断线报警"信号，不闭锁保护	检查 TV 二次回路
21	电压闭锁开放	母线电压闭锁元件开放，发"其他报警"信号，不闭锁保护。此时可能是电压互感器二次断线，也可能是区外远方发生故障长期未切除	
22	闭锁母线开入异常	由外部保护提供的闭锁母线开入保持 1s 以上不返回，发"其他报警"信号，同时解除对母线保护的闭锁。	检查提供闭锁母线开入的保护动作接点
23	TA 断线	电流互感器二次断线，发"断线报警"信号，闭锁母线保护	立即退出保护，检查 TA 二次回路
24	TA 异常	电流互感器二次回路异常，发"TA 异常报警"信号，不闭锁母线保护	检查 TA 二次回路
25	面板通信出错	面板 CPU 与保护板 CPU 通信发生故障，发"其他报警"信号，不闭锁保护	检查面板与保护板之间的通信电缆是否接好

3.3.2　BP-2B 装置使用说明

3.3.2.1　装置液晶显示说明

装置的液晶界面以数字和图形方式显示装置信息。它主要由三层界面构成：主界面，一级界面，二级界面。主界面显示主接线图和装置状态信息。一级界面显示菜单列表及说明。二级界面显示菜单各选项的详细内容。

键盘由 6 个按键组成："上""下""左""右""确认"和"取消"键。其中，"上""下""左""右"键只在本层界面内改变显示内容。各层界面之间的切换要通过"确认"键和"取消"键完成。装置上电后，液晶显示主界面。按"确认"键进入一级界面，再按"确认"键可进入二级界面；此时，按"取消"键退回一级界面，再按"取消"键退至主界面。装置操作密码为"800"。

1. 主界面

主界面分上、下两个窗口，上窗口显示模拟主接线图，下窗口显示装置状态信息。主界面上窗口的主接线图中，母联断路器的状态是"空心为断、实心为合"；刀闸辅助接点状态是"斜线为断、直线为合"。在主界面下，当刀闸或母联的断路器状态发生变化时，模拟接线会实时刷新。主界面下窗口的显示内容有差动保护投退，失灵保护投退，充电和过流保护投退，自检结果和定值组别，差流和电压值。正常运行时，以上内容在下半窗口定时循环切换，时间间隔是 6s。也可按"上""下"键或"左""右"键时，手动切换显示内容。保护动作时，主界面下窗口显示动作信息（如Ⅰ母差动动作）。

2. 一级界面

在主界面按"确认"键进入一级界面。它分为两个窗口，上窗口是菜单列表，下窗口是菜单选项的说明。菜单有 5 列：查看、参数、整定、预设和自检。菜单选项在菜单列表中显示。右上角的"装置运行"（"装置调试""通信中断"）表示当前的运行状态：当保护元件和闭锁元件都投入运行时，显示为"装置运行"；当任一元件无法正常出口动作时（如自检异常、出口退出），显示为"装置调试"；当管理机无法与保护主机或闭锁主机联系上时，显示为"通信中断"，此时界面显示的数据和状态可能无法实时刷新。阴影部分表示光标所在位置。当按"上""下"键时，光标随按键在菜单列表内上下循环移动。当按"左""右"键时，光标随按键左右循环移动。光标移动时，屏幕下半窗口的菜单选项说明做相应的变动。

3. 二级界面

在一级界面按"确认"键后进入二级界面。它分为两个窗口，上半窗口是所要显示的菜单项目，下半窗口显示内容。当要修改数据或参数时，先按"左""右"或"上""下"键，将光标移动到要修改的数据或参数下，按"确认"键，光标由下画线变为阴影，此时按"左""右"或"上""下"键修改数据或参数，修改结束后，按"确认"键，光标由阴影变为下画线，此时按"左""右"或"上""下"键，光标会做相应移动。

3.3.2.2　菜单使用说明

1. 菜单结构

BP-2B 母线/失灵保护装置菜单结构见表 3-14。

表 3-14　BP-2B 母线/失灵保护装置菜单结构

一级菜单	二级菜单	三级菜单	四级菜单
主菜单	查看	间隔单元	保护单元
			闭锁单元
			打印
		整定值	差动保护
			失灵保护
			母联失灵保护
			母联充电保护
			母联过流保护
			TA 断线定值
			打印
		事件记录	

一级菜单	二级菜单	三级菜单	四级菜单
主菜单	查看	装置运行记录	上电时间
			掉电时间
			自检记录
			通信无响应
			保护投入时间
			保护退出时间
			差动越限记录
			电压波动记录
			和电流突变记录
			装置告警记录
			定值整定记录
			预设修改记录
			信号复归记录
			装置闭锁记录
			运行方式变位
		录波记录	
		装置信息	
		通信报文	
	参数	运行方式设置	
		保护控制字	
		装置时钟设置	
		波特率设置	
		自动打印设置	
		通信控制字	
		通信地址设置	
	整定值	差动保护	
		失灵保护	
		母联失灵保护	
		母联充电保护	
		母联过流保护	
		TA 断线定值	
		打印	
	预设	相位基准	
		母线编号	
		间隔设置	
	自检	差动单元	
		闭锁单元	
		管理单元	
		强制自检	

2. 菜单详解

菜单选项的详细内容如下。

(1) 查看：此菜单主要是用于查看信息。

① 间隔单元：实时显示各保护单元的电流量的幅值和相角，刀闸辅助接点状态，失灵接点状态，TA 变比，间隔类型；闭锁单元的电压量的幅值和相角，母线投入状态。以上信息可以打印。

② 整定值：显示所有组别的保护定值，此菜单下只能查看，不能整定。

③ 事件记录：记录最近发生的 32 次事件的时间和事件名称。

④ 装置运行记录：在各个选项中分别记录最近发生的 32 次装置运行的相关内容。

⑤ 录波记录：记录最近 6 次保护动作的故障信息及录波图形。故障信息包括故障发生时间、故障母线、故障相别、保护动作类型、动作时间。录波图形记录母线各单元各相别的电流，电压和动作脉冲的波形，故障开始前后各 1 周波，保护动作前后各 4 周波，共 10 个周波，录波波形可放大或缩小，也可左右移动。录波记录按时间先后排序，最近一次动作录波记录编号为第 1 次。

⑥ 装置信息：显示母线主接线、电压等级、额定参数、软件版本及校验码等。

⑦ 通信报文：显示装置的串口通信报文。

(2) 参数：此菜单设置母线保护的参数。

① 运行方式设置：刀闸辅助接点的强制状态设置，如果不选择强制状态，可选择自动识别方式。

② 保护控制字：设置定值组别，母线强制互联状态，投充电保护时是否退差动保护。保护出口接点是否投入。

③ 装置时钟设置。

④ 波特率设置：设置管理机与主控进行串口通信的速率。

⑤ 自动打印设置：选择自动打印还是手动打印。

⑥ 通信控制字：设置装置与主控的通信时，是否上传保护动作返回报文。

⑦ 通信地址设置：设置装置与主控通信的通信地址。

(3) 整定值：此菜单整定保护的定值，并具有打印选项。按功能分为：

① 差动保护：差动门槛值、比率系数高值、比率系数低值、低电压定值、零序电压定值、负序电压定值、电流突变定值。

② 失灵保护：低电压定值、零序电压定值、负序电压定值、失灵出口短延时定值、失灵出口长延时定值。

③ 母联失灵保护：母联失灵电流定值、母联失灵出口延时。

④ 母联充电保护：母联充电电流定值、母联充电延时定值。

⑤ 母联过流保护：母联过流定值、母联零序过流定值、母联过流延时定值。

⑥ TA 断线定值：TA 断线电流定值。

(4) 预设：设置现场运行的相关参数，包括相位基准、母线编号、间隔单元的编号、TA 变比和间隔类型。

(5) 自检：此菜单实时显示装置各单元的自检结果。

① 差动单元：RAM 区、定值区、时钟与中断、通信口、A/D 转换通道、出口接点状态。

② 闭锁单元：RAM 区、定值区、时钟与中断、通信口、A/D 转换通道、出口接点状态。

③ 管理单元：RAM 区、时钟与中断、通信口。

④ 强制自检：保护复位时，装置执行全面自检。自检结束且无异常后，保护投入运行。

3.3.2.3 装置运行说明

机柜门侧安装有"复归按钮"（RT）和"保护切换把手"（QB）。保护切换把手是方便运行人员投退差动保护和失灵出口时使用。键盘左侧的 3 列绿色指示灯，分别表示保护元件、闭锁元件和管理机的电源、运行、通信状态，指示灯闪亮表示相应回路正常。每列指示灯下方的隐藏按钮，是各自的复位按钮。装置状态指示灯与按钮见表 3-15。

表 3-15　装置状态指示灯与按钮

保护电源	保护元件使用的＋5V、±15V 电平正常
保护运行	保护主机正常上电、开始运行保护软件
保护通信	保护主机正与管理机进行通信
保护复位	内藏按钮，正直按下可使保护主机复位
闭锁电源	闭锁元件使用的＋5V、±15V 电平正常
闭锁运行	闭锁主机正常上电、开始运行保护软件
闭锁通信	闭锁主机正与管理机进行通信
闭锁复位	内藏按钮，正直按下可使闭锁主机复位
管理电源	管理机与液晶显示使用的＋5V 电平正常
操作电源	操作回路使用的＋24V 电平正常
对比度	内藏旋钮，平口起左右旋转可调节液晶显示对比度
管理复位	内藏按钮，正直按下可使管理机复位

液晶左侧的两列红色指示灯，分别受保护主机和闭锁主机控制。最左边一列为差动保护、失灵保护的分段动作信号；右边一列为差动保护、失灵保护的复合电压闭锁分段开放信号。装置一般考虑三个母线段，有差动动作Ⅰ、差动动作Ⅱ、差动动作Ⅲ、失灵动作Ⅰ、失灵动作Ⅱ、失灵动作Ⅲ、差动开放Ⅰ、差动开放Ⅱ、差动开放Ⅲ、失灵开放Ⅰ、失灵开放Ⅱ、失灵开放Ⅲ共 12 个指示灯。后 6 个指示灯不带自保持。

液晶右侧的两列指示灯，左边一列为保护动作信号指示灯，包括差动保护、失灵保护、母联充电、母联过流保护的动作指示灯，右边一列为异常告警灯，包括 TA 断线、TV 断线、互联、开入异常、开入变位、闭锁异常、保护异常、出口退出告警灯。

保护异常或闭锁异常灯亮时，可操作面板按键，进入自检菜单，查看异常信息；装置开入异常或开入变位时，可进入查看菜单，查看事件记录，确认异常原因；装置刀闸自动修正后，发开入异常告警。刀闸检修正常后，需按复归按钮解除刀闸修正。当母联 CT 断线时，装置自动强制母线互联，并发互联信号。母联 CT 检修正常后，需按复归按钮解除母线强制互联。

3.3.3 BP-2B 母线/失灵保护装置常见异常及处理

BP-2B 母线/失灵保护装置常见异常及处理见表 3-16。

表 3-16 **BP-2B 母线/失灵保护装置常见异常及处理**

序号	异常信息	含义	处理建议
1	保护元件 RAM 区异常	保护异常信号灯亮，保护退出	更换差动板
2	保护元件定值区异常	保护异常信号灯亮，保护退出	
3	保护元件时钟异常	告警	
4	保护元件通信异常	告警	
5	闭锁元件 RAM 区异常	闭锁异常信号灯亮，闭锁退出	更换闭锁板
6	闭锁元件定值区异常	闭锁异常信号灯亮，闭锁退出	
7	闭锁元件时钟异常	告警	
8	闭锁元件通信异常	告警	
9	闭锁元件 A/D 异常	闭锁异常信号灯亮，闭锁退出	
10	管理元件 RAM 区异常	告警	更换管理机插件
11	管理元件时钟异常	告警	
12	管理元件通信异常	告警	
13	保护元件出口接点异常	保护异常信号灯亮，保护退出	更换差动板或光耦板
14	闭锁元件出口接点异常	闭锁异常信号灯亮，闭锁退出	更换闭锁板或光耦板
15	保护元件 A/D 异常	保护异常信号灯亮，保护退出	更换差动板或单元板
16	开入异常	刀闸辅接点与一次系统不对应	(1) 进入参数-运行方式设置，使用强制功能恢复保护与系统的对应关系 (2) 复归信号 (3) 检查出错的刀闸辅接点输入回路
		失灵接点误启动	(1) 断开与错误接点相对应的失灵启动压板 (2) 复归信号 (3) 检查相应的失灵启动回路
		联络开关常开与常闭接点不对应	检查开关接点输入回路
17	互联	母线处于经刀闸互联状态	确认是否符合当时的运行方式，是则不用干预，否则进入参数-运行方式设置，使用强制功能恢复保护与系统的对应关系
		保护控制字中，强制母线互联设为"投"	确认是否需要强制母线互联，否则解除设置
		母联 TA 断线	尽快安排检修
		互联压板合	确认是否需要强制母线互联，若为否，则解除压板
18	TA 断线	流互的变比设置错误	(1) 立即退出保护 (2) 查看各间隔电流幅值、相位关系 (3) 确认变比设置正确 (4) 确认电流回路接线正确 (5) 如仍无法排除，则尽快安排检修
		流互的极性接反	
		接入母差装置的流互断线	
		其他持续使差电流大于 TA 断线门槛定值的情况	

序号	异常信息	含义	处理建议
19	TV 断线	电压相序接错 压互断线 保护元件电压回路异常	（1）查看各段母线电压幅值、相位 （2）确认电压回路接线正确 （3）确认电压空气开关处于合位 （4）尽快安排检修
20	保护异常	保护元件硬件故障	（1）退出保护装置 （2）查看装置自检菜单，确定故障原因 （3）交检修人员处理
21	闭锁异常	闭锁元件硬件故障	（1）退出保护装置 （2）查看装置自检菜单，确定故障原因 （3）交检修人员处理
22	闭锁开放	闭锁元件长期开放	（1）确认外部电压是否正常 （2）如果是闭锁元件电压回路的问题，尽快安排检修
23	出口退出	保护控制字中出口接点被设为退出状态	装置需要投出口时设置保护控制字
24	开入变位	刀闸辅接点变位 联络开关接点变位 失灵启动接点变位	确认接点状态显示是否符合当时的运行方式，若为是，则复归信号，否则检查开入回路

3.4 调 试

3.4.1 安全措施

（1）检查对应母线保护装置全部跳闸出口压板可靠断开，母差保护跳主变间隔启动失灵压板、联跳主变三侧开关开出压板在断开位置（无此压板的可靠断开相关二次回路），并记录压板初始状态。

（2）采用保护压板防护罩对保护全部跳闸出口压板、启动失灵压板出口侧，进行可靠绝缘隔离。

（3）将各间隔的电流回路在端子排外侧短封，注意不能失去 CT 接地点或造成电流回路两点接地。

（4）断开本保护所用母线电压二次回路，断开二次电压回路中性线。

（5）断开录波回路公共端。

（6）断开信号电源回路。

（7）工作结束，全部设备和回路应恢复到工作开始前状态。

3.4.2 装置调试

3.4.2.1 RCS-915 微机母线保护装置

1. 保护屏及二次回路清扫检查

2. 绝缘检查

装置的绝缘检查与外回路一同完成。绝缘检查记录见表 3-17。

表 3-17 绝缘检查记录表

序号	内容	结果（MΩ）
1	交流电压回路对地的绝缘	
2	交流电流回路对地的绝缘	
3	直流跳、合闸回路触点之间及对地的绝缘	
4	保护直流电源回路对地的绝缘	
5	信号电源回路对地的绝缘	
6	强电开关量输入回路对地的绝缘	
7	录波接点对地的绝缘	

3. 逆变电源检查

（1）逆变电源输出检查：测量装置开关量输入用的弱电电压。逆变电源输出检查记录见表 3-18。

表 3-18 逆变电源输出检查记录

标准电压（V）	允许范围（V）	实测值
+24	22～26	

（2）逆变电源自启动检查：合上装置逆变电源插件上的电源开关，试验直流电源由零缓慢上升至 80% 额定电压值，此时逆变电源插件面板上的电源指示灯应亮。固定试验直流电源为 80% 额定电压值，拉合直流开关，逆变电源应可靠启动。

4. 通电检查、校对时钟、程序版本检查

（1）通电检查。装置上电后应运行正常。通电检查记录见表 3-19。

表 3-19 通电检查记录

检验项目		检验结果
保护装置通电自检	运行灯亮，液晶显示屏完好	
打印机与保护装置联机检验	按"打印"按钮，打印机正常工作	
检验小键盘功能	按"ESC"键，进入主菜单，其他键操作良好	

（2）校对时钟。液晶显示当前的日期和时间，按"↑"键进入主菜单，再按"↓"键使光标移到第 5 项"修改时钟"子菜单，然后按"确认"键进入；按"↑"键、"↓"键、"←"键、"→"键选择要修改的那一位，按"＋"键和"－"键修改。按"ESC"键为不修改返回，按"ENT"键为修改后返回。

（3）程序版本检查。按"↑"键进入主菜单，再按"↓"键使光标移到第 6 项"程序版本"子菜单，然后按"确认"键进入查看，保护软件版本号及程序校验码的核对应和整定清单及原记录一致。

保护程序版本检查记录见表 3-20。

表3-20 保护程序版本检查记录

保护型号	版本号	形成时间	CRC 校验码

5. 定值整定、失电保护功能检验

（1）定值整定。将定值通知单上的整定值输入装置。由面板按"↑"键进入主菜单，再按"↓"键使光标移到第3项"打印报告"子菜单，再按"确认"键进入下一级菜单，按"↑"键和"↓"键选择第1项"定值"子菜单，按"确认"键打印保护装置定值清单。与继电保护整定计算部门给出的定值单进行核对（应一致）。整定值并复制到其他定值区，装置无异常。

定值修改方法：

此菜单分为4个子菜单：装置参数定值、系统参数定值、母线保护定值和失灵保护定值，进入某一个子菜单整定相应的定值。

按"↑"键和"↓"键滚动选择要修改的定值，按"←"键和"→"键将光标移到要修改的那一位，按"＋"键和"－"键修改数据，按"ESC"键为不修改返回，按"ENT"键，液晶屏提示输入确认密码，按次序键入"＋""←""↑""－"，完成定值整定后返回。

若整定出错，液晶屏会显示出错位置，且显示3s后自动跳转到第一个出错的位置，以便于现场人员纠正错误。另外，定值区号或系统参数定值整定后，母线保护定值和失灵保护定值必须重新整定，否则装置认为该区定值无效。

（2）定值的失电保护功能检验。装置失电整定值不会丢失、改变或失效。

（3）注意事项。

① 运行中切换定值区必须先将保护退出运行，防止保护引导过程中造成误动作。

② 各项定值数值必须在厂家定值清单所要求范围内，否则保护将不能正常工作，造成误、拒动。

③ 变更"电流二次额定值"（1A/5A）整定值后，必须重新核算相关保护定值。

④ 当定值整定出错时，液晶屏上显示"该区定值无效"出错告警，需重新核对整定值；保护装置"运行"灯均将熄灭，保护被闭锁。

⑤ 定值整定、修改、切换定值区后，应注意使装置恢复运行状态即使"运行"灯点亮。若"运行"灯不亮，应查找原因（可能是定值整定出错）。

6. 开关量输入检查

由面板按"↑"键进入主菜单，再按"↑"键、"↓"键使光标移到第1项"保护状态"子菜单，然后按"确认"键进入下一级菜单，按"↑"键、"↓"键选择第1项"保护板状态"子菜单，按"确认"键进入二级子菜单，再按"↓"键使光标移到"开入显示"项，按"确认"键查看各开入量的变位情况，按"取消"键可返回上级菜单。

（1）刀闸位置开入检验：用面板上"刀闸位置强制开关"将各分路刀闸强制于合、断位置，观察液晶屏显示其合、断情况应正确。

将"刀闸位置强制开关"全部置于自适应位置，在保护屏后端子排上分别短接各支路Ⅰ母及Ⅱ母刀闸位置辅助接点，观察液晶屏及模拟屏显示其合、断情况是否正确。

（2）失灵接点开入检验：在保护屏后开入量端子排上分别短接各失灵开入量与公共端，观察液晶屏中各失灵开入量显示是否正确。

（3）保护功能压板：投、退各保护功能压板，查看液晶屏显示是否正确。

（4）母联 TWJ 开入检验：短接母联断路器跳闸位置辅助接点（TWJ）开关输入量，查看液晶屏显示母联断路器开入量合、断情况是否正确。

（5）母联非全相开入检验：短接母联断路器非全相保护启动回路开入接点，查看液晶屏显示母联非全相（THWJ）开入是否正确。

（6）母线电压切换开入检验：将保护屏上的电压切换开关分别切至Ⅰ母、Ⅱ母位置，查看液晶屏显示电压切换开入是否正确。

（7）失灵电压解除开入检验：在保护屏后开入量端子排上短接失灵电压解除开入与公共端，查看液晶屏显示失灵电压解除开入是否正确。

（8）管理板开入量检查。由面板按"↑"键进入主菜单，再按"↑"键、"↓"键使光标移到第 1 项"保护状态"子菜单，然后按"确认"键进入下一级菜单，按"↑"键、"↓"键选择第 2 项"管理板状态"子菜单，按"确认"键进入二级子菜单，再按"↓"键使光标移到"开入显示"项，按"确认"键查看各开入量的变位情况，按"取消"键可返回上级菜单。

按上述方法改变各开关输入量的断、合位置，检查在液晶显示屏上显示的开入量状态是否正确。测试开关量输入回路时应创造条件，使开关量整体回路尽可能完整地进行测试。

注意事项：因本装置包含强、弱电两种开入，试验时需特别注意防止强、弱电混电，损坏装置插件。各开入量应能有由合→分、分→合的变化，并重复检验两次。

① RCS-915AB 母线/失灵保护装置开关量输入检查记录见表 3-21。

表 3-21 RCS-915AB 母线/失灵保护装置开关量输入检查记录

开入量	检验结果	开入量	检验结果	开入量	检验结果
投断路器失灵		母联 2TWJ		线路 3 刀闸位置	
投母线保护		母联 2THWJ		线路 4 刀闸位置	
投分段充电保护		投母联 1 代路		线路 5 刀闸位置	
投母联 1 充电保护		投母联 1 代路极性负		线路 6 刀闸位置	
投母联 2 充电保护		投母联 2 代路		线路 7 刀闸位置	
投分段过流保护		投母联 2 代路极性负		线路 8 刀闸位置	
投母联 1 过流保护		外部闭锁母线		线路 9 刀闸位置	
投母联 2 过流保护		投检修状态		线路 10 刀闸位置	
投分段非全相保护		打印		线路 11 刀闸位置	
投母联 1 非全相保护		对时		线路 12 刀闸位置	
投母联 2 非全相保护		信号复归		线路 13 刀闸位置	
Ⅰ、Ⅱ母互联		光耦自检		线路 14 刀闸位置	
Ⅱ、Ⅲ母互联		分段失灵启动		线路 15 刀闸位置	
Ⅰ，Ⅲ母互联		解除电压闭锁		线路 16 刀闸位置	
刀闸位置确认		母联 1 失灵启动		线路 17 刀闸位置	
分段 TWJ		母联 2 失灵启动		线路 18 刀闸位置	
分段 THWJ		母联失灵启动公共		母联 1 代路刀闸位置	
母联 1TWJ		线路 1 刀闸位置		母联 2 代路刀闸位置	
母联 1THWJ		线路 2 刀闸位置			

②RCS-915AB 母线/失灵保护装置失灵保护开入量检查记录见表 3-22。

表 3-22　RCS-915AB 母线/失灵保护装置失灵保护开入量检查记录

开入量	检验结果	开入量	检验结果
线路 1 三跳开入		线路 11 三跳开入	
线路 2A 相跳闸开入		线路 12A 相跳闸开入	
线路 2B 相跳闸开入		线路 12B 相跳闸开入	
线路 2C 相跳闸开入		线路 12C 相跳闸开入	
线路 3A 相跳闸开入		线路 13A 相跳闸开入	
线路 3B 相跳闸开入		线路 13B 相跳闸开入	
线路 3C 相跳闸开入		线路 13C 相跳闸开入	
线路 4A 相跳闸开入		线路 14A 相跳闸开入	
线路 4B 相跳闸开入		线路 14B 相跳闸开入	
线路 4C 相跳闸开入		线路 14C 相跳闸开入	
线路 5A 相跳闸开入		线路 15A 相跳闸开入	
线路 5B 相跳闸开入		线路 15B 相跳闸开入	
线路 5C 相跳闸开入		线路 15C 相跳闸开入	
线路 6 三跳开入		线路 16 三跳开入	
线路 7A 相跳闸开入		线路 17A 相跳闸开入	
线路 7B 相跳闸开入		线路 17B 相跳闸开入	
线路 7C 相跳闸开入		线路 17C 相跳闸开入	
线路 8A 相跳闸开入		线路 18A 相跳闸开入	
线路 8B 相跳闸开入		线路 18B 相跳闸开入	
线路 8C 相跳闸开入		线路 18C 相跳闸开入	
线路 9A 相跳闸开入		母联 1A 相跳闸开入	
线路 9B 相跳闸开入		母联 1B 相跳闸开入	
线路 9C 相跳闸开入		母联 1C 相跳闸开入	
线路 10A 相跳闸开入		母联 2A 相跳闸开入	
线路 10B 相跳闸开入		母联 2B 相跳闸开入	
线路 10C 相跳闸开入		母联 2C 相跳闸开入	

7. 模数变换系统检查

(1) 零漂检查。保护装置的电流、电压回路无输入。由面板按"↑"键进入主菜单，再按"↑"键、"↓"键使光标移到第 1 项"保护状态"子菜单，然后按"确认"键进入下一级菜单，按"↑"键、"↓"键选择第 1 项"保护板状态"子菜单，按"确认"键进入二级子菜单，再按"↑"键、"↓"键使光标移到"交流量采样"项，按"确认"按钮进入交流量采样子菜单，按"↑"键、"↓"键察看各电流、电压通道的零漂值，要求零漂值均在 $0.01I_n$（或 $0.01U_n$）以内。

注意事项：进行本项目检验时要求保护装置不输入交流量。在测电流回路零漂时，对应的电流回路应处在开路状态；在测电压回路零漂时，对应电压回路处在短路状态。检验零漂时，要求在一段时间（几分钟）内零漂值稳定在规定范围内。

交流回路零漂检查记录见表 3-23。

表 3-23 交流回路零漂检查记录

电压通道									
通道	U_{1A}	U_{1B}	U_{1C}	U_{2A}	U_{2B}	U_{2C}	U_{3A}	U_{3B}	U_{3C}
零漂（V）									
电流通道									
通道	I_{FDA}	I_{FDB}	I_{FDC}	I_{M1A}	I_{M1B}	I_{M1C}	I_{M2A}	I_{M2B}	I_{M2C}
零漂（A）									
通道	I_{01A}	I_{01B}	I_{01C}	I_{02A}	I_{02B}	I_{02C}	I_{03A}	I_{03B}	I_{03C}
零漂（A）									
通道	I_{04A}	I_{04B}	I_{04C}	I_{05A}	I_{05B}	I_{05C}	I_{06A}	I_{06B}	I_{06C}
零漂（A）									
通道	I_{07A}	I_{07B}	I_{07C}	I_{08A}	I_{08B}	I_{08C}	I_{09A}	I_{09B}	I_{09C}
零漂（A）									
通道	I_{10A}	I_{10B}	I_{10C}	I_{11A}	I_{11B}	I_{11C}	I_{12A}	I_{12B}	I_{12C}
零漂（A）									
通道	I_{13A}	I_{13B}	I_{13C}	I_{14A}	I_{14B}	I_{14C}	I_{15A}	I_{15B}	I_{15C}
零漂（A）									
通道	I_{16A}	I_{16B}	I_{16C}	I_{17A}	I_{17B}	I_{17C}	I_{18A}	I_{18B}	I_{18C}
零漂（A）									
通道	I_{DA}	I_{DB}	I_{DC}	I_{d1A}	I_{d1B}	I_{d1C}	I_{d2A}	I_{d2B}	I_{d2C}
零漂（A）									
通道	I_{d3A}	I_{d3B}	I_{d3C}						
零漂（A）									

（2）模拟量输入幅值和相位精度检查。按与现场相符的图纸将试验接线与保护屏端子排连接，输入要求值；由面板按"↑"键进入主菜单，再按"↓"键使光标移到第 1 项"保护状态"子菜单，然后按"确认"键进入，再按"↓"键使光标移"保护板状态"或"管理板状态"项，按"↓"键使光标移到"交流量状态"，按"确认"键进入下级菜单察看各模拟量刻度值。

要求保护装置的显示值与外部表计测量值 1V、$0.2I_n$、$0.1I_n$ 时误差小于 10%，其他小于 5%，电流电压相位保护装置的显示值与外部表计测量值的误差不大于 $3°$。管理板交流通道测试方法和记录内容与保护板均相同。

注意事项：

① 当不停电检验保护装置时，应先将电流回路做好安全措施。按与现场相符的图纸将电流端子排电流互感器侧可靠短封，或将进出装置的电流端子排跨接短封。

② 认真核对电压、电流试验线，防止损坏测试仪，将试验接线与保护屏端子排连接，并输入要求值。

交流回路刻度检查记录见表 3-24。

表 3-24 交流回路刻度检查记录

电压通道

通道	U_{1A}	U_{1B}	U_{1C}	U_{2A}	U_{2B}	U_{2C}	U_{3A}	U_{3B}	U_{3C}
70V									
60V									
30V									
1V									

电流通道

采样值（A）	I_{FDA}	I_{FDB}	I_{FDC}	I_{M1A}	I_{M1B}	I_{M1C}	I_{M2A}	I_{M2B}	I_{M2C}
$5I_n$									
$1I_n$									
$0.5I_n$									
$0.1I_n$									

采样值（A）	I_{01A}	I_{01B}	I_{01C}	I_{02A}	I_{02B}	I_{02C}	I_{03A}	I_{03B}	I_{03C}
$5I_n$									
$1I_n$									
$0.5I_n$									
$0.1I_n$									

采样值（A）	I_{04A}	I_{04B}	I_{04C}	I_{05A}	I_{05B}	I_{05C}	I_{06A}	I_{06B}	I_{06C}
$5I_n$									
$1I_n$									
$0.5I_n$									
$0.1I_n$									

采样值（A）	I_{07A}	I_{07B}	I_{07C}	I_{08A}	I_{08B}	I_{08C}	I_{09A}	I_{09B}	I_{09C}
$5I_n$									
$1I_n$									
$0.5I_n$									
$0.1I_n$									

采样值（A）	I_{10A}	I_{10B}	I_{10C}	I_{11A}	I_{11B}	I_{11C}	I_{12A}	I_{12B}	I_{12C}
$5I_n$									
$1I_n$									
$0.5I_n$									
$0.1I_n$									

采样值（A）	I_{13A}	I_{13B}	I_{13C}	I_{14A}	I_{14B}	I_{14C}	I_{15A}	I_{15B}	I_{15C}
$5I_n$									
$1I_n$									
$0.1I_n$									

电流通道								
采样值（A）	I_{16A}	I_{16B}	I_{16C}	I_{17A}	I_{17B}	I_{17C}	I_{18A}	I_{18B}	I_{18C}
$5I_n$								
$1I_n$								
$0.5I_n$								
$0.1I_n$								
采样值（A）	I_{DA}	I_{DB}	I_{DC}	I_{d1A}	I_{d1B}	I_{d1C}	I_{d2A}	I_{d2B}	I_{d2C}
$5I_n$								
$1I_n$								
$0.5I_n$								
$0.1I_n$								
采样值（A）	I_{d3A}	I_{d3B}	I_{d3C}					
$5I_n$								
$1I_n$								
$0.5I_n$								
$0.1I_n$								

将各电流单元依次同极性串联，分别校验三相电流极性，显示角度为任一时刻瞬时值，某一时刻瞬时值角度相同，显示极性相同。用试验仪分别向各通道输入电压或电流值，以电压或某一通道电流为基准，装置显示角度应和设置角度相同，误差不大于 3°。

电流单元极性校验记录见表 3-25。

表 3-25 电流单元极性校验记录

单元		1	2	3	4	5	6	7	8	9	…	母联 1	母联 2	分段
显示角度	A													
	B													
	C													

8. 定值及功能检验

各保护功能在试验时注意同时监视信号指示灯、液晶显示屏以及检查触点动作情况，对输出接点通断情况记入对应表中。

（1）母线差动保护。投入母差保护压板及投母差保护控制字。

1）故障模拟。

① 区外故障模拟。短接元件 1 的 Ⅰ 母刀闸位置及元件 2 的 Ⅱ 母刀闸位置接点。

将元件 2TA 与母联 TA 同极性串联，再与元件 1TA 反极性串联，模拟母线区外故障。在保证母差电压闭锁条件开放的情况下，通入大于差流启动高定值的电流，母线差动保护不应动作。大差、小差均无差流。

② 区内故障模拟。短接元件 1 的 Ⅰ 母刀闸位置及元件 2 的 Ⅱ 母刀闸位置接点。

a. 将元件 1TA、母联 TA 和元件 2TA 同极性串联，模拟Ⅰ母线内部故障。在保证母差电压闭锁条件开放的情况下，通入大于差流启动高定值的电流，母线差动保护应动作跳Ⅰ母线。

b. 将元件 1TA 和元件 2TA 同极性串联，再与母联 TA 反极性串联，模拟Ⅱ母线在保证母差电压闭锁条件开放的情况下，通入大于差流启动高定值的电流，母线差动保护应动作跳Ⅱ母线。

c. 投入单母压板及投单母控制字或模拟某一单元刀闸双跨。重复上述一种区内故障，母线差动保护应动作切除两母线上所有的连接元件。

母线故障模拟记录见表 3-26。

表 3-26　母线故障模拟记录

模拟项目	动作逻辑	结果
母线区内故障	保护动作切除故障母线	
母线区外故障	保护可靠不动	
单母或互联（倒闸过程）母线区内故障	保护动作切除故障母线及互联母线	

2）稳态比率差动校验。

① 差动启动电流高值 I_{Hcd} 门槛值校验。任选母线上一个保护单元通入一相电流，A 相电流从 0.85 整定值起，缓慢增加到差动出口动作时读取动作电流值。以此类推，可对 B、C 相电流进行校核。

② 差动启动电流低值 I_{Lcd} 门槛值校验。任选母线上一个保护单元通入一相电流，先使得差流大于高定值，在差动保护动作后再使差流小于高值、大于低值，差动元件不应返回（保护跳闸接点继续导通），小于低值差动元件返回。

③ 大差比率制动系数高值 K_{H} 校验。母联开关在合位（TWJ＝0），分列运行压板不投，两条母线上各选一个间隔，短接元件 1 的Ⅰ母刀闸位置及元件 2 的Ⅱ母刀闸位置接点。在元件 1 和元件 2 的同一相上加入方向相反、大小可调的电流 I_1 和 I_2。一相电流固定，另一相电流慢慢增大，差动保护动作时分别读取此时 I_1、I_2 电流值。可计算出 $I_{\text{cd}}＝|K_1 I_1 - K_2 I_2|$，$I_{\text{zd}}＝|K_1 I_1|＋|K_2 I_2|$，$K_1$、$K_2$ 分别为对应间隔的调整系数。重复上述试验，多选取几组 I_{cd}、I_{zd}，可绘制大差高值动作特性曲线，$K＝I_{\text{cd}}/I_{\text{zd}}$。

④ 大差比率制动系数低值 K_{L} 校验。母联开关在分位（TWJ＝1）或分列运行压板投入，两条母线上各选一个间隔，短接元件 1 的Ⅰ母刀闸位置及元件 2 的Ⅱ母刀闸位置接点。在元件 1 和元件 2 的同一相上加入方向相反、大小可调的电流 I_1 和 I_2。一相电流固定，另一相电流慢慢增大，差动保护动作时分别读取此时 I_1、I_2 电流值。可计算出 $I_{\text{cd}}＝|K_1 I_1 - K_2 I_2|$，$I_{\text{zd}}＝|K_1 I_1|＋|K_2 I_2|$，$K_1$、$K_2$ 分别为对应间隔的调整系数。重复上述试验，多选取几组 I_{cd}、I_{zd}，可绘制大差低值动作特性曲线，$K＝I_{\text{cd}}/I_{\text{zd}}$。

⑤ 小差比率制动系数 K 值校验。同一条母线上选两个间隔，短接元件 1 及元件 2 的刀闸位置接点。在元件 1 和元件 2 的同一相上加入方向相反、大小可调的电流 I_1 和 I_2。一相电流固定，另一相电流慢慢增大，差动保护动作时分别读取此时 I_1、I_2 电流值。可计算出 $I_{\text{cd}}＝|K_1 I_1 - K_2 I_2|$，$I_{\text{zd}}＝|K_1 I_1|＋|K_2 I_2|$，$K_1$、$K_2$ 分别为对应间隔的调整系数。重复上述试验，多选取几组 I_{cd}、I_{zd}，可绘制小差值动作特性曲线，$K＝I_{\text{cd}}/I_{\text{zd}}$。

母线稳态比率差动试验记录见表 3-27。

表 3-27 母线稳态比率差动试验记录

模拟项目	整定值（V）	动作值（V）
差动启动电流高值		
差动启动电流低值		
大差比率制动系数高值		
大差比率制动系数低值		
小差比率制动系数		

3）复压闭锁电压定值校验。

① 低电压定值校验。模拟母线故障，在满足差流大于高定值的情况下，通入 0.95 相正序低电压时，母线差动保护应动作。在故障电压 $U_1 = 1.05U_{bs}$ 时，差动保护应可靠不动作。

② 负序电压定值校验。试验前把装置定值中的低电压定值整定到最小值 2V，把零序电压定值整定到最大值 57V。模拟母线故障，在满足差流大于高定值的情况下，通入负序电压 $U_2 = 1.05U_{2bs}$ 时，差动保护应可靠动作；通入负序电压 $U_2 = 0.95U_{2bs}$ 时，差动保护应可靠不动作。

③ 零序电压定值校验。试验前把装置定值中的低电压定值整定到最小 2V，把负序相电压定值整定到最大值 57V。模拟母线故障，在满足差流大于高定值的情况下，通入零序电压 $3U_0 = 1.05U_{2bs}$ 时，差动保护应可靠动作；通入零序电压 $3U_0 = 0.95U_{2bs}$ 时，差动保护应可靠不动作。

复合电压闭锁试验记录见表 3-28。

表 3-28 复合电压闭锁试验记录

项目		整定值（V）	动作值（V）
Ⅰ母	低电压		
	负序电压		
	零序电压		
Ⅱ母	低电压		
	负序电压		
	零序电压		
Ⅲ母	低电压		
	负序电压		
	零序电压		
复合电压闭锁功能		电压正常保护可靠不动作	

（2）母联保护。

1）母联充电保护。投入母联充电保护压板及投母联充电保护控制字。故障前Ⅰ母电压正常，短接母联 TWJ 在断开 TWJ 后立即向母联 TA 通入 1.05 倍"母联充电保护电流定值"时，母联充电保护应可靠动作跳母联；故障前Ⅰ母电压正常，短接母联 TWJ 在断开 TWJ 后立即向母联 TA 通入 0.95 "母联充电保护电流定值"时，母联充电保护应不动作。

2）母联过流保护。投入母联过流保护压板及投母联过流保护控制字。向母联 TA 通入

1.05 "母联过流电流定值"时，母联过流保护经整定延时动作跳母联；向母联 TA 通入 0.95 "母联过流电流定值"时，母联过流保护应不动作。

3）母联失灵保护

① 母差保护动作起失灵模拟。投入母差保护压板及投母差保护控制字。模拟母线内部故障，母差保护向母联发跳令后，向母联 TA 继续通入大于母联失灵电流定值的电流，并保证两母差电压闭锁条件均开放，经母联失灵保护整定延时母联失灵保护动作，切除两母线上所有的连接元件。

② 母联充电保护动作起失灵模拟。投入母联充电保护压板及投母联充电保护控制字。短接母联 TWJ，向母联 TA 通入大于母联充电保护定值的电流，模拟充电保护动作。充电保护向母联发跳令后，向母联 TA 继续通入大于母联失灵电流定值的电流，并保证两母差电压闭锁条件均开放，经母联失灵保护整定延时母联失灵保护动作，切除两母线上所有的连接元件。

③ 母联过流保护动作起失灵模拟。投入母联过流保护压板及投母联过流保护控制字、投入母联过流保护起失灵控制字。向母联 TA 通入大于母联过流保护定值的电流，模拟母线区内故障，母差保护向母联发跳令后，向母联 TA 继续通入大于母联失灵电流定值的电流，并保证两母差电压闭锁条件均开放，经母联失灵保护整定延时母联失灵保护动作，切除两母线上所有的连接元件。

④ 外部母联保护动作起失灵模拟。投入断路器失灵保护压板及投失灵保护控制字，将母联跳闸接点接至外部起母联失灵开入。向母联 TA 通入大于母联失灵电流定值的电流，并保证两母差电压闭锁条件均开放，经母联失灵保护整定延时母联失灵保护动作，切除两母线上所有的连接元件。

4）母联死区保护。

① 母联合位死区故障模拟：短接元件 1 的 Ⅰ 母刀闸位置及元件 2 的 Ⅱ 母刀闸位置接点，将母联跳闸接点接至母联跳位开入。

a. 母联 TA 位于 Ⅰ 母与母联断路器之间。将元件 1TA 和元件 2TA 同极性串联，再与母联 TA 反极性串联，模拟 Ⅱ 母故障。在保证母差电压闭锁条件开放的情况下，通入大于差流启动高定值的电流，母线差动保护应动作跳 Ⅱ 母线，经 T_{SQ} 时间，死区保护动作跳 Ⅰ 母线。

b. 母联 TA 位于 Ⅱ 母与母联断路器之间。将元件 1TA、母联 TA 和元件 2TA 同极性串联，模拟 Ⅰ 母故障。在保证母差电压闭锁条件开放的情况下，通入大于差流启动高定值的电流，母线差动保护应动作跳 Ⅰ 母线，经 T_{SQ} 时间，死区保护动作跳 Ⅱ 母线。

② 母联分位死区故障模拟：母联开关在分位（TWJ＝1）或分列运行压板投入，两条母线加正常电压。

a. 母联 TA 位于 Ⅰ 母与母联断路器之间。短接元件 1 的 Ⅰ 母刀闸位置，将元件 1TA、母联 TA 反极性串联，模拟 Ⅱ 母故障。在保证母差电压闭锁条件开放的情况下，通入大于差流启动高定值的电流，死区保护应动作跳 Ⅰ 母。

b. 母联 TA 位于 Ⅱ 母与母联断路器之间。短接元件 2 的 Ⅱ 母刀闸位置，将元件 2TA、母联同极性串联，模拟 Ⅰ 母故障。在保证母差电压闭锁条件开放的情况下，通入大于差流启动高定值的电流，死区保护应动作跳 Ⅱ 母。

母联保护定值及功能检验记录见表 3-29。

表 3-29　母联保护定值及功能检验记录

项目	整定值	1.05 整定值（动作时间）	0.95 整定值（动作行为）
母联充电保护			
母联过流保护			
母联失灵保护			
母联死区保护	合位死区	动作逻辑	结果
	分位死区		

（3）断路器失灵保护。

下面主要介绍投入断路器失灵保护压板及投失灵保护控制字。

① 对于分相跳闸接点的启动方式：短接任一分相跳闸接点，并在对应元件的对应相别 TA 中通入大于失灵相电流定值的电流（若整定了经零序/负序电流闭锁，则还应保证对应元件中通入的零序/负序电流大于相应的零序/负序电流整定值），失灵保护动作。失灵保护启动后经跟跳延时再次动作于该线路断路器，经跳母联延时动作于母联，经失灵延时切除该元件所在母线的各个连接元件。

② 对于三相跳闸接点的启动方式：短接任一三相跳闸接点，并在对应元件的任一相 TA 中通入大于失灵相电流定值的电流（若整定了经零序/负序电流闭锁，则还应保证对应元件中通入的零序/负序电流大于相应的零序/负序电流整定值），失灵保护动作。失灵保护启动后经跟跳延时再次动作于该线路断路器，经跳母联延时动作于母联，经失灵延时切除该元件所在母线的各个连接元件。

③ 在满足电压闭锁元件动作的条件下，分别检验失灵保护的相电流、负序和零序电流定值，误差应在±5%以内。试验方法可参考上述试验内容。

④ 在满足失灵电流元件动作的条件下，分别检验保护的电压闭锁元件中相电压、负序和零序电压定值，误差应在±5%以内。试验方法可参考上述试验内容。

⑤ 将试验支路的不经电压闭锁控制字投入，重复上述试验，失灵保护电压闭锁条件不开放，同时短接解除失灵电压闭锁接点（不能超过 1s），失灵保护应能动作。

失灵定值检验记录见表 3-30。

表 3-30　失灵定值检验记录

名称	整定值	动作值	结论
失灵低电压			
失灵零序电压			
失灵负序电压			
跟跳动作时间			
母联动作时间			
失灵保护动作时间			
失灵启动相电流			
失灵启动零序电流			
失灵启动负序电流			

（4）异常功能检查。

1）交流电压断线报警。

① 电压反相序的 TV 断线。在 I 段母线电压回路中加入负序的对称三相电压 57.7V，在装置面板上，"TV 断线"指示灯亮。用同样方法可模拟 II 母线电压反相序情况。

② 电压回路单相断线的 TV 断线。在 I 段母线电压回路中先加入正序的对称三相电压 57.7V，然后使 A 相电压降到 0V 并持续 1.25s 后，在装置面板上，"TV 断线"指示灯亮。用同样方法可模拟 II 段母线 TV 单相断线情况。

③ 电压回路三相断线的 TV 断线。在 I 母任意连接元件 TA 通入大于 $0.04I_N$ 电流，在 I 段母线电压回路中先加入正序的对称三相电压 57.7V，然后使三相电压降到 0V 并持续 1.25s 后，在装置面板上，"TV 断线"指示灯亮。用同样方法可模拟 II 段母线 TV 三相断线情况。

2）交流电流断线报警。

① 在电压回路施加三相平衡电压，向任一支路通入单相电流（$>0.06I_n$），延时 5s 发 TA 异常信号。

② 在电压回路施加三相平衡电压，在任一支路通入三相平衡电流（$>I_{DX}$），延时 5s 发 TA 断线报警信号。

③ 在任一支路通入电流（$>I_{DXBJ}$），延时 5s 发 TA 异常报警信号。

3）开入异常报警。

① 失灵接点误启动开入异常。模拟任意失灵启动接点动作 10s，在装置面板上，"其他报警"灯亮，液晶屏显示"DSP2 长期启动"。检查输出告警接点及各中央、监控信号。

② 外部闭锁母差开入异常。将"投外部闭锁母差"控制字置"1"，模拟外部闭锁母差开入动作 1s，在装置面板上，"其他报警"灯亮，液晶屏显示"外部闭锁母差开入异常"。检查输出告警接点及各中央、监控信号。

③ 外部启动母联失灵开入异常。将"投外部启动母联失灵"控制字置"1"，模拟外部启动母联失灵开入动作 10s，在装置面板上，"其他报警"灯亮，液晶屏显示"外部启动母联失灵开入异常"。检查输出告警接点及各中央、监控信号。

④ 母联位置开入异常。模拟联络开关回路中有负荷电流，同时短接母联跳位开入 TWJ。在装置面板上，"其他报警"灯亮，液晶屏显示"母联 TWJ 异常"。检查输出告警接点及各中央、监控信号。

⑤ 刀闸位置报警。某支路有电流无刀闸，检查输出告警接点（不可复归），在装置面板上，"位置报警"灯亮，液晶屏显示"支路＊＊＊刀闸位置告警"。

9. 输出接点检查

（1）母线保护出口接点和信号接点检查。

① 短接支路 01 的刀闸位置，将装置定值"系统参数"中"线路 01TA 调整系数"整定为"1"，在支路 01TA 中通入大于差流启动高值的电流，元件 01 的两对跳闸接点应有断开变为合位（应根据屏图检查到相应的屏端子上）。按此方法依次检查所有的跳闸接点。

② 信号接点检验记录见表 3-31。

（2）失灵保护出口接点和信号接点检验。投入断路器失灵保护压板及投失灵保护控制字，并保证失灵保护电压闭锁条件开放。

表 3-31　信号接点检验记录

中央信号	结果	远动信号	结果	故障录波	结果
装置闭锁		装置闭锁		装置闭锁	
装置报警		交流断线报警		交流断线报警	
跳母线		刀闸位置报警		刀闸位置报警	
母联保护动作		其他报警		其他报警	
线路跟跳		母线跳Ⅰ母		母线跳Ⅰ母	
断路器失灵		母线跳Ⅱ母		母线跳Ⅱ母	
		母线跳Ⅲ母		母线跳Ⅲ母	
		跳母联		跳母联	
		失灵跳闸		失灵跳闸	
		线路跟跳		线路跟跳	

对于分相跳闸接点的启动方式：短接任一分相跳闸接点，并在对应元件的对应相别 TA 中通入大于失灵相电流定值的电流（若整定了经零序/负序电流闭锁，则还应保证对应元件中通入的零序/负序电流大于相应的零序/负序电流整定值），失灵保护动作。

对于三相跳闸接点的启动方式：短接任一三相跳闸接点，并在对应元件的任一相 TA 中通入大于失灵相电流定值的电流（若整定了经零序/负序电流闭锁，则还应保证对应元件中通入的零序/负序电流大于相应的零序/负序电流整定值），失灵保护动作。

失灵保护启动后经跟跳延时再次动作于该线路断路器，经跳母联延时动作于母联，经失灵延时切除该元件所在母线的各个连接元件。

将试验支路的不经电压闭锁控制字投入，重复上述试验，失灵保护电压闭锁条件不开放，同时短接解除失灵电压闭锁接点（不能超过 1s），失灵保护应能动作。

10. 带实际断路器传动检验

（1）检验方法。保护装置、二次回路相关工作完成后，进行整组传动。双母线母线、失灵保护的整组试验，可只在具备条件时进行。

整组试验时必须注意各保护装置、故障录波器、信息子站、远动、监控系统、中央信号及各一次设备的行为是否正确。

进行必要的跳闸试验，以检验各有关跳闸回路的正确性。应保证接入跳闸回路的每一副接点均带断路器动作一次。

整组试验时要进行出口压板全退状态下，无其他预期外的跳闸的检验。出口压板全投状态下，无其他预期外的跳闸的检验。

整组试验结束后，应拆除所有试验接线并恢复所有被拆动的二次线，然后按回路图纸逐一核对，此后设备即处于准备投入运行状态。

双母线母线、失灵保护，分别实际传动到每个断路器。

3/2 接线的母线保护，不同的母线保护装置分别传动到各断路器。

双母线保护刀闸位置要实际操作一次刀闸，验证开入量是否正确。

（2）注意事项。

① 若一次有不允许传动的断路器，则严禁带断路器传动，对应出口压板应退出，并做好防误投措施。

② 试验前，应将所有保护投入（做好必要的措施，如断开启动失灵及联跳压板等），除 TV、TA 回路外，所有二次回路恢复正常，然后进行整组传动试验。

3.4.2.2 BP-2B 母线/失灵保护

1. 保护屏及二次回路清扫检查

2. 绝缘检查

3. 逆变电源检查

4. 通电检查

5. 定值整定、失电保护功能检验

（1）定值整定。将定值通知单上的整定值输入装置，并复制到其他定值区，装置无异常。装置整定定值与定值通知单核对正确。

① 值修改方法。按"确认"键进入主菜单，按"→"键进入整定菜单，按"↑"键、"↓"键逐项选择差动保护、失灵保护、母联失灵保护、母联充电保护、母联过流保护、TA 断线定值，然后按"确认"键进入二级整定菜单，分别整定各项定值；根据定值单整定保护定值，定值数据修改方法同装置时钟修改方法。定值修改完成后按"取消"键，在弹出的确认菜单中按"确认"键确认下装，固化定值到使用定值区。进入打印二级菜单打印定值，然后与定值单逐项核对。

② 定值区切换方法。BP-2B 保护只有"00"区与"01"区两个定值区。按"确认"键进入主菜单，按"→"键选择参数菜单，按"↓"键选择保护控制字菜单，按"确认"键进入，按"确认"键将待更改数据位选中（反白显示）后通过"↑"键、"↓"键对区号进行修改，所显示定值区号应为要整定的运行区号，按"确认"键确认修改。

（2）定值失电保护功能检验。装置失电整定值不会丢失、改变或失效。

（3）注意事项：

① 运行中更改定值必须先将保护退出运行，防止保护引导过程中造成误动作。

② 定值清单中不用的保护过量定值应整定至最大值，保护欠量定值应整定至最小值。

③ 各项定值数值必须在厂家定值清单所要求范围内，否则整定定值时将报"定值上下限越限，定值无法整定成功。

④ 当定值整定出错时，液晶屏上显示"定值整定失败"出错告警，需重新核对整定值。定值整定、修改、切换定值区后，应注意装置运行状态，即"运行"灯点亮。

6. 开关量输入检查

将所有的刀闸强制合均改为自适应状态。依次在屏后的刀闸开入端子和失灵开入端子加开入量，在主界面检测刀闸是否正确，在间隔单元菜单中检测失灵接点是否正确。

将保护投退切换把手切至"差动退，失灵投"位置，查看主界面显示是否正确。切至"差动投，失灵退"位置，查看主界面显示是否正确。切至"差动投，失灵投"位置，查看主界面显示是否正确。进入装置运行记录——"保护投退"菜单，查看记录是否正确。

检验信号复归是否正常。

投充电保护压板，过流保护压板，查看主界面显示是否正确。

投分列运行压板，查看母联开关是否断开，检查母联常开、常闭接点是否正确。

7. 模数变换系统检查

（1）零漂检查。将保护装置的电流、电压输入端子与外回路断开。按"确认"键进入主菜单，再按"→"键选择查看菜单，按"↓"键选择间隔单元菜单，按"确认"键进入，选择保护单元（差动保护）、闭锁单元（闭锁保护），然后选择要查看的间隔，按"确认"键后实时显示该间隔交流量的当前状态，检查幅值、相位零漂是否正常。

（2）模拟量输入幅值和相位精度检查。按与现场相符的图纸将试验接线与保护屏端子排连接，由测试仪分别加入要求值，按"确认"键进入主菜单，通过方向键进入"预设-相位"基准菜单设置以第 1 间隔 A 相电流为基准，设置完成后在"查看-间隔"单元菜单查看 A、B、C 相电压、相电流相位、相序。要求保护装置的显示值与外部表计测量值 1V、$0.2I_n$、$0.1I_n$ 时误差小于 10%，其他小于 5%。角度误差应≤3°。

（3）电流单元极性检验。

8. 定值及功能检验

（1）投入母差保护。

1）故障模拟。

① 区外故障模拟。短接元件 1 的 I 母刀闸位置及元件 2 的 II 母刀闸位置接点。将元件 1TA 与母联 TA 同极性串联，再与元件 2TA 反极性串联，模拟母线区外故障。在保证母差电压闭锁条件开放的情况下，通入大于差流启动定值的电流，母线差动保护不应动作。面板中大差电流、小差电流应等于零。

② 区内故障模拟。

短接元件 1 的 I 母刀闸位置及元件 2 的 II 母刀闸位置接点。

a. 将元件 1TA、母联 TA 和元件 2TA 同极性串联，模拟 II 母线内部故障。在保证母差电压闭锁条件开放的情况下，通入大于差流启动定值的电流，母线差动保护应动作跳 II 母线。

b. 将元件 1TA 和元件 2TA 同极性串联，再与母联 TA 反极性串联，模拟 I 母线在保证母差电压闭锁条件开放的情况下，通入大于差流启动高定值的电流，母线差动保护应动作跳 I 母线。

c. 投入互联压板或投强制互联控制字或模拟某一单元刀闸双跨。重复上述一种区内故障，母线差动保护应瞬时动作，切除母联及母线上的所有支路。

母线故障模拟见表 3-32。

表 3-32 母线故障模拟

模拟项目	动作逻辑	结果
母线区内故障	保护动作切除故障母线	
母线区外故障	保护可靠不动	
单母或互联（倒闸过程）母线区内故障	保护动作切除故障母线及互联母线	

2）稳态比率差动校验。

① 差动启动电流门槛值校验。选母线上一个变比最大的保护单元通入一相电流，A 相电流从 0.85 整定值起，缓慢增加到差动出口动作时读取动作电流值。以此类推，可对 B、C 相电流进行校核。

② 大差比率制动系数高值 K_H 校验。母联开关在合位（仅母联开关常开接点引正电），分列运行压板不投。一条母线上选两个变比相等间隔，另一条母线上选相同变比的一个间隔，短接元件 1、2 的 I 母刀闸位置及元件 3 的 II 母刀闸位置接点。在元件 1 和元件 2 的同一相上加入方向相反、大小相等的电流 I_1。元件 3 的同一相电流上加与元件 1（或元件 2）

方向相反的电流 I_3，固定 I_1，调节 I_3，差动保护动作时分别读取此时 I_1、I_3 电流值。可计算出 $I_{cd}=K_{I3}$，$I_{zd}=K_2 I_1$，K 为间隔的变比调整系数。重复上述试验，多选取几组 I_{cd}、I_{zd}，可绘制大差高值动作特性曲线，$K=I_{cd}/I_{zd}$。

③ 大差比率制动系数低值 K_L 校验。母联开关在分位（仅母联开关常闭接点引正电）或分列运行压板投入。一条母线上选两个变比相等间隔，另一条母线上选相同变比的一个间隔，短接元件 1、2 的 I 母刀闸位置及元件 3 的 II 母刀闸位置接点。在元件 1 和元件 2 的同一相上加入方向相反、大小相等的电流 I_1。元件 3 的同一相电流上加与元件 1（或元件 2）方向相反的电流 I_3，固定 I_1，调节 I_3，差动保护动作时分别读取此时 I_1、I_3 电流值。可计算出 $I_{cd}=K_{I3}$，$I_{zd}=K_2 I_1$，K 为间隔的变比调整系数。重复上述试验，多选取几组 I_{cd}、I_{zd}，可绘制大差高值动作特性曲线，$K=I_{cd}/I_{zd}$。

④ 小差比率制动系数 K 值校验。同一条母线上选两个变比相同的间隔，短接元件 1 及元件 2 的刀闸位置接点。在元件 1 和元件 2 的同一相上加入方向相反、大小可调的电流 I_1 和 I_2。一相电流固定，另一相电流慢慢增大，差动保护动作时分别读取此时 I_1、I_2 电流值。可计算出 $I_{cd}=|K_{I1}-K_{I2}|$，$I_{zd}=2\min(|K_{I1}|,|K_{I2}|)$，$K$ 为间隔的变比调整系数。重复上述试验，多选取几组 I_{cd}、I_{zd}，可绘制小差值动作特性曲线，$K=I_{cd}/I_{zd}$。

母线稳态比率差动试验记录见表 3-33。

表 3-33　母线稳态比率差动试验记录

模拟项目	整定值（V）	动作值（V）
差动启动电流高值		
大差比率制动系数高值		
大差比率制动系数低值		
小差比率制动系数		

3）复压闭锁电压定值校验。

① 低电压定值校验。模拟母线故障，在满足差流大于定值的情况下，通入 0.95 相间正序低电压时，母线差动保护应动作，在故障电压 $U_1=1.05U_{bs}$ 时，差动保护应可靠不动作。

② 负序电压定值校验。试验前把装置定值中的低电压定值整定到最小值 2V，把零序电压定值整定到最大值 57V。模拟母线故障，在满足差流大于高定值的情况下，通入负序电压 $U_2=1.05U_{2bs}$ 时，差动保护应可靠动作；通入负序电压 $U_2=0.95U_{2bs}$ 时，差动保护应可靠不动作。

③ 零序电压定值校验。试验前把装置定值中的低电压定值整定到最小 2V，把负序相电压定值整定到最大值 57V。模拟母线故障，在满足差流大于高定值的情况下，通入零序电压 $3U_0=1.05U_{2bs}$ 时，差动保护应可靠动作；通入零序电压 $3U_0=0.95U_{2bs}$ 时，差动保护应可靠不动作。

（2）母联保护。

1）母联充电保护。

① 将"母线充电保护"压板投入、相应控制字投；

② 母联开关断（仅母联开关常闭接点引正电）；

③ 在母联上加载电流，电流大于充电保护电流定值；

④ 母线充电保护延时动作，切除母联开关；

⑤ 充电保护动作信号灯亮。

2）母联过流保护。

① 将"母联过流保护"压板投入、相应控制字投；

② 相应将母联过流或母联零序过流中非试验项暂时改大；

③ 在母联上加载电流，电流大于母联过流定值，小于母联零序电流定值，母联过流保护动作，切除母联开关；

④ 母联过流保护动作信号灯应亮；

⑤ 断开电流，恢复信号；

⑥ 在母联上加载电流（电流大于母联零序过流定值，小于母联过流定值）；

⑦ 母联过流保护动作，切除母联开关；

⑧ 母联过流保护动作信号灯亮。

3）母联失灵保护。

① 母差保护动作起失灵模拟。投入母差保护、母联失灵保护控制字，模拟母线内部故障，母差保护向母联发跳令后，向母联 TA 继续通入大于母联失灵电流定值的电流，并保证两母差电压闭锁条件均开放，经母联失灵保护整定延时母联失灵保护动作，切除两母线上所有的连接元件。

② 母联充电保护动作起失灵模拟。投入母联充电保护、母联失灵保护控制字。母联开关断（仅母联开关常闭接点引正电），向母联 TA 通入大于母联充电保护定值的电流，模拟充电保护动作。充电保护向母联发跳令后，向母联 TA 继续通入大于母联失灵电流定值的电流，并保证两母差电压闭锁条件均开放，经母联失灵保护整定延时母联失灵保护动作，切除两母线上所有的连接元件。

③ 外部母联保护动作起失灵模拟。外部启动母联失灵控制字投，将母联跳闸接点接至外部起母联失灵开入。向母联 TA 通入大于母联失灵电流定值的电流，并保证两母差电压闭锁条件均开放，经母联失灵保护整定延时母联失灵保护动作，切除两母线上所有的连接元件。

4）母联死区保护。

① 母联合位死区故障模拟。短接元件 1 的 Ⅰ 母刀闸位置及元件 2 的 Ⅱ 母刀闸位置接点，将母联跳闸接点接至母联跳位开入。

a. 母联 TA 位于 Ⅱ 母与母联断路器之间。将元件 1TA 和元件 2TA 同极性串联，再与母联 TA 反极性串联，模拟 Ⅰ 母故障。在保证母差电压闭锁条件开放的情况下，通入大于差流启动高定值的电流，母线差动保护应动作跳 Ⅰ 母线，经 T_{SQ} 时间，死区保护动作跳 Ⅱ 母线。

b. 母联 TA 位于 Ⅰ 母与母联断路器之间。将元件 1TA、母联 TA 和元件 2TA 同极性串联，模拟 Ⅱ 母故障。在保证母差电压闭锁条件开放的情况下，通入大于差流启动高定值的电流，母线差动保护应动作跳 Ⅱ 母线，经 T_{SQ} 时间，死区保护动作跳 Ⅰ 母线。

② 母联分位死区故障模拟。母联开关在分位（TWJ＝1）或分列运行压板投入。

a. 母联 TA 位于 Ⅰ 母与母联断路器之间。短接元件 1 的 Ⅰ 母刀闸位置，将元件 1TA、母联同极性串联，模拟 Ⅱ 母故障。在保证母差电压闭锁条件开放的情况下，通入大于差流启动高定值的电流，死区保护应动作跳 Ⅰ 母。

b. 母联 TA 位于 Ⅱ 母与母联断路器之间。短接元件 2 的 Ⅱ 母刀闸位置，将元件 2TA、母联反极性串联，模拟Ⅰ母故障。在保证母差电压闭锁条件开放的情况下，通入大于差流启动高定值的电流，死区保护应动作跳Ⅱ母。

（3）断路器失灵保护。

① 不加电压使"闭锁开放"灯亮。

② 任选母线上的一支路，对应将该支路的"失灵启动"压板投入。

③ 在机柜竖排端子上，将该支路的"失灵启动"输入端子与"开入回路公共端"端子短接。

④ 经短延时 t_1，保护将切除母联；经长延时 t_2，保护将切除该支路所在母线上的所有支路。

⑤ 失灵动作信号灯亮。

（4）异常功能检查。

1）PT 断线告警。

① 不加电流，在Ⅰ、Ⅱ母 PT 回路中加载正常电压；

② 任意断开某相电压；

③ 经延时，装置发出"PT 断线告警"信号。

注：当 PT 回路未加载电压时，由于低电压元件动作，装置也会发"PT 断线告警"信号。

2）CT 断线告警及闭锁差动试验。

① 在Ⅰ母 PT 和Ⅱ母 PT 回路中加载正常电压；

② 任选母线上的一条支路，在这条支路中加载 A 相电流，电流值大于 TA 断线门槛定值，大于差动门槛定值；

③ 差动保护应不动作，经延时，装置发出"CT 断线告警"信号；

④ 保持电流不变，将母线电压降至 0V；

⑤ 母线差动保护不应动作。

3）开入变位试验。

① 开入变位告警。

a. 改变母线上任一条支路的刀闸位置或合上失灵启动接点；

b. 装置发出"开入变位"信号。

② 刀闸变位修正。

a. 任选同一母线上变比相同的支路，加反相电流；

b. 将两者其中一条支路的刀闸位置断开；

c. 装置发出"开入异常"信号，同时断开刀闸被修正合上。

③ 差动功能退出切换试验。

a. 将屏上差动与失灵投退切换开关切至"差动退出，失灵投入"位置；

b. 模拟母线故障，保护应不动作；

c. 模拟失灵启动，保护应正确动作。

④ 失灵功能退出切换试验。

a. 将屏上差动与失灵投退切换开关切至"差动投入，失灵退出"位置；

b. 模拟失灵启动，保护应不动作；

c. 模拟母线故障，保护应正确动作。

9. 输出接点检查

（1）将母联和分段的刀闸强制合，奇数单元强制合Ⅰ母，Ⅱ母自适应；偶数单元强制合

Ⅱ母，Ⅰ母自适应，校验刀闸位置显示。任一单元加电流（$2I_n$），使所在母线动作。检测跳闸接点并记录。

（2）改变强制刀闸的位置，母联和分段的刀闸强制合，奇数单元强制合Ⅱ母，Ⅰ母自适应；偶数单元强制合Ⅰ母，Ⅱ母自适应，校验刀闸位置显示。任一单元加电流（$2I_n$），使所在母线动作。检测跳闸接点并记录。

（3）将运行电源空开断开时，"运行电源消失，操作电源消失"信号端子导通，将操作电源空开断开时，"操作电源消失"信号端子导通。

（4）保护动作、异常告警模拟检查相应输出接点。可与保护功能试验、异常功能检查一起进行。

4 微机保护装置异常及故障排查处理

4.1 微机线路保护装置异常处理与故障排查

4.1.1 电流回路故障

4.1.1.1 缺陷现象

保护装置异常，告警灯亮，不能复归，可能会有"电流反序""电流断线"等报文。

4.1.1.2 缺陷分析

此类缺陷一般是外部回路问题，主要有电流回路接触不良、电流回路反序或负荷严重、不对称出现负序电流、零序通道接入量与自产 $3I_0$ 反向等问题，也可能是交流插件及 VFC 转换回路的问题。

4.1.1.3 安全策略

此类缺陷一般会影响保护装置的正确动作，应将申请保护退出运行，并且处理过程中严防电流回路开路造成高电压伤及人身，使用绝缘工具，工作中不应使电流回路保护接地断开。

4.1.1.4 处理方案

（1）电流反序。使用相位表进行测量、分析，与装置内部数据进行比较，通常是外部回路的问题。在带有电铁等严重不对称负荷的情况下，部分厂家的一些型号的线路保护会发"TA 反序"，甚至闭锁距离保护。

（2）电流断线。结合装置采样值，使用相位表对断线侧电流进行测量、比较三相电流的大小、相位与采样值是否相符，相符则判为外部原因，对异常相应逐段查找，看端子排、室外端子箱、有无松动或锈蚀，有无异响等；若向量显示外部回路无异常，则可判定交流插件及 VFC 转换回路有问题，需更换新插件，然后进行测试。

（3）外接 $3I_0$ 反向。有接地故障时才会产生 $3I_0$，正常运行时无法监控，只能查看实际接线装置与说明书的要求是否一致。

4.1.2 电压回路故障

4.1.2.1 缺陷现象

保护装置异常，告警灯亮，不能复归，可能会有"电压反序""电压断线或失压""线路电压断线"等报文。

4.1.2.2 缺陷分析

此类缺陷可能的原因有电压回路二次连接线中接触不良、电压空开故障、电压回路反接、交流插件及 VFC 转换回路的问题。

4.1.2.3 安全策略

此类缺陷一般会影响保护装置的正确动作，线路保护有自动闭锁距离保护，并投入 PT 断线过流等行为，在未发现是装置内部原因引起时保护可不退出运行，但在处理过程中严防电压回路短路或接地，工作中使用绝缘工具。

4.1.2.4 处理方案

(1) 电压反序。使用相位表进行测量、分析，与装置内部数据进行比较、判断，通常是外部回路接线错误的问题。

(2) 电压断线或失压。读取装置内部显示电压数值，使用万用表在装置输入端进行测量，比较两者是否一致，一致时则是外部回路问题，需逐段逆向测量异常相对 N600 间电压，看是电压空开、端子排接线还是电压转接屏那里的问题，查找出来后进行紧固或将故障元件进行更换，若装置显示和万用表读数不一致，则交流插件及 VFC 转换回路出现问题，此时则需要申请退出保护，断电进行相应插件更换处理。拔出交流插件前务必现将外部电流回路短封，防止造成 TA 二次开路。

4.1.3 线路保护运行灯灭

4.1.3.1 缺陷现象

保护装置运行指示灯熄灭或闪烁，告警灯亮，不能复归，可能会有"程序出错""无效定值区""ROM 出错"等报文。

4.1.3.2 缺陷分析

此类缺陷一般是外部回路问题，主要有电源故障、管理板故障、CPU 插件故障等问题，个别情况也有装置母板电阻或电容等特性发生变化而引起的。处理此类插件应本着先易后难的原则，尽量少动无关回路，可按照电源插件、管理板插件、通信排线、CPU 插件的顺序进行逐一更换，直至问题消除，要注意的是，在更换管理板插件前注意将装置地址记录下来，在更换 CPU 插件前应将地址打印一份。

4.1.3.3 安全策略

发生此类缺陷时保护装置将拒动，应将申请保护退出运行（处理过程中严防带电插拔插件）。另外，对于某些通信地址设在面板上的保护装置，在更换通信面板时应先把通信线断开，防止由于新插件的初始地址和站内已运行的其他保护相同，造成误发运行设备异常信息，影响数据指标。工作中使用绝缘工具，且严禁拔出交流插件。

4.1.3.4 处理方案

(1) 电源故障。电源插件是保护装置中最容易损坏的部分，在装置内部故障中占比很高，电源件故障可能各级输出都没有，也可能只是某一电压输出（如 5V 等）不稳定，更换电源插件应注意对比新老插件的输出电压数量及大小应一致，工作前应先将直流电源空开（断开），禁止带电拔插电源件。

(2) 管理板或排线故障。在更换了合格的电源后缺陷依然存在时，应考虑管理板是否正常，以及管理板和母板间的通信排线接触是否良好。装置上电时运行灯有无闪亮过程很重要：若重上电时无闪亮过程，则是管理板排线的问题；若运行灯有闪亮过程，则根据面板显示报文进一步分析。有些装置更换新面板后要进行相应设置，否则装置不会正常运行。

（3）CPU 插件故障。在排除电源和面板的问题后，就该考虑 CPU 插件的问题了。拔出 CPU 插件，检查芯片等有无松动现象，检查装置内部是否过热，重新插入插件后上电，看装置能否恢复正常，否则需更换新的插件。更换新插件时一定要注意新老插件版本应一致，并且需重新输入定值，做相应检验。

4.1.4　光差线路保护通道中断

4.1.4.1　缺陷现象

保护装置"通道异常"灯亮，告警灯亮，不能复归，有"通道数据中断"等报文。

4.1.4.2　缺陷分析

引起光差线路保护通道通信中断的原因比较多，大致可分为三类：内部设置错误、CPU 插件中光电元件问题、外部通道问题。

4.1.4.3　安全策略

发生此类缺陷时，线路保护的主保护差动保护会拒动，其余后备保护如距离、零序等仍正常运行，工作中若需要进行保护定值的整定，应将整套保护退出运行，并且处理过程中严防带电插拔插件。这类缺陷不涉及电流、电压回路，工作中不要触碰。

4.1.4.4　处理方案

（1）内部设置错误。内部设置错误一般会出现在保护新投、更换 CPU 插件时，若是运行中的保护发通道告警信号，一般不考虑内部设置问题。影响通道通信的设置项有通信时钟（主、从）、通信速率通道自环、通道类型（专用或复用），内部设置应和定值清单一致。

（2）CPU 插件中光电元件损坏。CPU 插件中光电元件损坏后，会影响到正常的光功率的正常发送和接收，首先用光功率计测量装置的发送电平应满足要求，发送电平若低于额定值太多，则是装置内部电光转换回路有了问题，须更换 CPU 插件；若装置的发送电平正常，将装置做自环试验，若装置仍然报通道中断，可判定是装置内部光电转换有问题，须更换 CPU 插件。早期光差保护做自环试验不需改定值，现在的光差保护自环试验均需更改定值，所以一次设备运行时，应申请将整套保护退出运行。

（3）外部通道问题。外部通道问题情况较多，如尾纤有挤压情况，弯曲半径过小情况，尾纤接头和法兰盘未旋紧或有灰尘造成衰耗过大的情况，光缆遭外力破坏中断，通信屏内设备工作不正常。若是复用通道，还应检查 2M 接口屏内设备是否正常，以及通信屏内 2M 配线间处连接是否可靠。所有以上情况可以使用光功率计测量电平的大小结合近端自环和远端自环来检查，逐步缩小故障点来查找故障原因。

缺陷实例

1. 缺陷简述

2009 年 3 月，某 220kV 变电站 236 线 RCS-931 保护装置告警，保护人员现场检查后判断该装置 CPU 插件故障，遂用备用插件将其更换。更换后保护告警信号消失，重新输入定值，装置运行状态正常但又发光纤通道中断信号，不能复归。

2. 缺陷分析

现场检查发现：该保护装置主保护为复用光纤通道光差保护，保护光纤从 RCS-931 保护装置下来，经接口转换装置，由光信号转换成电信号，经两根同轴电缆连接到室内通信架上。故障点可以从保护装置、室内连接回路和室外通信通道三个方面考虑。

3. 缺陷处理

现场工作人员先是在保护装置处将光纤收发信端子自环，修改自环控制字，装置通道异常恢复。随后工作人员将保护装置从自环状态恢复成正常运行方式，用光功率计测试保护装置的光纤发信功率和收信功率，分别为－12dbm 和－30dbm，符合装置技术要求。然后在转换接口屏处测试发信功率（自保护来），数值为－12dbm，说明从保护装置到转换接口屏之间的光纤无异常。然后找到通信架处该保护通道用的同轴电缆连接端子，打算在该处进行自环测试，但发现该对收发信端子与通信架的连接方式特殊，无法用常用的自环叉子短接。后来用细独股线铜心作简易环线，在通信架处将两根同轴电缆线短接起来，进行本侧装置自环，装置通道中断信号还存在。在通信架处将通信通道自环，电话联系对侧保护人员，对侧通道中断信号也恢复正常，排除通道故障，故障在本侧。接着在光电转换接口屏处将接口回路短接，装置通道中断依然存在。判断转换装置故障，但查看光电转换装置，其运行状况良好，没有异常。最后询问厂家技术支持人员，厂家提到造成通道中断的几个原因里有一个保护装置CPU板的跳线设置问题。此时才意识到，在更换保护CPU插件时没有比较跳线设置状态。重新拔下插件和原CPU插件比较，果然CPU上有几对跳线针，通过对跳线的设置可以选择保护的发信速率为 64kbit/s 还是 2M，以及发信功率调整问题。按照原来的方式设置后，重新将插件安装上去。启动保护，查看保护通道状态，结果恢复正常。

4. 经验教训

此次缺陷的发生实际是因为保护装置光纤发送速率设置和光电转换接口装置不匹配造成的。通过处理这个缺陷，工作人员得到以下几个教训：①对光差通道的知识了解不多，对保护装置硬件性能不熟悉。在更换CPU插件时不知道该插件上还需要设置跳线。②对光差通道中断的查找缺乏经验，对查找步骤不熟悉。应该先在通信架处进行本侧自环试验，确定是否为本侧责任故障，并且配合对侧人员进行通道自环测试，确定是对侧故障还是本例故障。如果属于本侧故障，再按照由远到近的顺序，在转换接口屏和保护装置光纤收发端子处分别进行自环测试，逐步查找故障原因并排除。

4.1.5　保护通信中断

4.1.5.1　缺陷现象

保护装置通信中断指的是保护装置与自动化系统的通信出现异常，通信中断后自动换监控系统，会有"某某保护通信中断"报文。

4.1.5.2　缺陷分析

此类缺陷可能的原因有通信参数设置有误、通信线路接触不良或交换机等中间环节设备损坏、通信插件或芯片损坏。

4.1.5.3　安全策略

通信中断不会影响保护装置的正确动作，保护不需退出运行，只有确定是通信插件的问题，而且必须进行更换通信插件时才可申请保护退运。处理过程中严防带电插拔插件，另外对于某些通信地址设在面板上的保护装置，在更换通信面板时应先把通信线断开，防止由于新插件的初始地址和站内已运行的其他保护相同造成误发运行设备异常信息，影响数据指标。

4.1.5.4　处理方案

（1）通信参数设置有误。参数内部设置错误一般会出现在保护新投、更换 CPU 插件更换时，若是运行中的保护发通道告警信号，一般不考虑内部设置问题。通信参数的设置应按自动化设备的要求进行通信接口的选择、通信速率的设置等。

（2）通信线路接触不良或交换机等中间环节设备损坏。检查通信线连接是否可靠，通信线路长度是否超出通信方式的要求，保护管理机运行正常与否，管理机上通信指示灯是否正常；交换机运行正常与否，网线头连接可靠与否、有无积尘，是单一保护中断还是全部保护中断，可借助计算机 ping 命令进行检查判断，并使用拔插网线头、更换备用接口、重启交换机或保护管理机等方法来测试。

（3）通信插件或芯片损坏。通信插件或芯片由于有通信线路引出装置，某些情况下极易损坏。总线形式下，如果某个节点的收发器损坏，容易影响所有节点的通信，所以需采用逐一拆除或逐一接入的方法判断是哪一个装置的通信芯片损坏了。网线通信可以用计算机替代装置测试外部通信是否良好，若是则可判为通信插件损坏。

4.2　微机变压器保护装置异常处理与故障排查

4.2.1　电流回路故障

4.2.1.1　缺陷现象

保护装置异常，告警灯亮，不能复归，可能会有"电流断线""差流告警"等报文。

4.2.1.2　缺陷分析

此类缺陷一般是外部回路问题，主要有电流回路接触不良或断线、电流回路存在短路或两点接地，若排除外部回路的问题，可考虑交流插件及 VFC 转换回路的问题。另外，如果定值中的参数设定与实际不一致，也可引起差流越限。

4.2.1.3　安全策略

此类缺陷一般会影响保护装置的正确动作，应将申请保护退出运行，并且处理过程中严防电流回路开路造成高电压伤及人身，使用绝缘工具，工作中不应使电流回路保护接地断开。

4.2.1.4　处理方案

（1）电流断线。结合装置采样值，使用相位表对断线侧电流进行测量、比较三相及中性线电流的大小、相位与采样值是否相符，两者相符则判为外部原因，对异常相应逐段查找，看端子排、电流试验端子、室外端子箱有无松动或锈蚀，有无异响等；若向量显示外部回路无异常，则可判定交流插件及 VFC 转换回路有问题，需更换新插件后进行测试。

（2）差流越限告警。结合装置采样值，使用相位表测量主变各侧三相及中性线电流的大小和相位是否正常，若结果与采样值都不正常且两者情况一致，则判断为外部回路原因，外部原因查找方法同电流断线。若不符判定则为装置原因，应先核对定值整定是否正确，若整定正确，可考虑定值计算是否有误，变比、组别等参数与实际是否一致。

110kV主变差动保护区外故障时误动作

1. 缺陷简述

2001年3月8日，某变电站110kV1号主变差动保护在低压10kV出现故障，其过流保护正确动作跳开10kV开关的情况下，发生了误动，保护装置为北京四方CSC326F。

2. 缺陷分析

区外故障，对差动保护来说应该流进电流等于流出电流，差流为零才对，此时如果差动保护动作，肯定是两侧电流，一侧产生差流，另一侧没有制动住，产生的差流超过定值。

3. 缺陷处理过程

现场通过对装置进行制动特性校验，结果为合格，后厂家人员用笔记本电脑连接保护装置，调出录波报告进行分析。发现保护动作时低压侧C相电流明显小于A、C相电流值，接近故障前负荷电流，于是对低压侧CT回路进行检查，发现C相CT本身有两处不规则裂纹：一处约5cm，另一处约8cm。对CT进行耐压试验，发现不合格，10kV的CT电压升到6kV就放电了。又对低压CT用1000V摇表进行绝缘测试，只有0.3MΩ。故判断是一起由于CT质量问题造成的二次绕组绝缘降低，从而形成CT回路两点接地，致使误掉主变的事故。

4. 经验教训

要在平时的校验工作中注意做好绝缘测试工作，要认真核实试验结果是否合格，据了解此装置不久前刚刚进行了定期检验，低压侧回路绝缘为2MΩ，虽然满足规程要求，但和同期同型号的2号变低压侧绝缘为500MΩ相比差得比较多，工作人员未进一步分析原因，错过了一次发现事故隐患的机会，实在可惜。

4.2.2　电压回路故障

4.2.2.1　缺陷现象

保护装置异常，告警灯亮，不能复归，有"某侧PT断线或失压"等报文。

4.2.2.2　缺陷分析

此类缺陷可能的原因有电压输入回路中某处二次线接触不良、电压空开故障、电压切换继电器接点接触不良、交流插件及VFC转换回路的问题。

4.2.2.3　安全策略

变压器保护某侧电压异常，会开放后备保护的电压闭锁元件，方向保护无法正确判别动作方向，使得变压器后备保护有误动可能。在处理过程中应严防电压回路短路或接地。

4.2.2.4　处理方案

电压断线或失压：读取装置内部显示电压数值，使用万用表在装置输入端进行测量，比较两者是否一致，若两者都不正常则是外部回路问题，需逐段逆向测量异常相对N600间电压，看是电压空开、端子排接线还是电压转接屏那里的问题，查找出来后进行紧固或将故障元件进行更换。若装置显示和万用表读数不一致，外部电压正常，而内部采样不正确，则是交流插件及VFC回路的问题，此时则需要申请退出保护，断电进行相应插件更换处理，拔出交流插件前务必先将外部电流回路短封，防止造成TA二次开路。

4.2.3　保护运行灯灭

4.2.3.1　缺陷现象

保护装置运行指示灯熄灭或闪烁，告警灯亮，不能复归，可能会有"程序出错""无效定值区""ROM 出错"等报文。

4.2.3.2　缺陷分析

此类缺陷一般是外部回路问题，主要有电源故障、管理板故障、CPU 插件故障等问题，个别情况也有装置母板电阻或电容等特性发生变化而引起的。处理此类插件应本着先易后难的原则，尽量少动无关回路，可按照电源插件、管理板插件、通信排线、CPU 插件的顺序进行逐一更换直至问题消除，要注意的是，在更换管理板插件前注意将装置地址记录下来，在更换 CPU 插件前应将定值印一份。

4.2.3.3　安全策略

发生此类缺陷时保护装置将拒动，应将申请保护退出运行，并且处理过程中严防带电插拔插件，另外对于某些通信地址设在面板上的保护装置，在更换通信面板时应先把通信线断开，防止由于新插件的初始地址和站内已运行的其他保护相同造成误发运行设备异常信息，影响数据指标。工作中使用绝缘工具，且严禁拔出交流插件。

4.2.3.4　处理方案

（1）电源故障。电源插件是保护装置中最容易损坏的部分，在装置内部故障中占比很高，电源件故障可能各级输出都没有，也可能只是某一电压输出（如 5V 等）不稳定，更换电源插件应注意对比新老插件的输出电压数量及大小应一致，工作前应先将直流电源空开、断开，禁止带电拔插电源件。

（2）管理板或排线故障。在更换了合格的电源后缺陷依然存在时，应考虑管理板是否正常，以及管理板和母板间的通信排线接触是否良好。装置上电时运行灯有无闪亮过程很重要，重上电时无闪亮过程，则是管理板排线的问题；若运行灯有闪亮过程，则根据面板显示报文进一步分析。注意有些装置更换新面板后要进行相应的设置，否则装置不会正常运行。

（3）CPU 插件故障。在排除电源和面板的问题后，就该考虑 CPU 插件的问题了。拔出CPU 插件，检查芯片等有无松动现象，检查装置内部是否过热，重新插入插件后上电，看装置能否恢复正常。若不正常，则需更换新的插件。更换新插件时一定要注意新老插件的版本应一致，并且需重新输入定值，做相应检验。

4.2.4　变压器本体保护缺陷

4.2.4.1　缺陷现象

本体保护装置主要缺陷有"运行灯灭""动作信号无法复归"等。

4.2.4.2　缺陷分析

本体保护主要由一些继电器构成，回路简单，可靠性较高发生缺陷的几率较小，如电源回路问题会引起本体保护失电、运行灯灭，继电器接点粘连会使动作后无法复归。

4.2.4.3　安全策略

本体保护是变压器内部故障和异常的保护未实现双重化，本体保护缺陷应格外重视，装置断电前应将保护停用，工作中严防误掉运行开关，防止直流接地和短路，严禁带电插拔插件，停用保护须经调度许可。

4.2.4.4 处理方案

（1）运行灯灭。检查装置直流输入电源正常与否，电源空开上下口对地电压是否正常。若正常，则还需测量本体保护背板电源输入端子是否正常。如正常，则可判定是本体保护电源问题，需更换同型号的电源插件。

（2）动作信号无法复归。动作信号无法复归可能的原因有外部启动量一直存在、复归回路接触不良、节点粘连等多种可能。首先应使用万用表测量启动回路电位以判断有无外部启动量。若没有外部启动量，则还需考虑复归按钮问题，一人测量一人按复归按钮，检查按钮能否启动继电器的复归回路。如果可以，则可断定是继电器复归线圈断或接点粘连，应更换相应插件。

4.2.5 保护通信中断

4.2.5.1 缺陷现象

保护装置通信中断指的是保护装置与自动化系统的通信出现异常，通信中断后自动切换监控系统会有"某某保护通信中断"报文。

4.2.5.2 缺陷分析

此类缺陷可能的原因有通信参数设置有误、通信线路接触不良或交换机等中间环节设备损坏、通信插件或芯片损坏。

4.2.5.3 安全策略

通信中断不会影响保护装置的正确动作，保护不需退出运行，只有确定是通信插件的问题，而且必须进行更换时，通信插件时才可申请保护退运。另外，处理过程中严防带电插拔插件，对于某些通信地址设在面板上的保护装置，在更换通信面板时应先把通信线断开，防止由于新插件的初始地址和站内已运行的其他保护相同，造成误发运行设备异常信息，影响数据指标。

4.2.5.4 处理方案

（1）通信参数设置有误。参数内部设置错误一般会出现在保护新投、更换，CPU 插件更换时，若是运行中的保护发通道告警信号，一般不考虑内部设置问题。通信参数的设置应符合自动化设备要求的通信接口的选择、通信速率的设置等。

（2）通信线路接触不良或交换机等中间环节设备损坏。检查通信线连接是否可靠，通信线路长度是否超出通信方式的要求，保护管理机运行正常与否，管理机上通信指示灯是否正常；交换机运行正常与否，网线头连接可靠与否，有无积尘，是单一保护中断还是全部保护中断，可借助计算机 ping 命令进行检查判断，并使用拔插网线头、更换备用接口、重启交换机或保护管理机等方法来测试。

（3）通信插件或芯片损坏。通信插件或芯片由于有通信线路引出装置，某些情况下极易损坏。总线形式时，如果某个节点的收发器损坏，容易影响所有节点的通信，所以需采用逐一拆除或逐一接入的方法判断是哪一个装置的通信芯片损坏了。网线通讯时，可以用计算机替代装置。

4.3 微机母线保护装置异常处理与故障排查

4.3.1 电流断线、差流告警故障

4.3.3.1 缺陷现象

母差保护装置面板异常，"告警"灯亮，不能复归，有"电流断线""差流越限告警"等报文。

4.3.3.2 缺陷分析

这类问题的出现而且无法复归，证明母差保护电流回路出现了异常，可能是电流回路断线或存在寄生回路分流，可能是交流插件故障，也可能是定值整定有误。

4.3.3.3 安全策略

此时母差保护已被闭锁，不会正确动作，规程规定"现场运行人员应立即退出母线保护，汇报相应调度并尽快处理"，在处理过程中严防电流回路开路造成高电压伤及人身，使用绝缘工具，工作中不应使电流回路保护接地断开。根据装置报文显示异常的电流回路属于哪个间隔，根据该间隔本身保护、测量等的电流量综合判断是否属于互感器一次侧问题，若属一次设备问题，应申请停电检查。

4.3.3.4 处理方案

（1）外部回路问题。结合装置采样值以及电流异常间隔本身的保护、测量等的电流量综合判断，使用相位表对异常回路电流进行测量、比较三相及中性线电流的大小、相位与采样值是否相符，如相符且都不正常，则判为外部原因，不符则为母差保护内部问题。若是外部回路问题，应对异常相逐段进行查找，看端子排、室外端子箱有无松动或锈蚀，有无异响、有无多余接地点及其他寄生回路等。

（2）交流插件故障。如果相位表所测数值正常，而装置采样值和相位表所测数值不符，则可判为装置交流插件及 VFC 回路问题，需更换插件，更换交流插件时应先将有关回路短封，防止开路。更换完毕后重新上电，观察采样数据是否恢复正常。

（3）定值整定错误。当装置显示各间隔输入电流量都正常，而装置仍有"差流异常"的报文时，应检查保护装置的设定是否正确，查看"系统参数"，核对各间隔的电流互感器变比设定与实际是否相符，是否符合装置说明书的要求。如发现有错误，应予以改正，改正固化好定值后异常会消失，装置恢复正常。

220kV RCS-915 母线保护"差流越限告警"

1. 缺陷简述

2008 年 5 月 28 日，某变电站 220kV RCS-915 母线保护装置发"差流越限告警"。

2. 缺陷分析

缺陷检查发现：进入保护菜单查看保护装置 C，相差流已达 0.2A。查看各路电流值，发现 263 回路 C431 相电流明显小于 A431、B431 两相，使用相位表测试 263 外接电流回路，发现结果与装置显示一致，从而排除装置原因；继续测试 263 电流中性线 N431，发现 263 N431 电流值为 0.86A，从而判断 263CT 回路存在两点接地情况。

3. 缺陷处理过程

因为母差装置各电流回路均在室内接地，故判断异常接地点发生在室外，到室外端子箱进一步用相位表测量，以区别这一接地点是在端子箱至室内电缆上还是在端子箱至 CT 本体这一段上，用相位表继续测量，N431 电流仍是 0.86A，故证明异常接地点是在端子箱至 CT 本体这一段上。在保证安全距离的前提下，工作人员打开 CT 二次接线盒后，N431 电流消失，仔细观察，发现 C431 二次引出电缆芯有被二次接线盒盖板压过的压痕，绝缘部分有破损开裂现象，由此认为这就是异常接地点。

4. 经验教训

(1) CT 二次电缆引出线预留不宜过长，并且盖盖板时严防压住二次线。

(2) 我们在工作中要防止 CT 两点接地，主要有两种办法：一是在新安装或改造时做好检查，二是在平时的校验工作中注意做好绝缘测试工作。

4.3.2 电压回路故障

4.3.2.1 缺陷现象

保护装置异常，告警灯亮，不能复归，有"某段母线 PT 断线或失压"等报文。

4.3.2.2 缺陷分析

此类缺陷可能的原因有电压输入回路中某处二次线接触不良、电压空开故障、电压切换继电器接点接触不良、交流插件及 VFC 转换回路的问题。

4.3.2.3 安全策略

母线保护某段母线电压异常会开放母线保护的电压闭锁元件，使得母差保护只要再满足差流定值就会动作。规程规定"电压闭锁异常开放，等候处理期间，母线保护可不退出运行"，在处理过程中严防电压回路短路或接地。

4.3.2.4 处理方案

读取装置内部显示电压数值，使用万用表在装置输入端进行测量，比较两者是否一致，若两者都不正常，则是外部回路问题，需逐段逆向测量异常相对 N600 间电压，看是电压空开、端子排接线还是电压转接屏那里的问题，查找出来后进行紧固或将故障元件进行更换。若装置显示和万用表读数不一致，外部电压正常，而内部采样不正确，则是交流插件及 VFC 回路的问题，此时则需要申请退出保护，断电进行相应插件更换处理，拔出交流插件前务必现将外部电流回路短封，防止造成 TA 二次开路。

4.3.3 保护运行灯灭

4.3.3.1 缺陷现象

保护装置运行指示灯熄灭或闪烁，告警灯亮，不能复归，可能会有"程序出错""无效定值区""ROM 出错"等报文。

4.3.3.2 缺陷分析

此类缺陷一般是外部回路问题，主要有电源故障、管理板故障、CPU 插件故障等问题，个别情况也有装置母板电阻或电容等特性发生变化而引起的。处理此类插件应本着先易后难的原则，尽量少动无关回路，可按照电源插件、管理板插件、通信排线、CPU 插件的顺序进行逐一更换直至问题消除，要注意的是，在更换管理板插件前注意将装置地址记录下来，在更换 CPU 插件前应将定值打印一份。

4.3.4 母线保护开入异常处理

4.3.4.1 缺陷现象
此类缺陷主要有失灵长期启动、隔离开关位置不对应、母联开关位置异常等。

4.3.4.2 缺陷分析
母线保护有开入异常后，首先应检查装置相应的开入量，检查显示屏上运行方式是否对应一次设备，结合装置显示报文进行分析判断。

4.3.4.3 安全策略
母线保护"开入异常"时应尽快查明原因，避免母线保护的不正确动作，根据缺陷情况，必要时可申请改变运行方式。隔离开关位置不对应时，一般情况下不需要停电处理。若判明是装置内部原因，需退出母线保护进行处理。

4.3.4.4 处理方案
（1）失灵长期启动。进入开入量菜单，检查哪个间隔有失灵开入，检查相应间隔保护屏及电缆接线，查找误启失灵原因，查看是否有保护动作不复归等原因。若判明是装置内部开入板的原因，需退出母线保护进行更换处理。

（2）隔离开关位置不对应。隔离开关位置不对应有两种情况，一种情况是所在母线隔离开关辅助接点接触不良，该通没通；另一种情况是未合隔离开关辅助触点，不该通反而接通了。遇有这种情况应首先通过修改保护屏上的模拟开关，使母线保护画面显示与实际相符，避免母线保护误判。然后使用万用表测量隔离开关位置开入电位并进行分析判断，逐步处理，若属隔离开关辅助触点问题，应请一次检修人员配合处理。

（3）母联开关位置异常。母联开关位置是否正确会影响母线保护大差比率制动系数的选择以及小差计不计母联电流，必须保证其与实际一致。母线保护判母联电流与母联开关位置不一致时会报"开入异常"，检修人员应结合母联实际运行方式与母线保护开入量显示来分析，查看外部接线，并测量电位来查找母联开关开入异常的原因。

5 二次回路

5.1 二次回路分类

二次设备是用于对电力系统及一次设备的工况进行监测、控制、调节和保护的低压电气设备，包括测量仪表、一次设备的控制、运行情况监视信号以及自动化监控系统、继电保护和安全自动装置、通信设备等。二次设备之间相互连接的回路统称为二次回路，它是确保电力系统安全生产、经济运行和可靠供电不可缺少的重要组成部分。

5.2 二次回路简述

二次回路主要分为下面几类：
(1) 继电保护用电压互感器二次回路。
(2) 继电保护用电流互感器二次回路。
(3) 继电保护至断路器的控制回路。
(4) 继电保护相关的二次回路。

5.2.1 继电保护用电压互感器二次回路

母线电压回路的星形接线采用单相二次额定电压 57V 的绕组，星形接线也叫作中性点接地电压接线。图 5-1 为电压回路星形接线图。

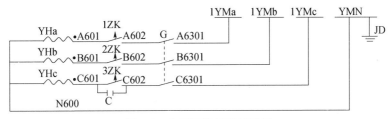

图 5-1 电压回路星形接线图

(1) 为了保证 PT 二次回路在末端发生短路时也能迅速将故障切除，采用了快速动作自动开关 ZK 替代保险。

(2) 采用了 PT 刀闸辅助接点 G 来切换电压。当 PT 停用时 G 打开，自动断开电压回路，防止 PT 停用时由二次侧向一次侧反馈电压造成人身和设备事故，N600 不经过 ZK 和 G 切换，有永久接地点，防止 PT 运行时因为 ZK 或者 G 接触不良，PT 二次侧失去接地点。

(3) 传统回路中，为了防止在三相断线时断线闭锁装置因为无电源拒绝动作，必须在其中一相上并联一个电容器 C，在三相断线时电容器放电，供给断线装置一个不对称的电源。目前，国家电网典型设备中，该电容已被取消。

（4）因母线 PT 是接在同一母线上所有元件公用的，通用设计中电压小母线 1YMa、1YMb、1YMc、YMN（前面数值"1"代表Ⅰ母 PT）PT 的中性点接地 JD 选在主控制室小母线引入处。

母线零序电压按照开口三角形接线（图 5-2），采用单相额定二次电压 100V 绕组。

（1）开口三角形是按照绕组相反的极性端由 C 相到 A 相依次头尾相连。

（2）零序电压 L630 不经过快速动作开关 ZK，因为正常运行时 U_0 无电压，此时若 ZK 断开不能被及时发觉，一旦电网发生事故，保护就无法正确动作。

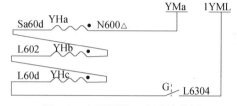

图 5-2　电压回路三角形接线图

（3）零序电压尾端 N600△按照要求应与星形的 N600 分开，各自引入主控制室的同一小母线 YMn。

5.2.2　继电保护用电流互感器二次回路

以一组保护用电流回路，A 相第一个绕组头端与尾端编号 1A1、1A2，如果是第二个绕组，则用 2A1、2A2。电流回路接线图如图 5-3 所示。

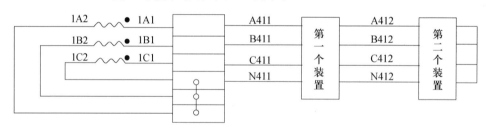

图 5-3　电流回路接线图

保护用电流互感器二次侧应设一个接地点，一般在配电装置经端子接地。由几组电流互感器连接构成的保护电流互感器二次回路应在保护屏上接地。

电流互感器二次回路一般不设切换回路，当确实需要切换时，应确保切换时电流互感器二次回路不能开路。电流回路切换图如图 5-4 所示。

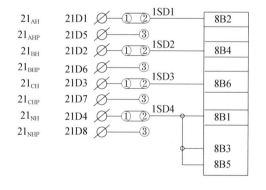

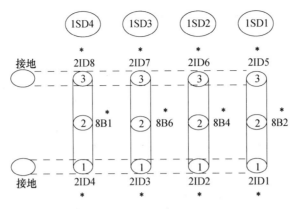

图 5-4　电流回路切换图

其封接原则为"先短封、后断开"，在操作前要先退出相关保护（主变差动保护）。

5.2.3 继电保护至断路器的控制回路

继电保护控制回路是二次回路的基本回路，110kV 操作回路构成该回路最为基本的结构。

LD：绿灯，表示分闸状态。

HD：红灯，表示合闸状态。

TWJ：跳闸位置继电器。

HWJ：合闸位置继电器。

HBJI：合闸保持继电器，电流线圈启动。

TBJI：跳闸保持继电器，电流线圈启动。

TBJV：跳闸保持继电器，电压线圈保持。

KK：手动跳合闸把手开关。

DL1：断路器辅助常开接点。

DL2：断路器辅助常闭接点。

控制回路接线图如图 5-5 所示。

（1）当开关运行时，DL1 断开，DL2 闭合。HD、HWJ、TBJI 线圈，TQ 构成回路，HD 亮，HWJ 动作，但是由于各个线圈有较大阻值，使得 TQ 上分的电压不至于让其动作，保护跳闸出口时，TJ、TYJ、TBJI 线圈，TQ 直接连通，TQ 上分到较大电压而动作，同时 TBJI 接点动作自保持 TBJI 线圈一直将断路器断开才返回即 DL2 断开。

（2）合闸回路原理与跳闸回路原理相同。

（3）在合闸线圈上并联了 TBJV 线圈回路，这个回路是为了防止在跳闸过程中又有合闸命令而损坏机构。例如合闸后合闸接点 HJ 或者 KK 的 5、8 粘连，开关在跳闸过程中 TBJI 闭合，HJ、TBJV 线圈、TBJI 连通，TBJV 动作时 TBJV 线圈自保持，相当于将合圈短接了（同时 TBJV 闭接点断开，合闸线圈被隔离）。这个回路叫防跳回路，防止开关跳跃的意思，简称防跳。

（4）KKJ 是合后继电器，通过 D1、D2 两个二极管的单相导通性能来保证只有手动合闸才能让其动作，手动跳闸才能让其复归，KKJ 是磁保持继电器，动作后不自动返回，KKJ 又称手合继电器，其接点可以用于"备自投""重合闸""不对应"等。

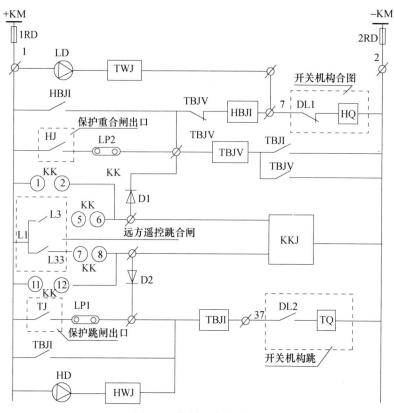

图 5-5　控制回路接线图、

（5）位置继电器 HWJ、TWJ 的作用有两个，一是显示当前开关位置，二是监视跳、合线圈，例如在运行时，只有 TQ 完好，TWJ 才动作。

5.2.4　继电保护相关的其他二次回路

5.2.4.1　刀闸切换回路

刀闸切换回路接线图如图 5-6 所示。

1YQJ1 与 2YQJ1 是自保持型继电器，Ⅰ是动作线圈，Ⅱ是返回线圈，运行于Ⅰ母时，1YQJ1 动作，1YQJ2 返回；运行于Ⅱ母时，2YQJ1 动作，2YQJ2 返回，自保持继电器动作后必须返回线圈通电才能返回，可以防止运行中刀闸辅助接点断开导致电压消失，保护误动。1YQJ2 与 2YQJ2 是普通继电器用于信号回路。

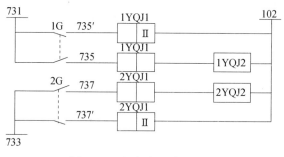

图 5-6　刀闸切换回路接线图

（1）母差保护上线路刀闸位置信号回路。母差保护需要判断该间隔上哪段母线运行，一般采用该间隔的刀闸位置继电器。母线保护电压回路接线图如图 5-7 所示。

（2）线路保护上线路刀闸位置信号回路。线路保护需要判断该间隔上哪段母线运行，一般采用该间隔的刀闸位置继电器。线路保护电压回路接线图如图5-8所示。

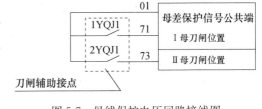

图5-7　母线保护电压回路接线图

5.2.4.2　非全相保护

非全相保护又叫不一致保护，反映在断路器处于单相或两相运行的情况下是否要把运行相跳开。只要断路器三相不全在跳闸位置或者合闸位置，非全相保护都要启动，经定值整定是否跳闸。非全相回路图如图5-9所示。

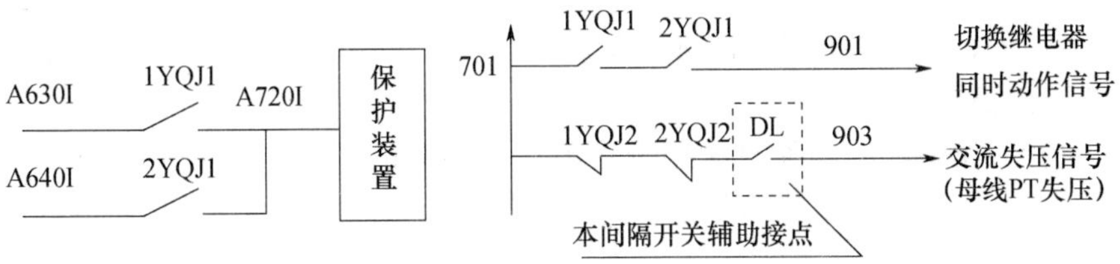

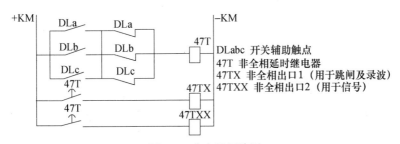

图5-8　线路保护电压回路接线图

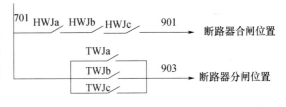

图5-9　非全相回路图

5.2.4.3　断路器位置信号

分相操作机构断路器必须三相都合上才能算是处于合闸位置，只要有一相断路器跳开就属于分闸状态，因此HWJ采用串联方式、TWJ采用并联方式来发信号。断路器位置回路图如图5-10所示。

此外，与保护相关的二次回路还有失灵启动回路、主变非电量回路、启动风冷回路、闭锁有载回路、备自投回路等。

图5-10　断路器位置回路图

5.3　二次回路检验及标准

5.3.1　电流、电压互感器的检验

（1）核对电流、电压互感器铭牌的变比、容量、准确级（必须符合设计和运行要求）。

（2）测试互感器各绕组间的极性关系，核对铭牌上的极性标志是否正确。检查互感器各次绕组的连接方式及其极性关系是否与设计符合，相别标识是否正确。

（3）宜自电流互感器的一次分相通入电流，检查工作抽头的变比及回路是否正确。

（4）自电流互感器的二次侧端子处向负载端通入交流电流（设备条件不满足时可从端子箱处通入），测定回路的压降，计算电流回路每相与中性线及相间的阻抗（二次回路负担）。将所测得的阻抗值按保护的具体工作条件和电流互感器制造厂家提供的出厂资料来验算是否符合互感器10%误差的要求。

5.3.2　二次接线正确性检查

（1）进行全回路按图查线工作，检查二次接线的正确性，杜绝错线、缺线、多线、接触不良、标识错误，二次回路应符合设计和运行要求。

（2）接线端子、电缆芯和导线的标号及设备压板标识应清晰、正确。检查电缆终端的电缆标牌是否正确完整，是否与设计相符。

（3）在检验工作中，应加强对保护本身不易检测到的二次回路的检验检查，如压力闭锁、通信接口、变压器风冷全停等非电量保护及与其他保护连接的二次回路等，以提高继电保护及相关二次回路的整体可靠性、安全性。

5.3.3　二次接线连接可靠性检查

应对所有二次接线端子进行可靠性检查，二次接线端子是指保护屏、端子箱及相关二次装置的接线端子。

5.3.4　直流二次回路检查

（1）检验直流回路是否有寄生回路存在。应根据回路设计的具体情况，用分别断开回路的一些可能在运行中断开（如熔断器、指示灯等）的设备及使回路中某些触点闭合的方法来检验。每一套独立的装置，均应有专用于直接到直流熔断器正负极电源的专用端子对，这一套保护的全部直流回路包括跳闸出口继电器的线圈回路，都必须且只能从这一对专用端子取得直流的正、负电源。

（2）核对熔断器（自动开关）的额定电流是否与设计相符或与所接入的负荷相适应，并满足上下级之间的配合。

5.3.5　交流二次回路检查

（1）检查电流、电压二次回路接地点与接地状况。检查电流二次回路的接地点与接地状况，电流互感器的二次回路必须分别且只能有一点接地；由几组电流互感器二次组合的电流回路，应在有直接电气连接处一点接地。

经控制室零相小母线（N600）连通的几组电压互感器二次回路，只应在控制室将N600一点接地，有明显标识；为保证接地可靠，各电压互感器的中性线不得接有可能断开的熔断器（自动开关）或接触器等。独立的、与其他互感器二次回路没有直接电气联系的二次回路，一般在开关场实现一点接地。来自电压互感器二次回路的4根开关场引入线和互感器三次回路的2（3）根开关场引入电缆必须分开，不得共用。

二次回路电缆应采用屏蔽电缆，其屏蔽层应与接地线可靠连接，接地线应与接地铜排可靠连接，接地铜排应与接地网可靠连接。

（2）检查电压互感器二次回路中所有熔断器（自动开关）的装设地点、熔断（脱扣）电流是否合适（自动开关的脱扣电流需通过试验确定，抽查）、质量是否良好，能否保证选择性。

（3）检查串联在电压回路中的熔断器（自动开关）、隔离开关及切换设备触点接触的可靠性。

（4）检查每套保护装置电压采样值与电压互感器端子箱处的测量电压（电压互感器尽量在最大负荷状态下），其电压差不应超过 3%。

5.3.6　二次回路绝缘检查

（1）结合装置的绝缘试验，一并试验，分别对电流、电压、直流控制、信号回路，用1000V 兆欧表测量绝缘电阻，其阻值均应大于 $1M\Omega$。

（2）TV、TA 回路绝缘检查，TV、TA 回路与运行设备采取隔离措施，检修设备的TV、TA 回路完好。

（3）对使用触点输出的信号回路，用 1000V 兆欧表测量电缆每芯对地及对其他各芯间的绝缘电阻，其绝缘电阻应不小于 $1M\Omega$。

5.3.7　断路器、隔离开关及二次回路的检验

继电保护检验人员应了解有关设备的技术性能及其调试结果，并负责检验保护屏柜引至断路器（包括隔离开关）端子箱端子排二次回路的正确性和可靠性，负责回路传动。

5.3.8　继电器、操作箱、切换箱及辅助设备

（1）清扫、紧固及外观检查。继电器、操作箱等设备的外壳应清洁，无灰尘和油污，外壳及玻璃应完整并嵌接良好。内部应清洁，无灰尘和油污。外壳与底座接合应紧密牢固，防尘密封良好并安装端正。

（2）继电器的检验。按 DL/T 995—2006 附录 A（各种功能继电器的全部、部分检验项目）中规定的全部检验项目进行试验。

（3）操作箱、切换箱结合传动检查继电器动作可靠，接点接触良好。

1）操作箱的传动，接合整组试验和二次回路传动进行。

① 重合闸回路的检查。重合闸装置接合保护跳、合断路器试验的过程，三相断路器合闸正常，信号指示正常，即可判断操作箱中的重合闸回路完好。

② 手动合闸和手动跳闸回路检查。断路器正常的手合、手跳操作，断路器合跳正常，即可判断操作箱中的手动合闸和手动跳闸回路完好，操作时注意检查微机保护装置的开入变位正常。

③ 分相合、跳闸回路检查。在保护装置跳、合断路器整组试验的过程中，断路器的分合闸正常，信号及红、绿指示灯正常，即可判断操作箱中的分相合、跳闸回路完好。试验过程中断路器三相不一致时注意确保非全相保护接点正确及微机保护装置的开入变位正常。

④ 防跳回路检查。断路器处于合闸位置，同时将断路器的操作把手固定在合闸位置（合闸脉冲长期存在），保护装置发三跳令，断路器三相可靠跳闸，不造成三相断路器合闸，即可判断操作箱中的防跳回路完好。

⑤ 压力闭锁回路检查。断路器的机构压力降低禁止重合闸时，重合闸装置放电闭锁。

断路器的机构压力降低禁止合闸时，操作箱中手动合闸回路闭锁，操作断路器操作把手合断路器不成功。断路器的机构压力降低禁止跳闸时，断路器三相跳闸将闭锁，断路器处于合闸位置，手动跳闸不成功。断路器的机构压力异常禁止操作时，断路器手动合闸回路和断路器三相跳闸将闭锁，操作断路器操作把手合断路器不成功，断路器处于合闸位置，手动跳闸操作不成功。

2）切换箱接合传动。

① 断开-1 刀闸常闭辅助接点、短接-1 刀闸常开辅助接点，Ⅰ母切换动作，相应的保护用的电压切换接点接通。断开-1 刀闸常开辅助接点，上述保护用的接点应保持在接通位置，恢复短接-1 刀闸常闭辅助接点，上述保护用接点断开。

② 断开-2 刀闸常闭辅助接点、短接-2 刀闸常开辅助接点，Ⅱ母切换动作，相应的保护用的电压切换接点接通，断开-2 刀闸常开辅助接点，上述保护用的接点应保持在接通位置，恢复短接-2 刀闸常闭辅助接点，上述保护用接点断开。

③ 工作中应注意工作时电压小母线至切换箱的保险应在断开位置，避免造成 TV 二次不正常并列。

5.3.9　不可拆卸继电器组成的操作箱检验

出口继电器检验动作电压在 55%～70%额定电压之间，防跳继电器自保持线圈动作电流不应大于额定跳闸电流的 50%，合闸保持继电器线圈动作电流不应大于额定合闸电流的 50%。

5.4　二次回路验收

5.4.1　二次回路

二次回路包括：

（1）从电流、电压互感器二次侧端子开始到有关保护装置的二次回路；

（2）从直流分电屏出线端子排到有关保护装置的二次回路；

（3）从保护装置到控制、信号屏间的直流回路；

（4）保护装置出口端子排到断路器端子箱的跳、合闸回路；

（5）非电量保护（指包含变压器瓦斯、温度等非电气量保护出口、信号等继电器的保护装置）的相关二次回路。

5.4.2　二次回路总体验收重点

（1）检查施工质量、工艺、反应措施的执行等，回路功能检验随保护装置进行。

（2）检查二次接线的正确性，二次回路应符合设计和运行要求。验收工作中应进行全回路按图查线工作，杜绝错线、缺线、多线、接触不良、标识错误。可以利用传动方式进行二次回路正确性、完整性检查，传动方案应尽可能考虑周全。

（3）在验收工作中，应加强对保护本身不易检测到的二次回路的检验检查，以提高继电保护及相关二次回路的整体可靠性、安全性。

5.4.3 二次设备安装情况

（1）所有安装设备型号、数量与设计图纸一致。

（2）所有二次设备工作完工，设备配件齐全（顶盖、面板、把手、标签等）。

（3）施工工艺要满足国家、行业、企业对二次设备及回路安装的要求，做到美观、整齐、易于运行维护及检修。

（4）对保护屏、控制屏、端子箱等保护专业维护范围的端子及接线（包括接地线）外观检查，保护屏上的元器件、插件、继电器、抗干扰盒、切换开关、按钮、小刀闸、空气开关、保险、电缆芯、端子排、装置外壳、屏体等应清洁，无损坏，安装紧固，无变形，标识清晰，操作灵活。

（5）保护屏、控制屏、端子箱、机构箱中正负电源之间及电源与跳合闸引出端子之间应适当隔离。

（6）接入交流电源（220V 或 380V）的端子与其他回路（如直流、TA 、TV 等回路）端子采取有效隔离措施，并有明显标识。

5.4.4 电缆敷设情况

（1）缆沟内动力电缆在上层，接地铜排（缆）在上层的外侧。

（2）地下浅层电缆必须加护管，并做防腐防水处理；地下直埋电缆深度不应小于0.7m。

（3）户外电缆的标牌，字迹应清晰并满足防水、防晒、不脱色的要求。

（4）电缆屏蔽层应两端可靠接地。穿金属管且金属管两端接地的屏蔽电缆，单端可靠接地。

（5）检查电缆封堵是否严密、可靠。同屏（箱）两排电缆之间也不能留有缝隙。

（6）交流回路与直流回路不能共用一根电缆；强弱电回路不能共用一根电缆；交流电流回路和交流电压回路不能共用一根电缆。

（7）交流电流回路的电缆芯截面不能小于 $2.5mm^2$。

5.4.5 二次接线情况

（1）查看各个屏位的布置是否符合图纸，各种设备压板标识应名称统一规范，含义准确、字迹清晰、牢固、持久。

（2）所有二次电缆及端子排二次接线的连接应准确可靠，芯线标识齐全、正确、清晰，应与图纸设计一致。芯线标识应用线号机打印，不能手写。芯线标识应包括回路编号及电缆或开关编号。屏上配线标识写位置端子号及对侧位置号。

（3）所有控制电缆固定后应在同一水平位置剥齐，每根电缆的芯线应分别打把，接线按从里到外、从低到高的顺序排列。电缆芯线接线端应制作缓冲环。电缆标签应使用电缆专用标签机打印。电缆标签的内容应包括电缆号、电缆规格、本地位置、对侧位置。电缆标签悬挂应美观一致，以利于查线。电缆在电缆夹层应留有一定的裕度。

（4）确保屏端子排、压板的布置符合规程、规范和反事故措施的要求。如端子排距离地面应大于 30cm，压板投退时不会碰到相邻压板，保护装置去出口压板的接线应接到压板下口。

（5）对所有二次接线端子进行可靠性、螺丝紧固情况检查（二次接线端子是指保护屏、端子箱及相关二次装置的接线端子）。抽查屏端子排、装置背板端子、空气开关、保险接线以及小连片的接线，应联结可靠，符合图纸要求。检查震动场所的二次接线螺栓，应有防松动措施。

（6）查看光缆及尾纤安装情况：光纤盒安装牢固，不应受较大的拉力，弯曲度符合要求（尾纤弯曲半径大于10cm、光缆弯曲半径大于70cm）。

5.4.6　二次接地情况

（1）二次电缆及高频电缆的屏蔽层应用不小于4mm^{2}多股专用接地线可靠连接，接地线应与接地铜排可靠连接，接地铜排应与等电位地网可靠连接。

（2）保护屏底铜排应用不小于50mm^{2}的铜导线接等电位地网。

（3）端子箱铜排接地良好，用不小于100mm^{2}的铜导线与等电位地网可靠连接。

（4）保护屏屏体、前后柜门可靠接地。保护装置的箱体必须经试验确证可靠接地（应小于0.5Ω）。

（5）在主控室、保护室屏柜下的电缆层内，应敷设100mm^{2}的专用铜排，将该专用铜排首末端连接，然后按屏柜布置的方向敷设成"目"字形结构，形成保护室内的等电位接地网。保护室内的等电位接地网必须用至少4根以上、截面不小于50mm^{2}的铜排（缆）与厂、站的主接地网在电缆竖井处可靠连接。沿二次电缆的沟道敷设截面不小于100mm^{2}的裸铜排（缆），构建室外的等电位接地网。

5.4.7　二次回路绝缘

（1）TV、TA回路绝缘检查：TV、TA回路与运行设备采取隔离措施，检修设备的TV、TA回路完好，用1000V绝缘摇表测量其对地绝缘电阻，要求其阻值应大于1MΩ。

（2）二次控制回路绝缘检查（抽查项目）：断开直流控制电源保险，二次控制回路其余部分完好，用1000V绝缘摇表测量控制电源正负极回路、跳合闸回路对地绝缘电阻，要求其阻值应大于1MΩ。

（3）保护装置电源回路绝缘检查（抽查项目）：断开保护装置直流电源小开关，保护装置电源回路其余部分完好，用1000V绝缘摇表测量直流电源正、负极回路对地绝缘电阻，要求其阻值应大于1MΩ。

5.4.8　TA及其回路

（1）TA圈准确等级、位置满足运行要求（如主变差动保护低压侧TA圈位置应包含开关）。

（2）交流二次回路接地检查（结合TA回路绝缘检查完成）：检查电流二次回路接地点位置、数量与接地状况，在同一电流回路中有且只能有一个接地点。

（3）各TA圈中性线的检查（报告项目）：在断路器端子箱分相向保护装置通流，查看装置采样，用卡钳表测量对应相别和中性线电流，与所通电流一致。

（4）验收每只TA的每个保护圈回路编号、使用保护装置、接地点位置、回路绝缘、回路直阻、二次负担、变比极性统计表与实际相符。

5.4.9　TV及其回路

（1）接线正确性检查，查TV二次、三次绕组在端子箱处接线的正确性。各星形每个绕组的各相引出线和中性线必须在同一电缆内；开口角电压和其中性线必须在同一电缆内；TV 的二次回路和三次回路必须分开，不能共用一条电缆；端子箱各绕组 N600 独立。

（2）二次回路接地检查（结合 TV 回路绝缘检查完成）；TV 二次回路有且只能有一点接地，经控制室零相小母线联通的几组 TV 二次回路只能在控制室将 N600 一点接地，与其他 TV 无电的连接的 TV 中性线可以现场独立接地。

5.4.10 直流回路

（1）控制、保护、信号直流熔断器（小开关）分开。

（2）两套主保护分别经专用熔断器（小开关）由不同直流母线供电。

（3）有两组跳闸线圈的断路器，每一组跳闸回路应分别由专用熔断器供电，取自不同直流母线。

（4）双重化的保护，每一套保护的直流回路应分别由专用的直流熔断器供电，取自不同直流母线。独立设置的电压切换装置电源与对应的保护装置电源相一致。

（5）直流回路使用的空开应为直流特性；上下级直流熔断器（空开）应有级差配合。级差为 3～4 级。

（6）直流空开接线极性符合产品特性要求。

（7）当任一直流空开（熔断器）断开造成控制、保护和信号直流电源失电时，都有直流断电或装置异常告警。

5.4.11 开关控制回路的验收

5.4.11.1 手动合闸和手动跳闸回路检查

断路器正常的手合、手跳操作，断路器合跳正常，即可判断操作箱中的手动合闸和手动跳闸回路完好，操作时注意检查微机保护装置的开入变位是否正常。对于双跳闸线圈断路器的保护，要验证两组控制直流分别和同时作用时断路器的跳、合闸情况。

5.4.11.2 分相合、跳闸回路检查

在保护装置跳、合断路器整组试验的过程中，断路器的分合闸正常，信号及红、绿指示灯正常，即可判断操作箱中的分相合、跳闸回路完好。

5.4.11.3 防跳回路检查

断路器处于合闸位置，同时将断路器的操作把手固定在合闸位置（注意五防、同期及相关开关位置，确保合闸脉冲长期存在），保护装置发三跳令，1TJQ 动作，使断路器三相可靠跳闸，不造成三相断路器合闸，即可判断操作箱中的第一组防跳回路完好。同理，2TJQ 动作，使断路器三相可靠跳闸，不造成三相断路器合闸，即可判断操作箱中的第二组防跳回路完好。

5.4.11.4 压力闭锁回路检查

断路器的机构压力降低禁止重合闸时，重合闸装置放电闭锁。

断路器在分闸位置，机构压力降低禁止合闸时，操作断路器操作把手合断路器不成功。

断路器在合闸位置，机构压力降低禁止跳闸时，断路器三相跳闸将闭锁，手动跳闸不成功。

断路器的机构压力异常、禁止操作时，断路器手动合闸回路和断路器三相跳闸将闭锁，

操作断路器操作把手合断路器不成功，断路器处于合闸位置，手动跳闸操作不成功。

5.4.11.5　重合闸回路的检查

重合闸装置接合保护跳、合断路器试验的过程，三相断路器合闸正常，信号指示正常，即可判断操作箱中的重合闸回路完好。

5.4.11.6　重合闸闭锁回路检查

（1）断路器的机构压力降低禁止重合闸时，查看微机保护有闭锁重合闸开入或重合闸装置放电。

（2）取下控制保险时，查看微机保护有闭锁重合闸开入或重合闸装置放电。

必须同时满足以上两条。

5.4.11.7　不一致保护检查

（1）开关本身的不一致保护：开关在断位，分别合 A、B、C 相开关，不一致保护应跳闸。开关在合位，分别跳 A、B、C 相开关，不一致保护应跳闸。

（2）保护屏上的不一致保护：开关在断位，分别合 A、B、C 相开关，开关在合位，分别跳 A、B、C 相开关，检查非全相保护接点正确及微机保护装置的开入变位是否正常；配合加量传动开关跳闸。

5.5　运行中常见缺陷及处理

5.5.1　二次回路异常及故障的分类

变电站二次回路的异常及故障主要有以下四个方面。

5.5.1.1　直流回路绝缘降低或接地

1. 直流接地产生原因

（1）校线、压线错误。由于设备生产厂家或安装单位的工作人员在校线、压线过程中工作不认真，接线错误而造成直流系统接地。

（2）绝缘不良。由于厂家设备、施工中的配线和电缆芯线的绝缘不良而造成直流系统接地。

（3）设计不合理。由于设计不合理而产生的直流寄生回路。

2. 直流故障接地点的危害

一般跳闸线圈和出口中间继电器等均接有负电，当出现直流正极接地时，有可能造成继电保护装置误动作。如果这些回路同时发生另一点接地或绝缘不良的情况，也会造成继电保护装置误动作，甚至造成断路器误跳闸。此外，由于直流系统的两点接地，还可能造成分、合闸回路短路，可能烧坏继电器的触点，在设备发生故障时造成越级跳闸，使事故范围扩大。

5.5.1.2　断路器控制回路异常

断路器控制回路是运行中经常出现异常的回路。断路器本身的辅助转换开关、跳合闸线圈、液压机构或弹簧储能机构的控制部分，以及断路器控制回路中的控制把手、灯具及电阻、单个继电器、操作箱中的继电器、二次接线等部分，由于运行中的机械动作、振动以及环境因素，都会造成控制回路的异常。

断路器控制回路主要的异常有以下四种：

（1）断路器辅助开关转换不到位导致的控制回路断线

断路器分闸后，如果断路器辅助开关转换不到位，将导致合闸回路不通，合闸位置继电器不能动作；断路器合闸后，如果断路器辅助开关转换不到位，将导致分闸回路不通，分闸位置继电器不能动作。在这两种情况下，控制回路中合闸位置继电器、分闸位置继电器都不能动作，发"控制回路断线"信号。

在某些断路器合闸或跳闸回路中，合闸继电器或跳闸继电器线圈带电后，将形成自保持回路，直到断路器完成合闸或跳闸操作，断路器辅助开关正确转换后，断开合闸或跳闸回路，该自保持回路才能复归。如果断路器辅助开关转换不到位，在断路器已合上后合闸、跳闸回路中串接的辅助开关触点未断开，合闸或跳闸回路中将始终通入合闸、跳闸电流，最终将导致断路器合闸、跳闸线圈烧毁或合闸、跳闸继电器线圈或回路中的触点烧毁。

（2）触点动作不正确

断路器液压机构压力闭锁触点、弹簧储能机构未储能闭锁触点、SF_6压力闭锁触点动作不正确造成的断路器控制回路异常。

当这些触点动作不正确时，会造成相关回路的误闭锁或误开放。例如在开关压力低时，误开放开关的分合操作回路，会造成开关的慢分慢合，导致一次设备的损坏。

（3）断路器控制回路继电器损坏造成的控制回路异常

断路器控制回路中的继电器主要包括位置继电器、压力闭锁继电器、跳闸继电器、合闸继电器、防跳跃继电器等。

当位置继电器发生异常时，将误发"控制回路断线"信号，或是在控制回路断线时不能正确发"控制回路断线"信号。因为保护中一般通过接入位置继电器触点来判断断路器位置，当位置继电器发生异常时，可能误启动重合闸。

（4）由于二次接线接触不良或短路、接地造成的控制回路异常

二次接线原因造成控制回路的异常也较多，其中包括二次接线端子松动、端子与端子间绝缘不良或者误导通、导线绝缘层损坏等。

220kV 侧主进开关位置与实际不符

1. 缺陷简述

2011 年 7 月 17 日，某变电站后台 2 号变 220kV 侧主进开关位置与实际不符，后台显示为分位，实际为合位。

2. 缺陷分析

出现这种现象有三种可能：

（1）开关辅助节点失灵。

（2）测控装置的 212 位置开入回路故障。

（3）二次线松动。

3. 缺陷处理过程

到达现场后，首先测出 212 位置开入的电位为−110kV，并用短路线短接的方法模拟测控装置的开入，这时观察后台机 212 开关的位置，发现位置由分到和，这就排除了测控装置开入回路故障的可能；然后检查 212 开关端子箱处的接线，发现接线无松动现象；继续打开

机构箱查找故障，分别测量212各项开关的辅助节点，节点没有异常。在此过程中，发现连接节点的二次线松动，发现了问题所在。

4. 经验教训

在平时的检修工作中应重视紧螺栓、更换锈蚀螺栓、除尘等工作，这些工作的重要性甚至重于装置功能的检查。

5.5.1.3 交流电压二次回路异常

交流电压二次回路异常既包括二次电压回路本身的异常，也包括电压二次回路的切换、并列控制回路的异常。

（1）回路本身的异常包括短路、接地、断相、极性错误等

当短路、接地发生在二次熔断器（空气开关）后的回路时，会使二次熔断器（空气开关）熔断（跳开），保护及其他装置会发出相应的异常信号。

电压二次回路断相往往是因为回路接线接触不良、电压互感器的母线隔离开关辅助开关触点接触不良或熔断器熔断，保护及其他装置会发出相应的异常信号。

电压二次回路极性错误的原因主要是安装时接线错误或是由于在回路上工作后恢复错误。

（2）电压二次并列回路、切换回路直流部分的异常

电压二次并列回路大致分为两种类型：第一种是不判断一次设备运行方式是否满足二次电压并列条件，直接通过并列的控制把手并列或由控制把手启动并列继电器并列；第二种用于双母线接线或单母线接线，将母联或分段断路器辅助开关的动断触点、隔离开关辅助开关的动断触点与并列控制把手串联后启动并列继电器。当断路器、隔离开关辅助开关、并列控制把手触点不通、并列继电器不能动作时，二次电压无法并列。

在双母线接线中，电压切换回路的异常主要指隔离开关辅助开关的动合触点异常、切换继电器异常等情况。隔离开关的辅助开关动合触点不通或切换继电器本身带电后动作不正确时，可能造成保护装置因失去二次电压而告警；隔离开关的辅助开关动合触点不能打开或切换继电器本身不能正确复归时，可能会使二次电压发生二次并列。

在电压切换回路中，还有一个"切换回路失压"信号。该信号是将两组切换继电器的动断触点并联后与断路器辅助开关的动合触点串联。当断路器在合闸状态而两组毫压切换继电器均不动作时，发"切换回路失压"信号。当切换继电器的动断触点或断路器辅助开关的动合触点动作不正确时，会误发或不能发出该信号。

倒母线操作导致电压失去故障

1. 现象描述

某 220kV 变电站 220kV 系统进行倒母线操作，在将所有 220kV 间隔设备由 Ⅱ 母倒至 Ⅰ 母后，断开 220kV 母联开关对 220kV Ⅱ 段母线停电时，所有运行的 220kV 设备保护装置发出 "PT 电压异常" 告警信号，经检查，220kV Ⅰ、Ⅱ 母 PT 二次电压全部失去。

2. 检查分析

现场检查发现，220kV 甲线路电压切换回路中 1YQJ 和 2YQJ 继电器均处于动作状态，从而使 220kV Ⅰ、Ⅱ 母电压通过甲线路的电压切换回路并列起来。倒母线操作过程中，运行人员未注意将停电的 Ⅱ 母 PT 二次空开断开，也未检查 "切换继电器同时动作" 信号是否

复归。当分开220kV母联开关时，Ⅰ母二次电压通过并列点向停电的Ⅱ母PT反充电，引起220kV Ⅰ、Ⅱ母PT二次电压空气开关跳闸。

3. 经验教训

运行人员进行倒母线操作时，在断开母联开关前，必须确认后台所有间隔的"切换继电器同时动作"信号已复归。

5.5.1.4　交流电流回路异常

电流回路的二次接线常见的异常主要有电流互感器二次绕组变比、级别错误、二次接线极性错误、回路绝缘下降导致存在第二个接地点等。

（1）如果电流互感器实际使用变比与调度下达的计算变比不一致，则使得运行中保护装置感受到的二次电流与系统实际潮流不相符，即保护二次动作值不等于期望的一次动作值，从而引起保护装置的误动或拒动。

（2）继电保护主要反应于系统发生故障时，因此要求大短路电流流过时，TA二次输出应保持线性；测量回路主要工作于系统正常运行时，因此要求额定电流流过时，TA二次输出应有较高的精度。为适应这两种不同工作性质的需求，TA二次绕组采用了不同的组别。对于测量回路，应选用0.5级，其意义为当TA一次通过额定电流时，其输出误差不大于0.5%；对于专用计量回路，应选用0.2级；对于继电保护，应选用P级即保护用级别。如10P20，其意义为当TA一次通过20倍额定电流时，在二次额定负载下，其输出误差不大于10%。0.5级和0.2级绕组在额定电流时有较高精度，但在大短路电流时则会饱和；P级绕组在大短路电流时能够保持线性传变，但在小电流时输出精度较差。因此如果误将P级绕组用于测量或专计回路，会导致计量不准确，而如果误将0.5级和0.2级绕组用于继电保护回路，则在短路电流流过时使得保护装置拒动或误动。

（3）如果电流二次回路极性不正确，则使得运行中流入保护装置的电流与电压之间的相角与期望值相反，对于线路保护则造成正方向故障时保护拒动，反方向故障时保护误动；对于主变差动或母差保护则造成差流增大而误动。

（4）一组电流回路中应有且只有一个可靠的接地点。如存在两个接地点，会存在电流分流的可能，使保护装置感受的电流小于实际的二次电流，使保护拒动或误动。

（5）电流二次回路中还有一种异常情况，该异常一般只发生在3/2接线的设备中。当不同串中同名相的一次设备直流电阻差距较大时，各串中的同名相中流过的一次电流差距也较大，此时，接入到相应的断路器保护的二次电流的三相间电流值差距也会较大，如果差值大于装置的告警值，断路器保护会发出相应的告警信号。因此，当断路器保护发此类信号时，除检查本断路器的电流二次回路外，也可检查其他断路器的电流二次回路，判断是否属于一次设备直流电阻原因。

110kV单相接地故障

1. 现象描述

某站110kV甲线路C相发生单相接地故障，甲线路保护LFP-941A保护装置零序Ⅰ段动作出口跳闸，并重合成功；故障发生的同时，该站220kV乙线开关C相开关单跳单合。

2. 检查分析

经检查，发现由于乙线线路保护电流回路在开关场端子箱和主控室存在两点接地，接地点又分别在微机保护零序线圈（N68、N72）的两侧。系统接地故障时，一次故障电流造成两接地点之间存在一定的电位差，如图 5-11 中的 U_s。该电位差在保护零序线圈中形成附加电流 I_s，而该附加电流 I_s 与系统故障零序电流 I_d 叠加后，造成采样电流异常，角度发生偏移，几乎反相（为 $120°\sim150°$），零序方向进入保护动作区，造成保护不正确动作跳闸。

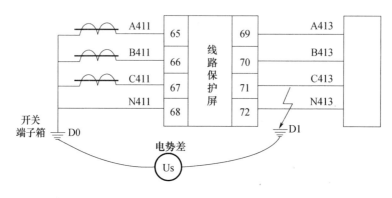

图 5-11 两点接地示意图

5.5.2 异常及故障的查找和分析方法

查找和分析二次回路的异常及故障，首先在于掌握二次回路的接线和原理，熟悉二次回路中不同的元件和导线发生异常时可能会出现哪些现象，再根据实际出现的异常，缩小查找的范围。然后采取正确的查找方法，最终准确无误地查出故障并对异常进行处理。

5.5.2.1 查找异常及故障时应注意的问题和查找的一般步骤

1. 查找二次回路异常及故障时应注意的问题

（1）必须遵照符合实际的图纸进行工作，拆动二次回路接线端子时应先核对图纸及端子标号，做好记录和明显的标记，以便恢复。及时恢复所拆接线，并应核对无误，检查接触是否良好。

（2）需停用有关保护和自动装置时，应首先取得相应调度的同意。

（3）在交流二次回路查找异常及故障时，要防止电流互感器二次开路，防止电压互感器二次短路；在直流二次回路查找异常及故障时，防止直流回路短路、接地。

（4）在电压互感器二次回路上查找异常时，必须考虑对保护及自动装置的影响，防止因失去交流电压而误动或拒动。

（5）查找过程中需使用高内阻的电压表或万用表电压挡。

2. 查找二次回路异常及故障的一般步骤

（1）掌握异常现状，弄清异常原因。

（2）根据异常现象和图纸进行分析，确定可能发生异常的元件、回路。

（3）确定检查的顺序。结合经验，判断发生故障可能性较大的部分，对这部分首先进行检查。

（4）采取正确的检查方法，查找发生异常的元件、回路。

（5）对发生异常及故障的元件、回路进行处理。

5.5.2.2 查找异常及故障的一般方法

1. 查找断线的方法

（1）测导通法。测导通法是用万用表的欧姆挡测量电阻的方法查找断点。二次回路发生断线时，测导通法查找同路的断点是有效、准确的方法。这种方法只能测量不带电的元件和回路，对于带电的回路，需要断开电源，这首先可能会使运行中的设备失去交流二次电压或直流电源，其次在某些情况下，继电器等元件失磁变位后，接触不良故障可能暂时性自行消失，这也是该方法的不足之处。因此，对于运行中的带电回路，查找断线时一般不采取这种方法。

（2）测电压降法。测电压降法是用万用表的电压挡，测回路中各元件上的电压降。与测导通法相比，测电压降法适用于带电的回路。通过测量回路中各点的电压差，判断断点的位置。如果回路中只有一个断点，那么断点两端电压差应等于额定电压；如果回路中有两个或以上的断点，那么相隔最远两个断点的两端的电压差等于直流额定电压。

（3）测对地电位法。测对地电位法是通过测量回路中各点对地电位，并与分析结果进行比较，通过比较查找断点的方法。测对地电位法与测电压降法同样适用于带电的回路。在直流回路中，如果只存在一个断点，断点的正电源侧各点对地电位与正电源对地电位一致，负电源侧各点对地电位与负电源对地电位一致；当回路中存在多个断点时，离正电源最近的断点与正电源间各点对地电位与正电源对地电位一致，离负电源最近的断点与负电源间各点对地电位与负电源对地电位一致。

2. 查找短路的一般方法

（1）外部观察和检查。检查回路及相关设备、元件有无冒烟、烧伤痕迹或者继电器接点烧伤情况。冒烟的线圈或者烧伤的元件可能发生了短路。如果有烧伤的触点，那么触点所控制的部分可能存在短路。同时要检查回路中端子排及各元件的接线端子等回路中裸露的部位，看是否有明显的相碰，是否有异物短接或者裸露部分是否碰及金属外壳等。在烧伤触点所控制的回路检查中，重点是检查该回路中各元件的电阻，看该电阻是否变小。

（2）测量电阻缩小范围。首先断开回路中的所有分支，然后用万用表的欧姆挡测量第一分支回路的电阻。若电阻值不是很小，与正常值相差不太大，就可以接入所拆接线。再装上电源保险，若不熔断，说明第一分支回路正常。用相同的方法，依次检查第二、第三分支回路。对于测量电阻值很小的分支回路或试投入时保险再次熔断的分支回路，应进一步查明回路中的短路点。

3. 查找直流接地的方法及注意事项

（1）查找直流接地的方法。首先判断是哪一级绝缘降低或接地。当正极对地电压大于负极对地电压时，可判断为负极接地，反之则是正极接地。

然后结合直流系统的运行方式、操作情况及气候条件等进行直流接地点的判断。可采用"拉路"寻找、分段处理的方法进行直流接地线上查找，将整个直流系统分为直流电源部分、信号部分、控制部分。以先信号和照明部分、后操作部分，先室外部分、后室内部分的原则进行查找。在切断运行中的各专用直流回路时，切断时间不得超过3s，不管回路接地与否均应立即把开关合上。当直流接地发生在充电设备、蓄电池本身和直流母线上时，用"拉路"的方法可能找不到接地点。当采取环路方式进行直流供电时，如果不将环路断开，也不能找到接地点。另外，也可能造成多点接地。进行"拉路"查找时，不能一下全部"拉掉"所有的接地点，"拉路"后仍然可能存在接地。

对于安装有微机绝缘监察装置的直流系统，可以测量出是正极接地还是负极接地，也可测量出哪个直流支路有接地点。

在判断出接地的极性和直流支路后，可依次断开接地支路的接地极上的分支回路，当断开哪个支路后，直流系统电压恢复，可判断为该支路存在接地点，然后依次断开该支路上的各个分支进行判断，直至找到回路中的接地点。

目前已有一种专用的仪器查找接地点，其原理大致是在直流系统中叠加一个非直流，该信号会通过接地点形成的回路，然后使用专用的钳形表，测量所测回路、电缆中是否有该信号，以此来查找接地点，具体的方法在此不再详述。

（2）查找直流接地时的注意事项。

① 严禁使用灯泡查找接地点。

② 使用仪表进行检查时，仪表的内阻不应小于 $2000\Omega/V$。

③ 当发生直流接地时，禁止在二次回路上工作。

④ 在对直流接地故障进行处理时，不能发生直流短路，从而造成另一点的接地。

⑤ 查找和处理直流接地时，必须由两人进行操作。

⑥ "拉路"前应采取相应的措施，以防因直流失电引起保护装置误动作。

直流接地故障

1. 缺陷简述

2011 年 5 月 8 日，某站直流接地，拉开接地开关控制电源后，接地消失，合上电源后，短时间未发生接地，但过段时间又发生接地，不能恢复。

2. 缺陷分析

缺陷检查发现：该站现场正进行 2 号主变三侧开关的传动工作，操作 312 开关后，发生直流接地，运行人员用"拉路"的法寻找接地点，拉开 2 号主变控制电源后接地消失，但合上控制电源后，再次接地，经查找后发现室外 312 机构箱内弹簧未储能继电器型号选择错误，采用额定电压为 DC110V 的中间继电器，当机构储能后继电器长期启动，继电器线圈绝缘降低发生接地，将该继电器更换后，不再发生接地。

3. 经验教训

（1）首先根据"拉路"的方法查找到接地回路，然后依次断开该回路的接线，最终查到故障点，方法正确。

（2）机构箱继电器选型不正确，造成线圈反复烧焦，从而发生接地现象。

---

6 继电保护动作分析

继电保护是保证电力系统安全稳定运行的第一道防线，其根本任务是当电力系统的电力元件或电力系统本身发生故障或危及其安全运行的事件时，发出警告信号或者直接向所控制的设备发出跳闸（闭锁）命令。因此，在继电保护动作后，有必要对其履行职责的情况、动作行为进行分析、评价、统计，以不断改进、提高继电保护设计、制造、调试、运行、管理水平。

目前，继电保护的运行评价按照现行行业标准 DL/T 623《电力系统继保护及安全自动装置运行评价规程》和 Q/GDW 395《电力系统继电保护及安全自动装置运行评价规程》、Q/GDW 11055《智能变电站继电保护系统及安全自动装置运行评价规程》等相关规程进行。继电保护的动作分析是运行评价的第一环节，保护动作后，负责维护相应继电保护设备的检修单位应及时了解继电保护动作情况、开关动作情况、录波器动作情况、网络分析仪记录情况、继电保护及故障信息管理系统信息传送情况等，及时收集保护动作报告、录波报告及过程层网络运行报告，及时分析保护动作情况，编写分析报告。

保护不正确动作时，检修人员应及时收集相关资料，包括动作保护的详细报告、保护内部记录数据、录波数据、网络分析仪运行报告及相关时段报文记录、开关信息、站端监控系统信息、相关保护故障前后的打印报告及告警信息，以及相关厂站的有关报告、系统的变化情况、现场运行人员的描述、现场运行人员的操作处理细节、一次设备故障情况、现场检修人员作业情况等。在得到本单位继电保护专业管理部门及相应调控机构的同意后，进行事故后检验。保护动作后，应在继电保护统计分析及运行管理系统中及时填报相关信息。

6.1 继电保护正确动作典型案例分析

6.1.1 线路故障

6.1.1.1 故障简述

2015 年 6 月 11 日 18 时 56 分，500kV 北清Ⅰ线发生 A 相接地故障，石北站侧保护快速动作单跳 5061、5062A 相开关，5061 断路器重合成功后线路保护差动动作三跳，5062 断路器未重合线路保护差动动作三跳。清苑站侧保护快速动作单跳 5051、5052A 相开关，断路器未重合线路保护差动动作三相跳闸。

故障点：线路 N52 塔大号侧 200m 处 A 相导线有放电痕迹，原因为 A 相导线对流动吊车放电所致。

6.1.1.2 继电保护、故障测距、故障信息系统、故障录波分析

本次故障，500kV 北清Ⅰ线两侧保护均正确动作，快速切除故障。石北站侧 5061 重合

后加速三跳，5062 开关未重合；清苑站侧 5051、5052 开关未重合。

（1）故障发展情况。500kV 北清 I 线 A 相故障后两侧保护快速动作，40ms 跳开清苑站侧 5051、5052A 相开关，49ms 跳开石北站侧 5061、5062A 相开关，851ms 石北站侧 5061 开关重合成功，910ms 跳开石北站侧 5061、5062 三相开关，914ms 跳开清苑站侧 5051、5052 三相开关。

（2）继电保护动作情况。保护动作及故障切除时间：

石北站侧：保护最快 11ms 动作，49ms 切除故障。

清苑站侧：保护最快 11ms 动作，40ms 切除故障。

两侧保护动作报告见表 6-1。

表 6-1　两侧保护动作报告

过程	石北站（5061/5062 开关）		清苑站（5051/5052 开关）	
	RCS-931AMS	PSL 603GAS	RCS-931AMS	PSL 603GAS
首次故障	11ms 电流差动保护	30ms 电流差动保护动作	11ms 电流差动保护	29ms 电流差动保护动作
重合	RCS-921A（5061）	RCS-921A（5062）		
	783ms 重合闸动作			
重合于故障	RCS-931AMS	PSL 603GAS		
	863ms 电流差动保护	885ms 差动永跳动作		885ms 差动永跳动作
	880ms 距离加速	931ms 距离重合加速动作		
	911ms 零序加速	959ms 电流差动保护		

本次故障发生后，两侧保护快速动作跳开两侧 A 相开关，后石北站侧 5061 开关重合于故障，两侧 603 保护动作使两侧开关三相跳开（由于 931 保护差动出口判开关位置，因此 931 保护差动未出口）。清苑侧开关未重合。查北清 I 线两侧重合闸时间发现，石北站侧 5061 开关重合时间为 0.7s，清苑站侧 5051 开关重合时间为 1.2s，因此清苑站侧开关未重合就先跳开。

（3）测距情况。保护及故障录波测距（500kV 北清 I 线全长 105.3km）见表 6-2。

表 6-2　保护及故障录波测距

石北（实际故障距离：19.6m）			清苑（实际故障距离：84.6km）		
主保护 I	RCS-931	17.9 km	主保护 I	RCS-931	82.5 km
主保护 II	PSL-603	18.4 km	主保护 II	PSL 603	84.1 km
故障录波	ZH-3	17.8 km	故障录波	ZH-3	84.9 km
行波测距	XC-21	19.6 km	行波测距	XC-21	84.6 km

（4）故障信息系统自动告警情况。故障信息系统自动推出了石北站、清苑站保护动作告警窗口，动作信息完整、准确。

（5）故障录波系统运行情况。

① 故障录波器动作情况。石北站、清苑站（ZH-3 型）录波器正确启动，录波完好。

② 故障录波文件上送情况。石北站、清苑站相关故障录波文件自动上传至省调故障录

波统一平台。

③ 录波主站推送智能告警情况。故障录波统一平台自动向 D5000 综合智能告警传送了石北站、清苑站故障录波数据。

6.1.1.3 结论

本次故障，500kV 北清Ⅰ线石北站侧、清苑站侧线路保护均正确动作，两侧录波器（ZH-3 型）录波完好。故障录波如图 6-1～图 6-6 所示。

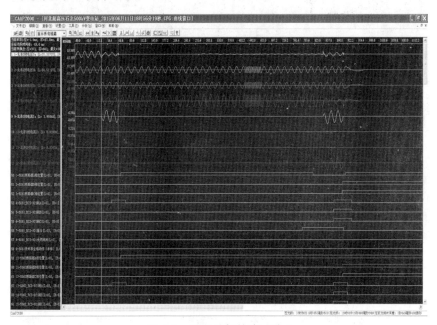

图 6-1 石北站侧故障录波 1

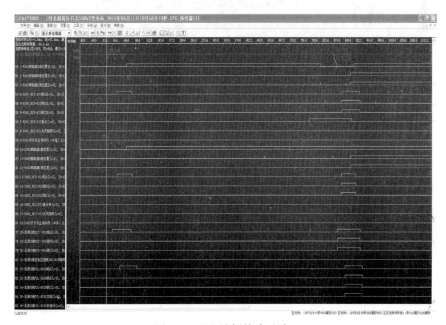

图 6-2 石北站侧故障录波 2

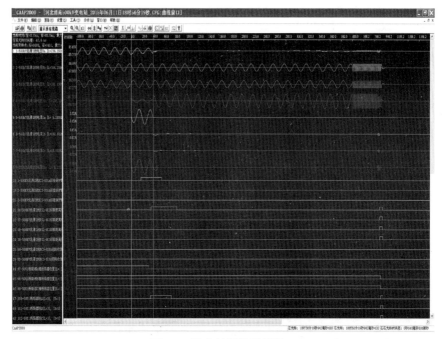

图 6-3　清苑站侧故障录波 1

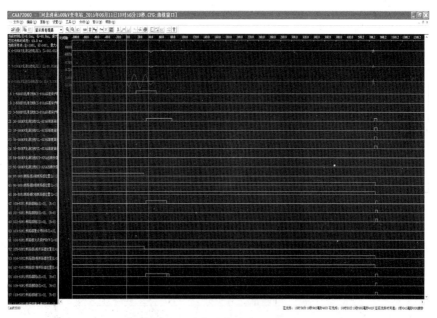

图 6-4　清苑站侧故障录波 2

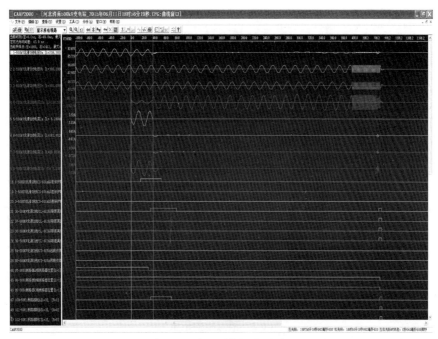

图 6-5　清苑站侧故障录波 3

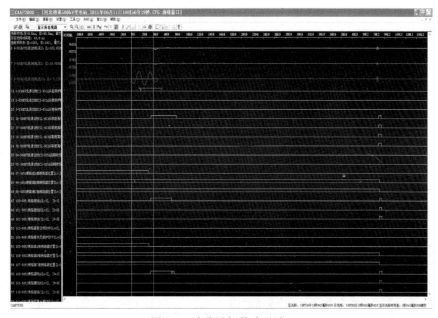

图 6-6　清苑站侧故障录波 4

6.1.2 主变故障

6.1.2.1 故障简述

2015 年 7 月 18 日 8 时 57 分，220kV 临泉站 35kV 泉东Ⅱ线 361 发生两相转三相短路故障，线路重合于故障跳开时，临泉站 2 号主变发生内部故障，主变保护快速动作跳开三侧开关。

35kV 泉东Ⅱ线 361 线路 1 号杆处，建筑施工塔吊吊装物体钢丝绳崩断甩出，将线路打伤（BC 相打断，A 相断股），导致线路发生两相转三相短路故障，故障点距临泉站 0.45km。

6.1.2.2 继电保护、故障测距、故障信息系统、故障录波分析

本次故障，220kV 临泉站 35kV 泉东Ⅱ线 361 线路发生 B、C 相间短路故障，后发展为三相短路故障，线路重合于故障切除时，2 号主变发生内部故障，2 号主变保护正确动作，快速切除故障。

（1）继电保护动作情况。保护动作及故障切除时间：

临泉站泉东Ⅱ线 361：首次故障后，保护最快 500ms 动作（表 6-3），562ms 故障切除；重合于故障后，保护最快 200ms 动作，260ms 故障切除。

表 6-3 故障相关记录 1

临泉（361 开关）
NSR610R
500ms 过流Ⅱ段出口
1500ms 重合闸出口
200ms 过流后加速

临泉站：2 号主变故障后，保护最快 20ms 动作，55ms 故障切除。故障相关记录见表 6-4。

表 6-4 故障相关记录 2

2 号主变保护ⅠWJ		2 号主变保护ⅡWJ		2 号主变非电量保护	
RCS-978N2		RCS-978N2		RCS-974A	
08:57:24:858	第一次启动	08:57:24:858	第一次启动		
08:57:27:005		08:57:27:005			
0ms	第二次启动	0ms	第二次启动	08:57:30:433	本体重瓦斯动作
281ms	比率差动	281ms	比率差动	08:57:33:628	本体重瓦斯恢复

（2）故障演变

第一阶段：35kV 泉东Ⅱ线 361 线路故障。2015 年 7 月 18 日 8:57:25:865，220kV 临泉站 35kV 泉东Ⅱ线 361 线路发生 BC 相短路，持续 133ms 后转为三相短路故障，361 线路保护过流Ⅱ段延时 0.5s 动作跳闸，1.5s 后 35kV 泉东Ⅱ线线路重合于故障，0.2s 后过流后加速保护跳闸，57:28:272 线路切除故障。

第二阶段：2 号主变发生内部故障。在线路重合于故障切除时，2 号主变发生内部故障，

57:28:292 2号主变两套差动保护动作，57:28:327 跳开主变三侧开关。57:30:433 2号主变本体保护重瓦斯出口。故障相关记录见表 6-5 所示。

表 6-5　故障相关记录 3

绝对时间	相对时间	故障情况
8:57:25:865	0ms	泉东Ⅱ线 361 线路发生 BC 相间短路故障，故障电流约 9300A
8:57:25:998	133ms	BC 相间短路接地故障持续 133ms 后转为三相短路，故障电流约 10100A
8:57:26:427	562ms	泉东Ⅱ线 361 保护过流Ⅱ段动作跳闸 切除故障
8:57:28:012	2147ms	泉东Ⅱ线 361 重合于故障，故障电流约 10600A
8:57:28:272	2407ms	泉东Ⅱ线 361 保护过流后加速动作切除故障，2号主变发生内部故障
8:57:28:292	2427ms	临泉 2号主变差动保护动作出口
8:57:28:327	2462ms	临泉 2号主变差动保护动作跳开主变三侧开关，切除故障

注：本表中标注时间主要为录波文件记录时间。

2号主变承受 35kV 线路故障时间：562＋（2407－2147）＝562＋260＝822（ms）。

（3）故障信息系统自动告警情况。故障信息系统已自动推出临泉站保护动作告警窗口，动作信息完整、准确。

（4）故障录波系统运行情况。

① 故障录波器动作情况。本次故障，主变故障录波器（ZH-2 型）正确启动，录波文件中模拟量录制正确，缺少变压器保护动作开关量。经现场检查，发现录波器开关量接线端子公共端松动，导致开关量录制失败。现场已对公共端接线进行紧固。

② 故障录波文件上送情况。相关故障录波文件自动上传至省调故障录波统一平台。

③ 录波主站推送智能告警情况。因变压器保护动作开关量未录制成功，故障录波统一平台未自动向 D5000 综合智能告警传送故障录波数据。缺陷原因及处置待追补。

2015 年 8 月 6 日追补：经 7 月 19 日检查，其原因为录波器串接各开关量节点的正电源连片松动，紧固后传动正常。

6.1.2.3　结论

本次故障，临泉 220kV 变电站 2号主变保护正确动作，录波器开关量接线端子公共端松动，导致开关量录制失败。故障录波如图 6-7 所示。

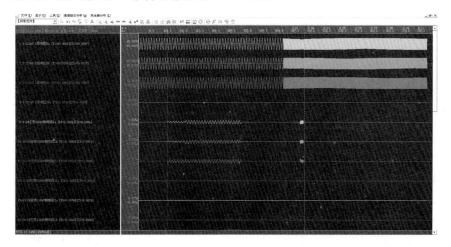

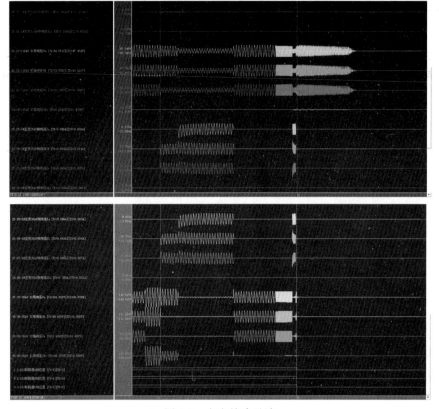

图 6-7　主变故障录波

6.1.3　母线故障

6.1.3.1　故障简述

2015 年 4 月 17 日 21:45，220kV 清龙Ⅰ线由龙泉侧送电，龙泉站合 245-1 刀闸时（线路两侧开关在断位），220kVⅥA 母线发生 C 相接地故障，220kV 母线保护Ⅰ、Ⅱ快速动作切除故障。

查线结果：220kV 清龙Ⅰ线 245-1 刀闸 C 相气室故障。

6.1.3.2　继电保护、故障测距、故障信息系统、故障录波分析

本次故障，220kV 龙泉站母线保护Ⅰ、Ⅱ均正确动作，快速切除故障。

（1）继电保护动作情况。保护动作及故障切除时间：

龙泉站：保护最快 8ms 动作，59ms 切除故障。

保护动作报告见表 6-6。

① 龙泉两套母线保护报文中的母线编号均不是实际母线编号，装置内定，无法修改。编号对应关系见表 6-7。

② 龙泉发生母线故障时，清龙Ⅰ线两侧开关在断位，孙村侧正常发远跳令，但清苑侧远跳不出口。

（2）测距情况。保护及故障录波测距见表 6-8。

表 6-6　保护动作报告

过程	龙泉（母线保护）			
	CSC150D	BP-2C-D		
故障	14ms C 相 I 母线差动动作	8ms C 相 2 母线差动动作		
	14ms C 相母线差动作跳 ML1			
	14ms C 相 I 母线差动动作跳 FD			
对侧线路远跳	龙泉（243 开关）		孙村（261 开关）	
	PSL 603U	PCS-931GM	PSL 603U	RCS-931GMV
	22ms 远方跳闸	11ms 远方跳闸	54ms 远跳动作	30ms 远方启动跳闸
	龙泉（245 开关）		清苑热电（211 开关）	
	PSL 603U	PCS-931GM		
	22ms 远方跳闸	11ms 远方跳闸		

表 6-7　编号对应关系

实际母线编号	I A	I B	II
CSC150D	I	II	III
BP-2C-D	2	3	1

表 6-8　保护及故障录波测距

龙泉站（实际故障距离：0km）			孙村站（实际故障距离：22.8km）		
母线保护 I	CSC150D	—	线路保护 I	RCS-931GMV	26.0km
母线保护 II	BP-2C-D	—	线路保护 II	PSL-603U	31.2km
A 网故障录波	WDGL-V I /X	0.03km	故障录波	ZH-2	22.1km
B 网故障录波	WDGL-V I /X	0.04km			

（3）短路电流准确性分析。整定计算考虑清苑 1 号机组、保热 8 号机停运方式，故障点设置在距离龙泉站 220kV 母线处，选取 1Ω 过渡电阻。整定程序计算结果与故障录波读取值基本吻合。

故障电流比对表见表 6-9。

表 6-9　故障电流对比表

项目	故障录波文件	整定计算程序（考虑 1Ω 过渡电阻）	在线安全分析
龙泉站 C 相故障电流（A 网）	27.8kA	27.8kA	29.7kA
龙泉站 C 相故障电流（B 网）	28.2kA	27.8kA	26.1kA

（4）故障信息系统自动告警情况。故障信息系统自动推出了保护动作告警窗口，动作信息完整、准确。

（5）故障录波系统运行情况。

① 故障录波器动作情况。本次故障，龙泉站（WDGL-V I /X 型，A、B 网同）录波器正确启动，录波完好；故障线路相邻的清苑热电、南郊站、孙村站、固店站、开元站、定厂、保热、满城站、保北站、清苑站、车寄站、东田站故障录波器均正确启动。

录波文件中发现的异常：清苑热电厂 220kV 录波器发现有"220kV 清龙Ⅱ线线路保护 1 远传"开关量变位（实际开关未动作）。电厂正在检查原因。

龙泉侧 A 网和 B 网录波器 201 开关位置变位时间有差异（B 网早 257ms），现场判断为机构辅助接点不同步导致 A 网接点变位滞后。

5 月 1 日追补：录波文件中发现的异常：①清苑热电厂 220kV 录波器发现有"220kV 清龙Ⅱ线线路保护 1 远传"开关量变位（实际开关未动作）。经查为录波器通道名称配置有误，应为"清龙Ⅰ线 603 保护远传"，已更改。②龙泉侧 A 网录波器 243、201 开关位置变位滞后（距智能终端跳令 297ms，正常约 45ms），B 网录波器 243、203 开关位置变位滞后（距智能终端跳令 172ms，正常约 45ms）。智能终端厂家（北京四方）经检查发现 243、201、

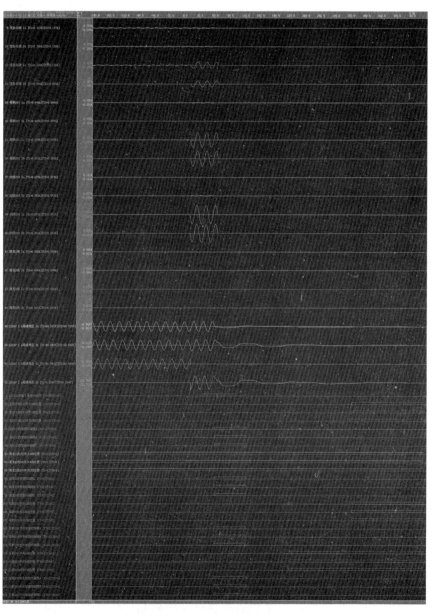

图 6-8　龙泉站 A 网故障录波

203 间隔智能终端的开关位置防抖延时较长（均大于 100ms），4 月 27 日已更改为默认设置 5ms 并传动，录波显示正常。经检查龙泉站 242、244、245 间隔智能终端防抖延时为默认值 5ms，5 月份完成其他间隔的检查。

② 故障录波文件上送情况。龙泉站相关故障录波文件已自动上传至省调故障录波统一平台。

③ 录波主站推送智能告警情况。故障录波统一平台自动向 D5000 综合智能告警传送了故障录波数据。

6.1.3.3 结论

本次故障，220kV 龙泉站 220kV 母线保护均正确动作，录波器（WDGL-VI/X 型，A、B 网同）录波完好。故障录波如图 6-8～图 6-10 所示。

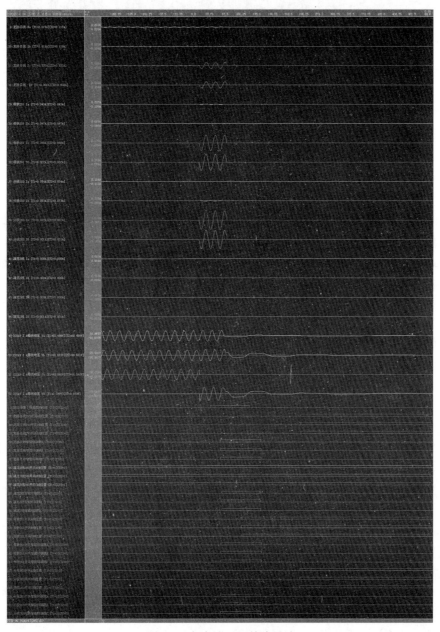

图 6-9 龙泉站 B 网故障录波

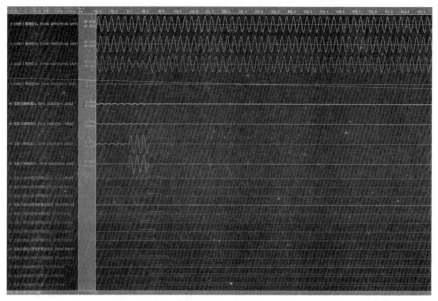

图 6-10 孙村站故障录波

6.2 继电保护不正确动作分析方法

多年来通过科研、设计、制造、运行等单位的共同努力，继电保护装置的正确动作率有了显著的提高，但从实际运行看，仍存在一些不正确动作。这些不正确动作对电力系统安全稳定运行、对电力设备安全运行有很大危害。在出现保护不正确动作后，有必要进行事故后检验，找出保护不正确动作的原因，及时制定反事故措施，避免同类事故重复发生。

6.2.1 进行事故后检验的准备工作

（1）收集现场信息。现场信息包括故障录波报告、微机保护打印报告、微机保护的整定值、当地监控系统报告、故障当时的系统运行情况、断路器跳闸情况、故障相别、现场和调度运行记录（对于线路纵联保护，应收集两侧信息）、故障时各种装置特别是本保护装置的动作信号记录。复杂故障还要收集调度控制系统、继电保护信息系统的事件顺序记录（SOE）、继电保护动作和异常报文等。

（2）判断是区内故障还是区外故障。必要时请调度部门整定计算人员进行故障计算，确定故障点，判断是区内故障还是区外故障。

（3）列出重点检查的保护。对收集到的信息进行简单分析，列出应重点检查的变电站和重点保护。

（4）通知现场做好准备。及时通知现场以下事项：①在调查人员到达现场前不要变动继电保护装置；②现场当值运行人员做好准备，汇报事故当时有关运行情况。

（5）准备带往现场的资料和设备。①准备装置说明书、检验规程、运行规程、图纸、定值通知单、软件框图和有关资料；②了解和熟悉现场使用的试验仪器仪表，必要时带仪器仪表到现场，例如继电保护测试仪等；③带笔记本电脑到现场，故障录波器的录波图；④带光通道检查用光功率计、误码仪。

6.2.2 现场检查准备

到达现场后，应尽快收集原始、完整的信息，去伪存真，确定重点检验项目，注意保护好现场，逐步缩小检验范围。可按以下步骤进行检查。

（1）收集原始、完整信息：包括原始、完整的微机型故障录波器报告、微机保护（包括分板）打印报告、监控报告、事故前后的现场运行记录。

（2）运行人员介绍情况：请事故当值运行人员详细介绍事故时的有关运行情况，例如运行方式、现场作业情况（应查看现场工作票）、保护动作信号、保护打印报告、录波报告、中央信号、当地监控系统记录情况、断路器实际位置、天气、事故后专用载波通道交换信号情况（仅对纵联保护）等。

（3）确认保护装置情况：确认到达现场前是否有人接触过继电保护装置。确认保护装置运行和定检情况，结合收集到的信息了解继电保护装置和有关二次回路。

（4）分析故障录波：①明确故障各个阶段（包括故障前、后）有关保护感受到的电压、电流；②断路器断开、重合闸、再跳开时间以及保护动作时间；③高频保护发信、停信时间（两侧）以及是否收到对侧闭锁信号，光纤通道中断、误码情况；④是区内故障还是区外故障（区外故障，线路两侧电流大小相同），故障点距保护安装处的距离（决定检查保护时是否考虑干扰因素）；⑤尤其应注意各交流量的突变情况，将有关变电站的故障录波和微机保护打印报告结合在一起分析，核实系统在该瞬间的变化。

（5）理论分析：结合系统实际情况对保护不正常情况进行理论分析，例如绘制矢量图，进行短路计算、电平计算、时间计算等。

（6）确认故障时的电压、电流：将微机保护与微机故障录波器打印（或显示）的电压、电流进行比较，确认故障时的电压、电流。

（7）列出疑点：结合保护原理、各种保护动作、录波、故障当时系统、中央信号、断路器动作情况，估计可能造成事故的原因，列出本次事故继电保护、录波器和有关设备可能存在的疑点，排除与本次保护不正确动作无关的设备。

6.2.3 现场检查及应注意的问题

（1）注意保护现场。检验前了解事故的全貌，定出检验范围和重点检验项目，特别是要研究在保留事故现场的条件下优先进行哪些检验项目最为有利，应该优先进行，这些项目的内容大多简单，但对事故调查极其重要，它们可能就是造成不正确动作的原因所在。如果一开始就破坏了事故的现场条件，也许事故原因将将再也无法查清。

例如：①对于保护拒动事故，需要先用高内阻电压表测定跳闸回路确实良好之后，才能把跳闸压板断开。在开始拆动其他回路进行检验之前，同样必须遵守这个原则；②对于距离保护的误动作事故，需要先测定电压回路确实有电压之后，才能拆动电压回路接线；③认为继电器可能由于机械部分的原因拒动时，应先按实际回路的动作顺序进行检验，不得盲目地将继电器外壳打开，用手去触动继电器，对信号继电器的检验尤应注意；④检验时尽量少动保护装置插件和端子排接线。

（2）上级继电保护主管部门与现场继电保护专业人员的协调配合。①上级继电保护主管部门应明确检查中各位成员的分工（指挥、试验、读表、记录）；②检查中，上级继电保护主管部门可能与现场专业人员有分歧意见，如果认为自己的意见是正确的，则一定要做试验。在不影响原则和时间允许的基础上，应同意现场提出并进行一些项目的试验，可以利用这段时间考虑问题；③注意现场人员提出试验方案的出发点。

（3）编排合理的检查顺序。逐步缩小保护不正确动作的范围，先本侧，后对侧；先整组试验，后分步试验；先屏（柜）后装置、先装置后插件、先插件后芯片、先易后难；通过信号继电器的指示，缩小事故调查的范围；对提出的疑点逐个排除。

（4）模拟故障根据故障录波电压、电流对保护装置施加相应电压、电流，检查保护动作行为。

（5）无保护动作信号的断路器跳闸，应首先检查操作箱有无跳闸信号指示，确认有关保护信号继电器动作是否可靠，有无拒动和返回现象，判断可能的跳闸回路。

（6）交流电压、电流回路事故后，应核实保护在故障前、故障中交流电压、电流回路采样的幅值、相位是否合理，判断交流电压、交流电流回路的接线是否正确。

（7）排除干扰。对于检查过程中出现的不正常现象，应多分析试验方法、定值、试验设备方面与实际情况的不一致性，尽快排除干扰。

（8）验证。必须验证查出的保护不正确原因（从正、反两方面验证）。应做到以下几点：① 更换有关元件前、后分别试验；②测试仪表拆除前、后分别试验；③时间上必须能够与故障录波的时间吻合。

（9）一、二次专业配合检查时，尽量减少一次专业的配合，若必须请一次专业配合，应放在检查的最后阶段，且是验证性试验。否则，既影响系统安全，也不得不减少继电保护人员的作业时间，增大继电保护人员的工作压力。

6.3 继电保护不正确动作典型案例分析

6.3.1 2006年某电网"7·1"事故

2006年7月1日，华中（河南）电网因继电保护误动作、安全稳定控制装置拒动等原因引发一起重大电网事故，导致某电网多条500kV线路和220kV线路跳闸、多台发电机组退出运行，电网损失部分负荷，系统发生较大范围、较大幅度的功率振荡。

河南省电网以220kV电网为主网架，500kV电网初具规模。截止到2005年年底，全口径装机容量为2.8×10^7kW，其中省网统调总装机容量为2.196×10^7kW。省网统调装机容量中，火电为1.963×10^7kW，占89%；水电为2.33×10^6kW，占11%。

华中电网以500kV电网为骨干网架，覆盖河南、湖北、湖南、江西、四川、重庆六省（市），供电面积为1.3×10^6km²，供电人口约3.8亿。截止到2005年年底，全口径装机容量为9.9346×10^7kW（含三峡水电机组），其中火电为5.996×10^7kW，占59%；水电为4.0386×10^7kW，占41%。

7月1日晚，河南省电网一500kV变电站，因与其相连的某双回线之第二回线路运行中发生纵联差动保护装置误动作，而导致2台开关跳闸。随后，此双回线之第一回线路差动保护装置"过负荷保护"动作，又导致该变电站另外2台开关跳闸，而对侧变电站安全稳定装置拒动。

事故发生后，河南省电力调度中心紧急停运部分机组，迅速拉限部分地区负荷，稳定系统电压。此后不久，河南电网多条220kV线路故障跳闸，1座500kV变电站及部分220kV

变电站出现满荷或过负荷，一些发电厂电压迅速下降。河南电网有 2 个区域电网的潮流和电压出现周期性波动，电压急剧下降，系统出现振荡。由于受振荡影响，部分发电机组相继跳闸停运。河南省电力调度中心紧急切除某地区部分负荷，拉停部分 220kV 变电站主变压器。国家电力调度中心下令华中电网与某相邻电网解列，华中电网外送功率迅速大幅降低。之后，电网功率振荡平息。

在事故发生过程和处置过程中，共有 5 条 500kV、5 条 220kV 线路跳闸；共停运发电机组 32 台，减少发电出力 5.77×10^6 kW；河南、湖北、湖南、江西四省电网低频减载装置动作切除负荷 1.6×10^6 kW，河南省电网减供负荷 2.765×10^6 kW（华中电网共损失负荷 3.794×10^6 kW），河南省电网电量损失 2.32×10^6 kW·h，湖北省电网电量损失 2.7×10^5 kW·h，江西省电网电量损失 9.16×10^4 kW·h，湖南省电网电量损失 1.23×10^5 kW·h，电量损失合计 2.8046×10^6 kW·h；系统功率振荡期间频率最低为 49.11Hz，华中东部电网与川渝电网解列，华中电网与西北电网直流闭锁、与华北电网解列。

调查分析认为：500kV 嵩山至郑州第二回线路保护装置误动作，是本次事故的直接原因；500kV 嵩山至郑州第一回线路应接入"报警"的"过负荷保护"误设置为"跳闸"而动作，是本次事故扩大的原因；500kV 嵩山变电站安全稳定控制装置拒动，是本次事故进一步扩大的原因。

本次事故暴露的问题有：①继电保护装置存在缺陷，继电保护、安全稳定控制装置等二次设备管理上存在薄弱环节，发电企业涉网设备技术监督有待加强。②电网发展滞后于电源建设，网架结构薄弱，部分输电断面"卡脖子"、电磁环网等安全稳定问题突出。

6.3.2　拉萨电网全网停电

2003 年 9 月 9 日 20：43，拉萨电网羊湖电站至西郊变电站 110kV 输电线路（简称"羊西线"）因雷击跳闸，造成拉萨地区大面积停电。

6.3.2.1　事故经过

事故发生前，藏中电网（拉萨电网、山南电网、日喀则电网）联网运行，拉萨—墨竹工卡—泽当环网线路投入运行。藏中电网发电总功率 111MW，全网供电负荷 101MW。其中拉萨地区供电负荷 77MW，山南地区供电负荷 9MW，日喀则地区供电负荷 15MW。

20：43，羊西线双回线由于雷击故障同时跳闸，羊西线输送功率转移至环网线路，引起墨竹工卡电站至拉萨城东变电站线路开关过流保护跳闸，拉萨地区电网与羊湖电站、日喀则电网、山南电网解列，拉萨地区电网失去约 53MW 的外部送入功率。电网安全自动装置动作切除 11 条 10kV 馈线，低频低压减载装置动作切除 20 条 10kV 馈线，共切除负荷 39MW，但全网有 17 条馈线低频低压减载装置达到启动定值但拒动（负荷 13.7MW）。由于拉萨地区电网仍存在 14MW 的功率缺额，功率缺额达 36.84%，引起电网频率、电压急剧下降，造成羊八井地热电厂、纳金电厂、平措电厂相继解列，拉萨电网全网停电。

事故发生后，调度部门按照事故处理预案进行事故处理和电网恢复。20：55，羊湖电站向拉萨电网送电成功，开始恢复重要用户供电。21：00，羊八井地热电厂、纳金电厂、平措电厂恢复并网运行。21：20，拉萨地区电网 80% 负荷恢复供电。21：30，电网恢复正常运行方式，拉萨电网所有用户全部恢复供电。

6.3.2.2　事故原因

（1）羊湖至拉萨 110kV 双回输电线路遭雷击发生单相接地故障是造成此次事故的直接原因。

(2) 拉萨—墨竹工卡—泽当的 110kV 拉泽环网线路于 2003 年 8 月 20 日开始试运行，继电保护定值处于调试阶段。区调在 9 月 3 日进行定值检验时发现墨竹工卡变电站墨城线 042 开关过流Ⅱ段保护定值偏小，于 9 月 5 日电话下令施工单位退出该保护并修改定值，但未得到及时执行，致使羊西双回 110kV 线路遭雷击跳闸后，传输功率转移至拉泽环网线路时，该保护误动跳闸，造成拉萨电网解列，出现大功率缺额，最终导致电网全停。因此，墨竹工卡变电站墨城线 042 开关误动是造成此次事故扩大的主要原因。

(3) 电网安全自动装置不完善和低周减载装置在电网事故情况下未能发挥应有作用，电网缺乏快速切除负荷手段，低周减载装置负荷切除量不够，引起电网频率、电压崩溃，是造成此次事故扩大的重要原因。

6.3.2.3　事故暴露问题

(1) 电网结构薄弱，电源分布不合理。电网的受端网络缺乏有力的电源支持，主要用电负荷必须依靠远距离大功率传输。

(2) 现场运行值班人员和调试人员执行调度命令不严格，没有认真、全面、准确、及时地执行调度下达的修改继电保护定值的命令。

(3) 电网安全稳定运行的"第三道防线"措施不到位，在藏中电网环网投运之后，在电网安全稳定控制装置不完善的情况下，没有及时调整低频减载方案，部分低频减载装置在事故中拒动。

(4) 羊西Ⅱ回线路羊湖侧高频保护、零序Ⅰ段保护未动作，西郊侧保护装置未能记录和打印保护动作情况，故障录波资料无法提取，暴露出继电保护整定计算、现场调试、装置管理维护等问题。

(5) 对雷击危害缺乏深入的分析和研究，缺乏有效的防范措施。

6.3.2.4　防范措施

(1) 加强对雷击危害的观测、分析和研究，从工程设计、施工、运行维护等各方面采取措施，提高电网的抗雷害能力。

(2) 加强继电保护管理，对继电保护装置进行全面的检查和校验，对全网的继电保护定值进行全面、认真的复核。

(3) 严肃调度纪律，严格执行调度命令，做好电网运行中的"六复核"工作，确保电网安全稳定。

6.3.3　装置设计缺陷在直流异常时引起母线保护误动

6.3.3.1　情况简述

某年 6 月 12 日，石北站 500kV 系统仍在投运中，已投运设备为正常运行方式，500kV 北清Ⅰ、Ⅱ线负荷约 0MW，500kV 侯北线 350MW，500kV 廉北Ⅰ线 187MW，3 号主变 157MW。

22:21:24，500kV 石北站 500kV 1 号、2 号母线 CSC-150 型微机母线保护中的失灵直跳功能出口（另一套母线保护为 RCS-915E 型，也含失灵保护，未动作），跳开 1 号母线的 5011、5042、5061、5071 开关及 2 号母线的 5013、5043、5063、5073 开关，5013、5043 开关的 RCS-921A 型断路器保护三相跟跳，500kV 1 号、2 号母线停电。上述跳闸造成 500kV 侯北线和北清Ⅰ、Ⅱ线停运，500kV 廉北Ⅰ线通过 5012 开关单带 3 号主变运行。

6.3.3.2 动作分析

（1）CSC-150 保护报文分析。CSC-150 保护的报文显示，造成石北站 500kV1 号、2 号母线同时掉闸的保护是 CSC-150 型母线保护中的失灵直跳功能。

石北站使用了 CSC-150 型母线保护的两部分功能：一是母差功能，二是失灵直跳功能。失灵保护的动作逻辑在各断路器的断路器保护中完成，母线保护中的失灵直跳功能实际上只是为断路器失灵保护提供出口回路，与母差功能的动作逻辑无关，即当 500kV 线路故障且相应边开关失灵时，由该边开关的断路器失灵保护直接跳开本串的中开关，同时通过两套母线保护中的失灵直跳功能向连接母线的所有边开关发出跳闸令。

断路器失灵保护启动母线保护的失灵直跳功能是在失灵保护动作后，输出两个开关量至母线保护来实现的，两个开关量在母线保护内部构成"与"门。正常运行时，母线保护装置的两个开入量均不会收到来自断路器失灵保护的跳闸命令，在断位；当断路器失灵保护动作发出跳闸命令时，母线保护装置的两个开入量同时闭合，经一个小的抗干扰延时（石北站为 10 ms），向本母线的所有边开关发出跳闸命令。

为提高安全性，CSC-150 型母线保护的两个失灵功能开入量采用了不同的回路设计：一路开入量经 220V 光耦直接接入装置，另一路开入量经 220V/24V 两级光耦转换后接入装置，两个开入量经逻辑"与"后，再延时 10ms 出口跳闸。

本次事故中，所有边开关的断路器失灵保护并未发出跳闸命令（5013、5043 开关的断路器保护发出的跟跳命令是由这两个开关跳闸引起的。其他边开关由于电流较小而未发出跟跳命令），但 CSC-150 母线保护内部记录的数据表明，两个失灵直跳功能开入量均确有输入，意即虽然断路器失灵保护并未动作，但母线保护中的失灵功能收到了出口命令，而只要该开入量存在，CSC-150 母线保护的失灵直跳功能出口则属必然。CSC-150 母线保护记录的跳闸时刻的内部数据显示：220V/24V 光耦开入量的动作时宽超过 140ms，220V 直通光耦开入量的动作时宽为 10.0ms。由于 CSC-150 记录两个失灵跳闸开入量的时刻是从失灵跳闸出口后 2.5ms 开始显示变位，故两个开入量的实际时宽应分别为：

220V/24V 光耦开入量：超过 152.5 ms（保护装置的记录时长有限，不能确认何时返回）。

220V 直通光耦开入量：22.5 ms。

500kV 1 号、2 号母线的两套 CSC-150 型母线保护中失灵功能的动作行为完全相同，因而造成两条母线同时跳闸。双重化配置的另外两套母线保护（RCS-915E 型）未见异常。

（2）跳闸原因分析。考虑到两套 CSC-150 型母线保护中失灵跳闸功能的动作行为完全相同，初步猜测保护动作的原因应源于母线保护中的两个失灵跳闸开入量或直流公用回路。为此，开展了以下调查工作：

① 经过现场检查、试验，首先排除了误接线、误整定的可能。

② 测试 CSC-150 型母线保护的失灵功能开入量光耦的动作电压，符合反措要求（18 项反措 55%~70%U_e，华北网调反措 60%~75% U_e），不致因光耦动作电压过低受干扰而误出口。

数据如下：

220V/24V 光耦开入量：131V（60%U_e）。

220V 直通光耦开入量：143V（65%U_e）。

试验至此，已基本排除了装置本身因明显缺陷导致误动的可能。调查重点转移到直流回路。在讨论何种直流系统异常可能导致误出口时，有人提出：直流一点接地一般不会造成保护误动，但应确认一下 CSC-150 型母线保护失灵功能开入量正端的对地电位，如其为−110V，当不会因直流一点接地造成误动；如为悬浮电位，则有可能。

③ 测量 CSC-150 型母线保护，正常运行时失灵功能开入量正端的对地电位。

CSC-150 型保护（两套装置数据基本相同）：

220V/24V 光耦开入量正端对地电压：0.0V。

220V 直通光耦开入量正端对地电压：−20.0V。

分析认为，在这种情况下，若直流系统发生正端接地，光耦开入量负极性端瞬间对地电位将变为−220V。此时光耦 11（图 6-11）正极性端的对地电位为 0V，光耦 12 正极性端的对地电位为−20V，则光耦 11 两端电压差为 220V，光耦 12 两端电压差为 200V，光耦 11、12 两端电压差在直流正端接地的初始时刻是满足其动作条件（131V 和 143V）的。其后的电压差是一个指数衰减过程，衰减的快慢与回路中的分布电容有关。光耦开入量正端引入线的分布电容越大，则加在光耦开入量两端的电压差衰减时间就越长，越容易超过母线保护内为躲干扰而设置的开入量防抖延时，从而造成总出口回路误出口。

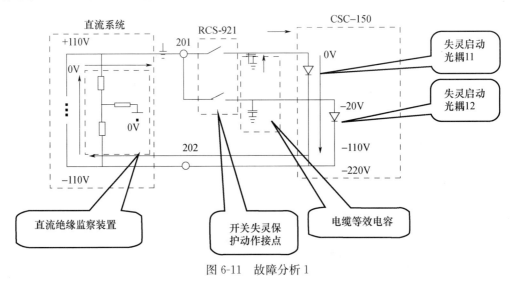

图 6-11　故障分析 1

经查，该开入量的正端引入线为多根长电缆，存在较大的对地电容。因此在发生直流正接地的情况下，光耦 11、12 导通的可能性是存在的。

若光耦开入量正端对地电压为−110V（正常情况），则发生直流正端接地的瞬间，在光耦两端产生的电压差只能达到 110V（额定直流电压的 50%），不会造成光耦开入量的导通。随着电压差的指数衰减，光耦开入量更不会动作。分析认为，如果光耦开入量的正端对地电压与其负端电位相同（−110V），与控制回路中的中间继电器类似，只要其动作电压符合反措要求（18 项反措 55%～70% U_e，华北网调反措 60%～75% U_e），直流系统发生一点接地是不会造成保护误动的。

④ 现场模拟直流正端接地试验。为验证上述分析并顾及试验的安全性，在将石北站直流负荷大部分倒至第一组直流，并将无法倒至第一组直流的第二组直流所带部分保护停运后，现场模拟了第二组直流电源正极接地。试验中，CSC-150 型保护的 220V/24V 光耦开入量出现了 36～38ms 宽的开入变位；另一开入量（220V 直通光耦）未出现变位。因"与"门条件不满足，CSC-150 型保护的失灵跳闸功能未出口。

虽然现场模拟试验未能再现事故现象，但已定性地证明了③中的分析是正确的。

现场模拟直流接地试验未造成 CSC-150 型保护动作的原因是，模拟试验时第二组直流所带负荷已大部分倒出，改变了电容电流的分配，仅使得动作值相对灵敏的 220V/24V 光耦开入量变位。

⑤调查是否有直流接地。事实上，调查人员一到现场即曾询问跳闸时刻是否伴随有直流接地，得到的答复是未见报警。若果真如此，事故原因还不能算是真正查出。

a. 调查跳闸前后进行中的 220kV 非全相保护传动是否有可能造成直流接地。

此时，调查工作的重点回到跳闸时未投运且其实正在进行的 220kV 北车Ⅰ线 221 开关的非全相保护调试工作。虽然该保护放置在开关机构箱内，而 500kV 保护在独立的保护小室，二者不在同一物理空间内，但因共用一个站用直流系统，应分析其调试工作是否可能与跳闸有关。

经现场察看和了解非全相保护传动过程，怀疑有这样一种可能。在传动过程中，调试人员将由不同熔断器供电的第二组直流电源的正极点接在第一组直流的合闸线圈的正极性端，第二组直流正极与第一组直流负极经合闸线圈相连，等同于第二组直流正极、第一组直流负极接地。分析如下：

当第二组直流正极接地时，将会沿着图 6-12 中细实线箭头所示方向产生电流，直流绝缘监察装置报第二组正极接地；当第一组直流负极端接地时，将会沿着图中虚线箭头所示方向产生电流，直流绝缘监察装置报第一组负极接地。

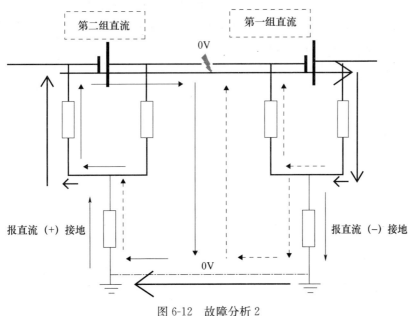

图 6-12　故障分析 2

照此推理，当第二组直流正极与第一组直流负极连通时，两组直流短接后将形成一个端电压为 440V 的电池组，中点（正负极连通处）对地电压为零。在回路中将会沿着图中粗实线方向产生电流，致使第二组直流检测装置报正极接地、第一组直流检测装置报负极接地。

若如此，监控系统应有记录。仔细查找监控系统的信息发现，在 12 日 22:21:24（故障发生时刻）前确无直流接地记录；但在 22:21:28，查到监控系统有一条记录"2 号直流屏母线直流接地异常"，5s 后复归。

监控系统记录的直流接地时刻与事故发生时刻有约 4s 的时差，而且还发生在跳闸后，与上述分析不相吻合；似乎应先直流接地，后跳闸。但显然这是一条值得重视的信息。那么，直流接地信号上报到监控系统时是否可能有延时呢？

调取 13 日晚模拟第二组直流接地试验期间的监控信息，显示：

"2006/06/13 21：41：29：340 500kV Ⅰ母 CSC-150 保护失灵启动开入 11 动作"。

"2006/06/13 21：41：32：956 2 号直流屏母线直流接地异常"。

数据表明，从监控报"失灵开入量变位"到报"直流接地"确有 3.6s 的时间差，且也是先报"失灵开入量变位"后报"直流接地"。这说明，监控系统记录的直流接地信号与实际发生的时刻确实存在 3～4s 的延时。这也解释了为什么此前一直说未见直流接地，因为一直是在跳闸时刻前的信息中查找直流接地信号，当然找不到，而跳闸后，监控系统接收的信息很多，直流接地信号被淹没在其中了。

根据上述分析，若第二组直流正极与第一组直流的负极连通，直流绝缘监察装置不仅应报"2 号直流屏母线直流接地异常"，还应报出"1 号直流屏母线直流接地异常"。进一步反复查找监控系统的事件记录，未发现"1 号直流屏母线直流接地异常"。而在事故前一天（6 月 11 日），监控系统曾记录到 4 次"1 号直流屏母线直流接地异常"，说明第一组直流绝缘监察装置及其与监控系统的数据通信都是正常的（因 CSC-150 微机型母线保护装置的直流取自第二组直流，故前述第一组直流接地不会造成其失灵直跳功能误出口）。

虽然经分析由不同熔断器供电的两组直流混接形成的等效直流接地可以导致 CSC-150 装置的失灵直跳功能误出口，但监控系统记录的信号与上述分析结果不完全相符。

除两组直流混接可以引发 CSC-150 型保护的失灵保护直跳功能误出口外，第二组直流的正极直接一点接地，同样可以引发误出口。

b. 据了解，6 月 12 日晚 22 时左右，与 221 开关非全相保护传动同时进行的，还有 220kV "录波器接入 221 间隔非全相保护动作开关量"的接线工作，存在误碰导致的直流接地的可能。

c. 事故当晚，雷雨大风，空气湿度很大，也有可能导致直流回路的某一点瞬间对地绝缘降低，造成直流一点接地。

综合上述分析与模拟试验，12 日 22：21：28 监控系统记录的"2 号直流屏母线直流接地异常"，虽然不能确认其产生的确切原因，但可以肯定，其与 22：21：24 的跳闸具有因果关系。正是由于第二组直流系统的异常，引发了 CSC-150 装置失灵直跳功能的开入回路导通，出口跳闸，跳开了石北站两条 500kV 母线上的全部开关。

6.3.3.3 结论

至此，石北站 500kV 系统，一个半接线的两组母线同时跳闸的原因已基本查找、分析清楚：

CSC-150 型母线保护中的失灵直跳功能因光耦开入回路设计缺陷，在第二组直流正极一点接地或等效接地时误出口（但这一误出口与母差保护和失灵保护的动作逻辑无关）。

虽然 CSC-150 型母线保护失灵直跳功能光耦开入量的动作电压满足反措要求，但回路的反向截止作用导致光耦开入的正端对地电位不再是－110V。这一装置本身固有的设计缺陷是导致两条 500kV 母线开关同时全部跳闸的潜在原因，第二组直流系统正极接地或等效接地是诱发因素。

万幸的是，这一缺陷消除在 500kV 石北站的投运过程中，拟接入石北站的西柏坡电厂和陕西锦界电厂（经山西忻州开关站）的各两台 600MW 机组尚未发电。这一缺陷的消除也使得对光耦外围回路的设计和在微机型保护中应用的认识又向前推进了一步，并进一步完善了关于光耦使用的反措。

6.3.3.4 整改措施

（1）退出石北站 500kV 1 号、2 号母线 CSC-150 型母线保护的失灵跳闸功能，仅投入其母差保护功能，保证 500kV 1 号、2 号母线的双母差保护运行。待与相关单位协商确定的整改技术措施落实后，再投入其失灵跳闸功能。

（2）组织各单位对全网所有继电保护中"有光耦开入直接跳闸，且引入线为长电缆"的微机型保护进行核查。根据核查结果，制订并落实整改计划。

（3）联系各有关保护设备制造厂，摸清其设备底数，制订整改技术措施，防止其他保护制造商的同类产品再发生类似误动。

（4）立即起草文件，要求各运行单位在继电保护现场工作中要特别注意：虽然继电保护装置分散布置在不同的物理空间，但变电站或电厂的升压站通常都共用一个站用直流系统。在投运过程中、扩建施工中以及运行设备的检修中，要特别注意做好安全措施。停运或未投的保护设备，只是出口回路断开了，直流部分仍与运行设备的直流连接在一起，直流接地、由不同熔断器供电的直流混接等直流回路的异常，可能导致继电保护装置或其总出口回路误动，甚至造成多台开关同时跳闸，进而引发电网事故。

6.3.4 一起误发重合闸命令的动作分析

6.3.4.1 故障简述

某年 3 月 6 日 10:56，220kV 下齐线发生 C 相永久性接地故障，两侧保护正确动作，跳开 C 相开关，重合不成功三跳。约 30s 后，下庄侧 LFP-901A 型保护误发重合闸命令，244 开关重合成功。

6.3.4.2 保护动作情况

保护动作及故障切除时间：

下庄侧：发生接地故障时，保护最快 21ms 动作，53ms 切除故障；重合于故障后，保护最快 45ms 动作，81ms 切除故障。

齐村侧：发生接地故障时，保护最快 28ms 动作，69ms 切除故障；重合于故障后，保护最快 41ms 动作，80ms 切除故障。

两侧保护动作报告见表 6-10。

表 6-10 两侧保护动作报告

下 庄 （244 开关）		齐 村 （221 开关）	
CSL-101B ＋ SF-600	LFP-901A ＋ LFX-912	CSL-101B ＋ SF-600	LFP-901A ＋ LFX-912
23 1ZKJCK	21 Z1		
30 GPJLCK	26 D++ 0++	30 GPJLCK	28 D++ 0++
35 I01CK		37 1ZKJCK	31 Z1
913 CHCK	870 CH	943 CHCK	888 CH
995 XXJCK	988 CF2	1092 XXJCK	1076 CF2
1010 GJJSCK	1017 CF1	1117 GJJSCK	1106 CF1

下庄侧 LFP-901A 型保护约 30s 后，再次启动，并发出重合闸命令（启动后 803ms）。保护动作报告见表 6-11。

表 6-11 保护动作报告

下庄（实际故障距离：4.9 km）			齐村（实际故障距离：7.4km）		
主保护 I	CSL-101B	4.90km	主保护 I	CSL-101B	6.87km
主保护 II	LFP-901A	5.3km	主保护 II	LFP-901A	7.3km
故障录波	WGL-12		故障录波	ZH-2	

下庄站故障录波如图 6-13、图 6-14 所示。

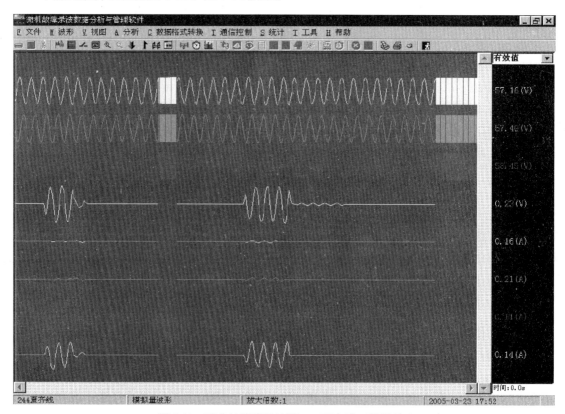

图 6-13　下庄站故障录波图——下齐线（模拟量）

齐村站故障录波如图 6-15、图 6-16 所示。

6.3.4.3　疑点分析

下庄侧 LFP-901A 型保护在故障发生 30s 后，误发重合闸命令。

220kV 下齐线故障后，下庄站运行值班人员发现，控制盘 244 开关红灯灭、绿灯短时不亮，最后红灯亮、开关在合位。后经保护专业人员确认，下齐线 LFP-901A 型保护，在故障发生约 30s 后，误发重合闸命令（803ms）。

220kV 下齐线两侧重合方式均为"单重"。按照正常逻辑，线路发生单相永久性接地故障时，保护在单跳、重合、再三跳后，重合闸已"放电"，且不具备"充电"条件，不应再次发出重合闸命令。

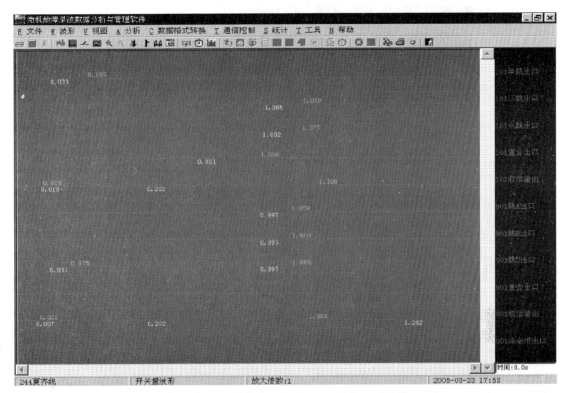

图 6-14　下庄站故障录波图——下齐线（开关量）

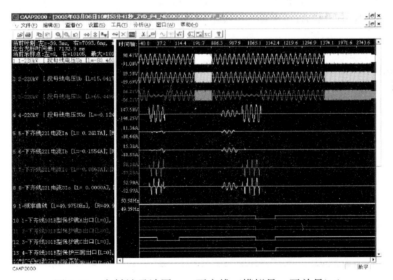

图 6-15　齐村站录波图——下齐线（模拟量、开关量）1

　　故障当天，下庄站用旁路 202 开关转代下齐线 244 开关，244 开关转冷备用。保护人员对下齐线保护进行整组传动试验，模拟真实故障时发现，244 开关在经历"跳→合→跳"循环后，开始打压，控制盘 244 开关出现短时红灯、绿灯同时不亮的现象，LFP-901A 型保护在 30s 后发出重合闸命令。模拟出的现象与故障时的情况相吻合。

　　经查实，出现这种异常现象的原因是：在 244 开关更换后，现场施工人员认为开关合闸

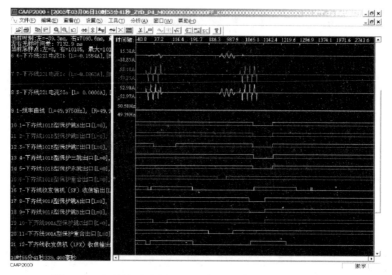

图 6-16　齐村站录波图——下齐线（模拟量、开关量）2

回路已串有低气（油）压闭锁合闸的接点，未将开关"低压力闭锁重合闸"接点接入线路保护装置。下齐线 244 开关在经历"跳→合→跳"循环后，出现低压力并开始打压，合闸回路断开，TWJ 不能及时动作，绿灯不亮。由于线路保护未接入"低气（油）压闭锁重合闸"开入量，重合闸开始"充电"。待开关打压完成时，合闸回路导通，TWJ 动作。此时，重合闸已"充满电"，由开关位置不对应启动重合闸，LFP-901A 型保护误发重合闸命令。万幸的是，线路接地点已消失，否则将会反复重复上述过程，造成开关跳跃的严重后果。

LFP-901A 型保护重合闸"充电""放电"回路简图如图 6-17 所示。

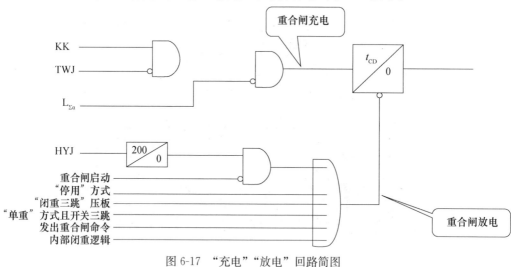

图 6-17　"充电""放电"回路简图

CSL-101B 型保护，虽同样未接入"开关低压力闭锁重合"接点，但由于接有开关的分相跳闸位置接点，故在"单重"方式下不会误发出重合闸命令。

6.3.4.4　结论

本次故障中，220kV 下齐线两侧保护正确动作，及时有效地切除了故障。两侧故障录波器（下庄站 WGL-12 型，齐村站 ZH-2 型）录波完好。220kV 下齐线下庄侧保护由于未接入开关的"低压力闭锁重合闸"接点，造成 LFP-901A 保护在故障 30s 后，误发重合闸命令，属事故隐患。该隐患于 2005 年 3 月 25 日被消除。

6.3.5 一起微机保护程序版本错误导致的不正确行为分析

6.3.5.1 故障简述

2008 年 9 月 4 日 17 时许，某地区雷电伴有小雨天气。17 时 31 分，220kV 邢门Ⅱ线发生 A 相瞬时性故障。石门侧两套保护（RCS-931B＋PSL-603GD）快速动作跳开 A 相，重合成功。邢厂侧 RCS-931B 保护正确发出跳 A 令，而 PSL-603GC 保护先后发出跳 A 和三跳令，导致该线路 264 开关三跳，不重合。

6.3.5.2 事故分析

（1）保护动作报告及故障录波。

邢新厂：线路发生 A 相故障，保护最快 16ms 动作，56ms 跳开 264 三相开关。

石门站：线路发生 A 相故障，保护最快 14ms 动作，44ms 跳开 2421 和 2422 开关。

保护动作报告见表 6-12。

表 6-12 保护动作报告

邢厂（264 开关）		石门（2421/2422 开关）	
RCS-931B	PSL-603GC	RCS-931B	PSL-603GD
16ms 电流差动动作	17ms 差动 A 跳出口	14ms 电流差动保护	25ms 差动 A 跳出口
	20ms 差动三跳出口		
		CSI121A（2421 开关）	CSI121A（2422 开关）
		29ms A 相失灵重跳	28ms A 相失灵重跳
		889ms 重合闸出口	1188ms 重合闸出口

邢厂侧 PSL-603GC 故障报告如图 6-18 所示。

故障录波如图 6-19、图 6-20 所示。

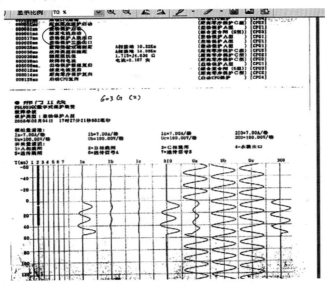

图 6-18 邢厂侧 PSL-603GC 故障报告

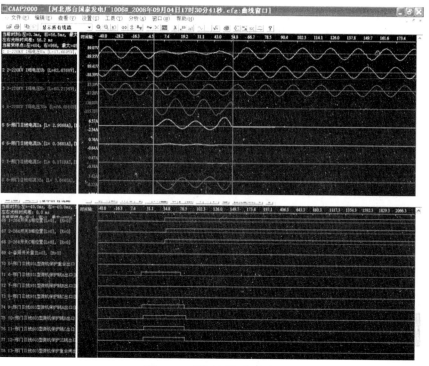

图 6-19　邢厂侧故障录波

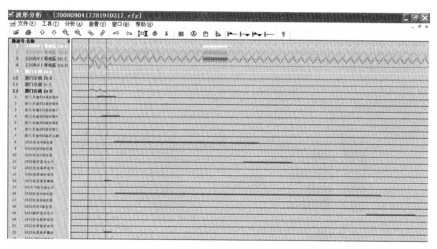

图 6-20　石门侧故障录波

（2）技术层面分析。根据上述资料可以确认，邢厂邢门Ⅱ线 264 开关的 PSL-603GC 型保护装置在发生 A 相故障时，误发三相跳闸命令。

该装置出厂日期为 2005 年 2 月 13 日；投运日期为 2005 年 6 月 26 日；上次全项目检验日期为 2006 年 10 月 21 至 23 日。曾经受的故障考验：2007 年 7 月 28 日，因雷雨影响，邢门Ⅱ线发生 B 相接地故障，两侧保护正确动作，重合 1.1s 后，又发生 A 相接地故障，两侧保护加速动作跳闸。在该次故障中，邢厂侧 PSL-603GC 保护动作行为正确。

① 对装置进行整组试验。9 月 5 日，调度中心保护处和厂家技术人员赴邢厂进行现场调查，与邢厂保护人员一起对误发三跳令的 PSL-603GC 装置进行了整组传动试验。

试验条件：邢门Ⅱ线正常运行，退出 PSL-603GC 保护，在端子排封好电流回路，装置通道自环。

试验项目：用三相交流试验仪分别向装置通入 A、B、C 三相电流，电流大小分超过定值和小于定值两种情况（定值二次值 0.4A），模拟 A、B、C 单相故障。

试验结果：通入电流小于定值时，装置均只启动、不出口。当向 A 相或 C 相回路通入超过定值的电流时，PSL-603GC 装置先后发出单跳令和三跳令，动作异常；向 B 相通入电流时，装置仅发出跳 B 令，并重合，动作正常。动作信息如图 6-21 所示。

图 6-21　动作信息

试验结果显示，该装置三相出现差流后的动作行为不一致。B 相故障符合保护的预期行为，A、C 相动作行为不正确。

试验现象与 2007 年 7 月 28 日邢门Ⅱ线发生 B 相故障时，该套 PSL-603GC 装置能够正确动作、并重合成功的现象吻合。

② 装置插件检查。随后，厂家人员对装置的保护插件进行了检查。当检查差动保护插件时发现，虽然该套 PSL-603 装置无论是面板标识，还是背面端子接线，均符合双母线接线型号（PSL-603GC 型）特征，但嵌入的差动程序芯片（图 6-22）是适用于 3/2 接线的 A 型程序。

调看 9 月 4 日故障录波（图 6-23），也发现了诸多异常。

现场反馈信息给厂家后，厂家承认，误将本应用于 3/2 接线的 A 型差动程序嵌入了双母线接线的装置。

图 6-22　差动
程序芯片

③ 误跳三相逻辑分析。当适用于 3/2 接线的 A 型差动程序和适用于双母线接线的装置母板及重合闸插件配合时，保护作用的 14 个开入信息中，有 11 个发生了错位（表 6-13）。

对照表 6-13，故障时 PSL-603GC 装置内部录波中，差动 CPU 认为启动前就存在的"B相跳闸"，实际是"不沟通三跳"的信号录波；或者说，"B 跳继电器反馈"接收的是重合闸插件的"不沟通三跳"信号。实际并不存在的 2 开关三相跳闸位置发生变位，实际是差动保护发出的 A、B、C 跳令。

正是由于保护开入信息的错位，无论是实际故障发生、还是模拟带开关传动试验时，只要当开关处于合位，重合闸插件向差动 CPU 发出的"不沟通三跳"信号，差动 CPU 会误认为其他 CPU 有跳 B 的命令（"B 相跳闸反馈"有效）。这种情况下，如果差动 CPU 逻辑出口

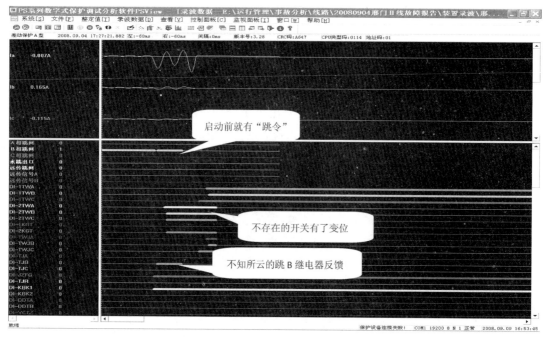

图 6-23　PSL-603GC 装置 9 月 4 日故障录波

也跳 B，则装置仍可单跳单合；若差动 CPU 判断跳 A 或 C，则差动 CPU 将错误地综合其他 CPU 来的"跳 B"信息，补发三跳令。

当开关在断位时，重合闸插件不向差动 CPU 发"不沟通三跳"信号，差动 CPU 不会认为其他 CPU 有跳 B 的命令，模拟单相故障时便不会出现异常动作。

表 6-13　"A 型"和"非 A 型"程序的开入量位置对比

A 型（适用于 3/2 主接线）		非 A 型（适用于双母线主接线）	
名称	序号	名称	序号
1 开关 A 相跳位继	1	A 相跳位继	1
1 开关 B 相跳位继	2	B 相跳位继	2
1 开关 C 相跳位继	3	C 相跳位继	3
2 开关 A 相跳位继	4	A 相跳闸反馈	4
2 开关 B 相跳位继	5	B 相跳闸反馈	5
2 开关 C 相跳位继	6	C 相跳闸反馈	6
1 开关停用	7	重合闸方式 2	7
A 相跳闸反馈	8	重合闸反馈	8
GPS 对时	9	GPS 对时	9
禁止整组复归	10	禁止整组复归	10
2 开关停用	11	三跳反馈	11
永跳出口反馈	12	永跳出口反馈	12
B 相跳闸反馈	13	不沟通三跳	13
C 相跳闸反馈	14	备用	14

④ 更换芯片，整组试验。误动原因至此已清楚，厂家将邢台电厂邢门Ⅰ、Ⅱ线差动芯片予以了更换（"A型"更换为"非A型"），如图6-24所示。

更换芯片后，再次进行了整组传动试验，保护动作行为正确无误。

（3）管理层面分析。本次PSL-603GC保护装置在A相故障时误发了三相跳闸命令，技术层面的原因是，适用于3/2开关接线的A型差动程序芯片错误地嵌入了适用于双母线接线的保护装置。

更换后的邢厂侧差动芯片　　更换后的石门侧差动芯片

图6-24　差动芯片

接下来的问题是：

① 这个错误是在哪个环节上出现的？

② 嵌入错误差动程序的装置只要进行带开关的整组传动试验就能发现异常（不带开关的传动试验不易发现此异常），那么出厂前的厂内试验、投运前的新安装检验，甚至到投运后的第一次全项目校验，为什么都没有发现这个错误呢？

首先，调阅邢厂投运前的调试报告（图6-25）。调试报告显示，装置单机调试和带开关模拟故障结论均正确，但报告中未附有试验装置的软件信息和试验打印报告。

图6-25　邢厂投运前的调试报告

其次，调阅邢厂全项目检验报告（图6-26），发现装置单机调试和带开关传动结论也正确，但带开关模拟单相故障时，邢厂保护专业人员仅设置了B相故障（目的为减少开关跳合次数），未能发现装置嵌入的程序错误。

图6-26　邢厂全项目检验报告

随后，从厂家查询设备出厂档案得知，出厂时邢厂侧差动保护程序为"非 A 型"、版本为 3.22，对侧石门站差动保护程序为"A 型"、版本为 3.28。两侧差动保护程序嵌入正确，但不符合线路两侧差动程序版本一致的要求，而邢厂侧实际运行的差动程序为"A 型"、版本为 3.28，版本与石门站相同，但嵌入的是适用于 3/2 主接线的错误程序。分析认为，装置发到邢厂后，厂家现场服务人员曾对其进行了程序的变更。

厂家再次仔细查阅了现场服务人员工作记录，确认了设备投运前 5d 曾派一名技术人员到现场进行了程序版本升级工作。

邢台电厂之前进行的全项目检验报告在装置单机调试时表现正常，这得到了厂家的证实：只有线路开关在合位时，才会出现 A、C 单相故障时发三跳令的现象；开关在断位，异常不表现出来。凑巧的是，在带开关的传动试验，仅进行了 B 相试验，因而没有发现装置动作行为异常。

6.3.5.3 问题及措施

通过线路发生单相故障而邢厂侧保护误跳三相的事件，暴露出两个问题。

（1）制造商在软件管理，特别是现场服务时的软件管理方面存在漏洞，在现场进行版本升级时嵌入了错误的差动程序。这是导致此次单相故障、误跳三相的直接原因。

（2）邢厂在基建调试和验收、定期检验、故障分析等工作上，存在制度不规范、措施不完善、执行不严格、监督不到位、分析不深入的问题，使本应投运前消除的缺陷迟迟未能发现。

为防止类似软件错误的再次发生，应采取以下防范措施：

（1）厂家要进一步加强保护软件的管理。厂家在软件管理方面，一是要注重软件开发与测试，提高软件成熟度和适应性，尽量保持软件版本统一，减少软件版本数量；二是在厂内试验、调试服务、运行消缺等环节对软件版本实施全过程管理，确保软件正确。

（2）基建或改造工程的调试单位，需保证对于正式投运的装置程序和回路做过完整的调试传动试验，并认真整理试验过程中的相关打印报告、程序版本信息，作为投运必备资料移交运行维护单位。

（3）运行维护单位应做到以下两点：一要规范对基建工程的验收、资料移交管理，并严格执行；二要规范检验项目的管理，特别是电厂，应完善厂内的检验、检修规定。

（4）要重视对故障报告的分析。特别是要善于发现正确动作行为背后隐藏的不正确的现象和问题。加强严谨工作作风的培养，严格按照"四不放过"的原则，不放过任何一个疑点。

（5）进一步加强电厂继电保护人员的培训，提高继电保护专业管理和运行维护水平，提高人员的责任心，提高分析问题的能力。

6.3.6 330kV 南郊变全停事件

6.3.6.1 事件简介

2016 年 6 月 18 日 0:25，国网陕西电力 110kV 韦曲变 35kV 出线电缆沟失火，随即，110kV 韦曲变 4 号、5 号主变及 330kV 南郊变 3 号主变相继起火；约 2min 后，330kV 南郊变 6 回出线（南寨Ⅰ，南柞Ⅰ、Ⅱ，南上Ⅰ、Ⅱ、南城Ⅰ）相继跳闸，故障损失负荷 2.8×10^5 kW。

6.3.6.2 保护动作分析

330kV 南郊变主接线为 3/2 接线，共 6 回 330kV 出线，3 台容量为 240mV·A 的主变

（1号、2号、3号主变），110kV主接线为双母线带旁母接线。共址建设的110kV韦曲变有两台50mV·A主变（4号、5号主变）及一台31.5mV·A移动车载变（6号主变），其中4号、5号主变接于南郊变110kV母线，6号主变接于南郊变110kV旁母，6号主变10kV母线与4号、5号主变10kV母线无电气连接。

事故中，330kV南郊变、110kV韦曲变保护及故障录波器等继电保护设备均未动作。通过调阅南郊变线路对侧相关变电站保护动作信息及故障录波数据，判定本次事故过程中故障发展时序为：18日0:25:10，韦曲变35kV韦里Ⅲ线发生故障；27s后，故障发展至110kV系统；132s后，故障继续发展至南郊变330kV系统；0:27:25秒故障切除，持续时间共计135s。故障时序图如图6-27。

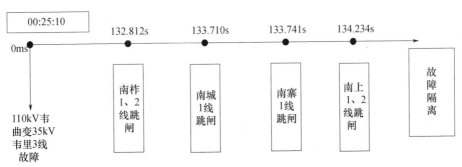

图6-27 故障时序图

经调查分析，可知本次事故起因是35kV韦里Ⅲ电缆中间头爆炸，同时电缆沟道内存在可燃气体，发生闪爆。事故主要原因是330kV南郊变1号、2号、0号站用变因低压脱扣全部失电，蓄电池未正常连接在直流母线上，全站保护及控制回路失去直流电源，造成故障越级。

站用交流失压原因：由于330kV南郊变（110kV韦曲变）站外35kV韦里Ⅲ线故障，韦曲变35kV、10kV母线电压降低，1号、2号、0号站用变低压侧脱扣跳闸，直流系统失去交流电源。

直流系统失电原因：改造更换后的两组新蓄电池未与直流母线导通，未导通原因为该两组蓄电池至两段母线之间的刀闸在断开位置（该刀闸原用于均/浮充方式转换，改造过渡期用于新蓄电池连接直流母线），充电屏交流电源失去后，造成直流母线失压。

监控系统未报警原因：蓄电池和直流母线未导通，监控系统未报警，原因为直流系统改造后，有4块充电（整流）模块接至直流母线，正常运行时由站用交流通过充电模块向直流母线供电。

故障起始时，因直流电源丢失，无保护动作。故障范围扩展到330kV南郊变主变时，330kV系统感受到故障，南柞Ⅰ、Ⅱ线配置闭锁式高频距离线路保护，因直流电源丢失南柞1、2线线路保护闭锁信号开放，故障发生后132.772s南柞1、2线柞水侧线路保护动作，132.812s南柞1、2线跳闸；其余线路均配置光纤差动保护，靠对侧距离Ⅱ段动作跳闸，故障发生后133.680s星城侧南城1线距离Ⅱ段动作，133.710s南城1线跳闸，133.711s河寨侧南寨1线距离Ⅱ段动作，133.741s南寨1线跳闸，134.210s上苑侧南上1、2线距离Ⅱ段动作，134.234s南上1、2线跳闸，故障过程结束。因线路长度及延时配合差异，相关线路距离Ⅱ段跳闸时间不完全一致。

6.3.6.3 此次事故的警示

（1）站用直流系统对继电保护运行的可靠性影响甚大。本次事故中暴露出直流专业管理薄弱，站用直流技术监督不到位。直流屏改造更换后，未进行蓄电池连续供电试验，未及时发现蓄电池脱离直流母线的重大隐患，未组织运行人员对新投设备开展针对性技术培训，未及时修订现场运行规程。施工单位和运行单位协调配合不够，新投设备验收把关不严，运行注意事项未交代清楚。

（2）对 220kV 及以上系统，继电保护的远后备问题需要重视，值得思考。类似陕西南郊变的故障，如果发生在多直流集中馈入的华东电网，依靠远后备保护清除故障，动作时间长，可能引发多回特高压直流同时换相失败，导致系统发生不堪设想的灾难性后果。因此迫切需要研究缩短后备保护动作时间技术。

6.3.7 电压回路两点接地造成的线路保护误动

6.3.7.1 事件简介

2016 年 6 月 22 日 17:50:31，220kV 托南线 26 号塔遭雷击形成 B 相接地故障，线路两侧保护均快速动作跳开 B 相开关，重合成功，4s 后 220kV 托南线 B 相再次遭到雷击，线路两侧保护快速动作跳开三相开关。220kV 托南线首次故障时，220kV 西鹿线两侧高频保护 CSL-101A 动作，另一套纵差保护 LFP-931C 启动未跳闸，跳开 B 相开关，重合成功。220kV 托南线再次故障时，220kV 西鹿线两侧保护均未动作。

6.3.7.2 不正确动作原因分析

通过对西厂故障录波（图 6-28）进行分析，故障时刻 220kV 西鹿线零序电流滞后西柏坡 220kV 母线零序电压 80°，符合区外故障的特征。

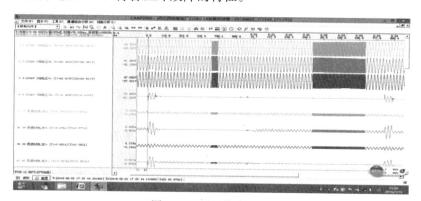

图 6-28 西厂故障录波

经理论计算，220kV 托南线故障时，对于 220kV 西鹿线来说，鹿泉站为正方向，西厂为反方向。西厂侧 CSL-101A 保护应持续发信，闭锁西鹿线两侧 CSL-101A 保护。由此怀疑本次保护动作是由西厂侧保护误停信造成。

调取西厂 220kV 西鹿线 CSL-101A 保护录波数据进行分析，发现故障时刻装置自产零序电流 $3I_0$ 的角度超前外接零序电压 $3U_0$ 约 $-85°$，装置自产零序电流 $3I_0$ 的角度超前自产零序电压 $3U_0'$（根据三相电压采样点计算得出）175° 左右，在保护动作区域（零序方向元件的动作区是 $18° \sim 180°$）内。

对上述数据进行分析后，发现保护装置记录的自产零序电压与其外接零序电压、录波器采集的零序电压方向差别较大，因此怀疑保护电压回路可能存在异常。

西厂网控楼 PT 二次回路 N 线采用屏顶小母线的形式，所有保护装置共用一个 N 线/即 YMN 线，西厂的保护装置按串布置，从 YMN 线上取得 N 线电压。

分别在 220kV 西鹿线 CSL-101A 保护屏和西平Ⅰ线 NSR303G 保护屏测量 YMN 对地电压，为 0.35V、0.33V；在母线电压转接屏测量 YMN 对地电压，为 0.038V。因此，分析此回路可能存在多点接地。

对现场所有保护柜、控制屏、就地端子箱 PT 二次回路逐个排查，发现在 2313（1 号发电机出口开关）断路器保护屏内，EYH（1 号发电机主变高压侧二次电压）N600 与网控 YMN 短接，从而导致 PT 二次回路两点接地。

经核实，其网控室 N600 回路原为一点接地（设为 n 点），2015 年 4 月 8 日至 12 日对 2313 开关断路器保护进行改造时，在 2313 断路器保护屏内，误将 EYH（1 号发电机主变高压侧二次电压）N600 与网控 YMN 短接，造成电压互感器二次回路上出现第二个接地点 m。

在两个回路分开前后，再次分别测量 220kV 西鹿线 CSL-101A 保护屏 YMN 对地电压、220kV 西平Ⅰ线 NSR-303G 保护屏 YMN 对地电压、母线 PT 转接屏 YMN 对地电压、网控 7 号控制屏 YMN 接地线电流、EYH N600 对地电流；两回路分开后，西厂 PT 二次回路恢复正常。为谨慎起见，将两个回路分开后，又用一点接地查找仪对 PT 回路中性点 N600 进行测量，PT 回路中性点 N600 不再存在两点接地情况。

因此，可确认西厂 PT 二次回路的缺陷已消除。

《国家电网公司十八项电网重大反事故措施》（国家电网生〔2012〕352 号）第 15.7.5.1 条中明确规定"公用电压互感器的二次回路只允许在控制室内有一点接地"，以防止因 PT 二次回路多点接地造成保护等二次设备电压采样错误。

CSL-101A 保护动作将故障相跳开后，退出故障相的高频保护功能，在检测到本相有流（二次值 $0.1I_n$）后延时 100ms 投入该功能。西鹿线 CSL-101A 保护首次故障跳开并重合后，西鹿线线路 B 相电流二次值为 $0.07I_n$，没有满足保护投入的要求。220kV 托南线第二次故障时，西鹿线 CSL-101A 保护的故障相高频保护投入，但需经 100ms 延时才能动作，而托南线故障仅持续 49ms 即被切除，因此西鹿线 CSL-101A 高频保护在托南线第二次故障时未再动作。

本次西鹿线高频零序保护误动的主要原因是西厂在 2015 年 4 月 8 日至 12 日对 2313 断路器保护进行改造时产生寄生回路，形成了 PT 二次回路两点接地，导致 2016 年 6 月 22 日 220kV 托南线发生 B 相接地故障时，220kV 西鹿线西厂侧 CSL-101A 保护因电压采样异常而发误停信，造成两侧保护误动。

6.3.7.3 防范措施

为了防止类似情况再次发生，调控中心组织省电科院对所辖供电公司、直调电厂开展 PT 一点接地检查工作，依照"边查边改"的原则全面进行隐患排查，同时把 PT 二次回路一点接地检查工作列入常规巡检项目，定期进行检查，确保回路正确。

6.3.8 甘肃电网永登变 330kV 线路保护拒动

6.3.8.1 事件简介

2014 年 10 月 19 日 3:59，风雨天气，30918 武永一线 11 号塔（距武胜变 4.1km 处）A

相因异物短路，导致发生 A 相接地故障。武永一线武胜变侧距离Ⅰ段保护动作，开关跳闸。武永一线永登变侧两套保护闭锁，未动作。永登变 1 号、3 号主变高后备保护动作，跳开三侧开关。武胜变侧武永二线零序Ⅱ段保护动作，跳开 3352、3350 开关，切除故障，永登变全站失压。永登变供电区域示意图如图 6-29 所示。

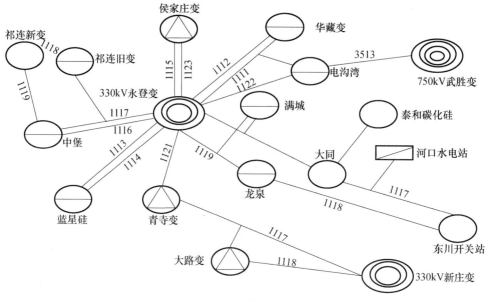

图 6-29　永登变供电区域示意图

事件发生前，750kV 武胜变 330kV 武永一线、武永二线供 330kV 永登变正常运行。永登变 330kVⅠ、Ⅱ母，第 1、3、4 串合环运行，永武一线、永武二线及 1 号、3 号主变运行，3320、3322 开关及 2 号主变检修。110kV 甲、乙母并列运行带 14 条出线运行。

6.3.8.2　不正确动作原因分析

经现场检查及技术分析，除永武Ⅰ线永登侧两套保护拒动外，其他保护均动作正确。

2014 年 10 月 13 日至 27 日，永登变现场工作，对 2 号主变及三侧设备进行智能化改造。10 月 15 日 9：22，现场运维人员根据工作票所列安全措施内容，将 3320 开关汇控柜内智能合并单元 A、B 套"装置检修"压板投入后，永武一线 PCS-931GYM 保护装置"告警"灯亮，面板显示"3320A 套合并单元 SV 检修投入报警"，WXH-803A 保护装置"告警"灯亮，面板显示"中 CT 检修不一致"。在未将相应保护装置中"3320 开关 SV 接收"软压板退出情况下，将合并单元检修压板投入后，造成两套保护装置闭锁，是造成本次事件扩大的原因。

6.3.8.3　责任及问题分析

运维检修方面原因：运行检修维护不良。

此次事故给我们提出了以下警示：

（1）对智能变电站这样的新生事物，尤其是更为复杂的二次系统技术，无论是检修人员，还是运维人员，无论是生产人员，还是管理人员，都应该加强学习，及时掌握，及时制定、落实相应的管理措施。

（2）保护装置告警术语定义不统一、不规范，不同设备厂家对同类异常信息描述不一致，容易导致严重告警信号不能被及时发现，造成现场故障分析判断和处置失误。由此可见，统一继电保护装置的信息规范是非常必要的。

（3）现场运行规程等应及时修订，严格审核。现场运行规程对设备安全运行、异常分析、事故处理等应能提供有效指导。运维、检修人员对异常信号的敏感度需要加强，对不明原因的信号应保持足够的戒心，不应轻易忽视，不闻不问。

6.3.9 浙江电网夏金变 500kV 母线保护、线路保护误动

6.3.9.1 事件简介

2015 年 3 月 23 日 14:20，在夏金变一次设备无故障的情况下，夏信 5871 线第二套线路保护（国电南自 PSL-603UWV-IA）跳开 5041、5042 开关 A 相，Ⅰ母第二套母线保护（长园深瑞 BP-2C-DH）跳开 5041、5051、5062 开关三相；5042 开关第二套保护重合闸于 1s 后发 5042 开关重合令重合成功。

6.3.9.2 不正确动作原因分析

500kV 夏金变在事件发生时无操作、无检修、无区内外故障，保护动作是无故障误跳闸。综合分析现场故障波形、实验室检测和模拟验证情况，确认此次故障的原因是 5041 开关的合并单元异常。500kV 夏金智能变电站继电保护采用"常规互感器＋合并单元"采样模式，所采用的模拟量输入式合并单元（许继公司，DMU-831/G）因 A 相小 CT 二次侧管脚间歇性接触不良，导致双 AD 采样数据异常，母线保护和线路保护感受到差电流，进而引起保护误动作。

解体检查，发现小 CT 二次侧管脚 PIN6 已折断（图 6-30）。PIN6 管脚的间歇性接触不良导致双 AD 采样数据异常（图 6-31）。

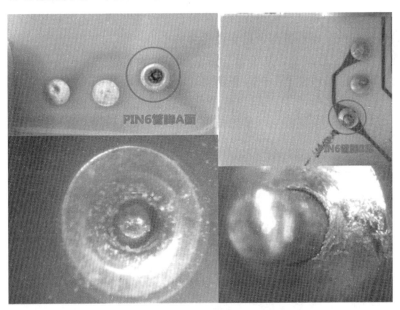

图 6-30　合并单元故障点放大图

进一步检查发现，现场装置与通过公司专业检测的装置不一致。许继公司提供给现场的装置使用了通过公司专业检测的型号，但装置硬件存在明显差异。2014 年 6 月，许继公司

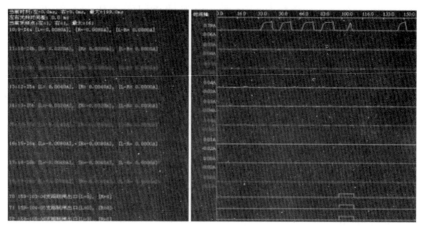

图 6-31 异常波形图

在冀北 500kV 昌黎变供货时，曾发生供货合并单元与送检设备不一致的问题，国调中心为此予以通报，并要求限期整改。在本次故障中，许继公司再次出现了供货设备与送检设备不一致的问题，给电网运行带来严重安全隐患。

6.3.9.3 责任及问题分析

制造方面原因：制造质量不良。

此次事故给我们提出了以下警示：

（1）设备的可靠性是继电保护正确动作的前提和根本，设备制造厂家应对设备质量高度负责。近年来，多次发生因制造质量不良问题导致的继电保护不正确动作，反映出制造单位不只是存在设备设计质量、制造质量的问题，也存在质量控制管理方面的漏洞。

（2）设备采购、安装调试、运维检修单位应严把设备入网关，严格按照相关标准规定的要求，核实设备的软件、硬件都与通过专业检测的产品一致。

（3）目前，"常规互感器＋合并单元"的设计方式影响保护可靠性。当合并单元内部元件发生单一故障时可能造成多套保护设备误动，不符合现行国家标准《继电保护和安全自动装置技术规程》（GB 14285）"除出口继电器外，装置内任一元件损坏时，装置不能误动跳闸"的规定。应对智能变电站继电保护的技术方案进行深入研讨，提高智能变电站继电保护的可靠性。

声　明

（1）对于实际使用的保护装置，厂家有不同的保护定值参数或公式中电气量表示方法均不相同，本书中各保护定值参数或公式中电气量表示方法均与各保护装置说明书一致，以方便读者与实际对应；

（2）本书中线路保护装置、变压器保护装置、母线保护装置均以河北南网220kV各种类型典型保护装置中的两种为例；

（3）调试各保护装置时，读者应以实际保护装置定值单为准。本书列出的定值单均为该系列装置的通用定值单。

参考文献

[1] 国家电网公司人力资源部. 继电保护 [M]. 北京：中国电力出版社，2010.
[2] 国家电网调度通讯中心. 国家电网公司继电保护培训教材 [M]. 北京：中国电力出版社，2012.
[3] 国家能源局. 继电保护和电网安全自动装置检验规程（DL/T 995—2016）[S]. 北京：中国电力出版社，2018.